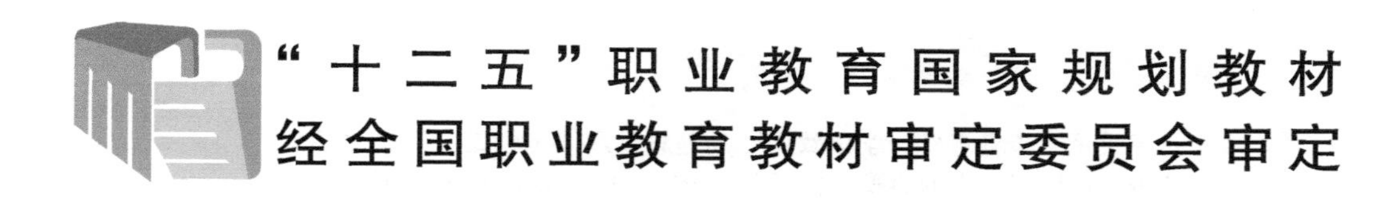

光传输网络组建与维护案例教程

主　编　孙桂芝
副主编　何　野　呼　群
参　编　吴晓岚　付海明

机械工业出版社

本书秉承“专业务实、学以致用”的理念以及“工学结合”的思想，以光传输通信网络技术的典型工作任务为依据，以培养光传输通信网络建设与运行维护的核心职业能力为目标，采用“项目教学”的方式编写，以工作过程为导向，由教师和企业专家共同编写，按照光传输网络设备安装与调试、光传输网络组建与业务开通、光传输网络维护与故障处理的顺序编写，由浅入深，循序渐进。理论知识以必须够用为度，案例中配置了大量的图解说明，便于帮助学生分析理解，突出应用性、实践性，容易被高职学生接受。

本书充分体现了高职高专教材的特色，针对性和实用性强，既可以作为高职高专院校通信类专业的教材，也可以作为相关技术人员的培训资料以及光传输技术维护人员的参考书。

为方便教学，本书有电子课件、单元练习题答案、模拟试卷及答案等，凡选用本书作为授课教材的老师，均可通过电话（010-88379564）或QQ（2314073523）咨询，有任何技术问题也可通过以上方式联系。

图书在版编目（CIP）数据

光传输网络组建与维护案例教程/孙桂芝主编. —北京：机械工业出版社，2014.7(2020.8重印)

“十二五”职业教育国家规划教材

ISBN 978-7-111-46466-2

Ⅰ.①光… Ⅱ.①孙… Ⅲ.①光纤通信—同步通信网—高等职业教育—教材 Ⅳ.①TN929.11

中国版本图书馆CIP数据核字（2014）第077541号

机械工业出版社（北京市百万庄大街22号 邮政编码100037）
策划编辑：曲世海 责任编辑：曲世海 冯睿娟
版式设计：霍永明 责任校对：丁丽丽
封面设计：陈 沛 责任印制：常天培
固安县铭成印刷有限公司印刷
2020年8月第1版第2次印刷
184mm×260mm · 15.75印张 · 384千字
标准书号：ISBN 978-7-111-46466-2
定价：36.00元

电话服务	网络服务
客服电话：010-88361066	机 工 官 网：www.cmpbook.com
010-88379833	机 工 官 博：weibo.com/cmp1952
010-68326294	金 书 网：www.golden-book.com
封底无防伪标均为盗版	机工教育服务网：www.cmpedu.com

前　言

随着通信技术的飞速发展以及通信业务的不断拓展，尤其是以光纤通信为代表的光传输网络架构了现代通信最重要的基础网络，光纤通信以其无可比拟的超大容量，在信息量爆炸性增长的信息社会里，成为信息传递的主力。各级通信行业运营商、通信设备生产厂商、通信工程承包商等行业需要大量光传输网络方面的高素质劳动者，而职业教育的目标就是以就业为导向，培养一线技能型人才以及高素质劳动者，因此光传输网络技术已成为各大专院校设置的一门重要核心课程。

对于高职教育来说，如何通过工学结合，使学生尽快适应光传输行业工作岗位的需要，是高职高专院校教学改革的重点。基于这种背景，我们与企业合作，教师与企业工程技术人员共同探讨，发挥校企合作优势，实现资源优化组合，共同致力于高职人才培养，结合教学、科研和生产实践共同编写了本工学结合教材。

本书共包含三个项目，第一个项目为“光传输网络设备安装与调试”，以华为技术有限公司的光传输设备 OptiX 155/622H 为例，介绍了硬件安装工程师和安装调试工程师所应掌握的设备安装与调试技术；第二个项目为“光传输网络组建与业务开通”，该项目为本书的重点，分别介绍了不同保护类型的链形网、环形网、相切环网、环带链形网、智能光网络的网络组建与业务开通技术，这是数据配置工程师和系统维护工程师所应掌握的技术；第三个项目是“光传输网络维护与故障处理”，介绍了光传输网的日常维护、常见故障处理（业务中断类故障、误码类故障等）以及性能管理等技术，这是网络监控工程师和现场维护工程师所应掌握的技术。

全书以项目方式编写，每个项目又分解出多个任务，每个任务包括任务描述、任务单、知识准备、任务实施、任务评价等内容，深入浅出，通俗易懂，可操作性、实用性强，便于高职学生理解并掌握光传输网络组建与维护方面的基本技能。

本书由孙桂芝主编，何野、呼群任副主编，参加编写的还有吴晓岚、付海明。其中，项目 1 由付海明、吴晓岚编写，项目 2 由孙桂芝、何野编写，项目 3 由呼群编写。

由于编者水平有限，书中若有错误和不妥之处，敬请读者批评指正，以便进一步提高和完善。

编　者

目　　录

项目3　光传输网络维护与故障处理

项目1　光传输网络设备安装与调试

任务1　光传输网络设备安装

1.1　任务描述

本任务主要完成 OptiX 155/622H 设备的硬件安装，通过任务实施过程了解设备特性与结构，以及光传输设备的安装技能。

传输设备硬件系统的工程安装以及设备间纤缆的连接、绑扎、布放等是网络建设的前提和重要工作。光传输设备安装实验，可以帮助学生学习和掌握如下岗位的工作环节和操作技能：

- ■　硬件安装工程师
- ■　安装调试工程师

本任务使学生基本掌握如下知识和技能：

- ■　熟练使用安装工具
- ■　熟悉 OptiX 155/622H 设备硬件结构
- ■　了解 OptiX 155/622H 设备安装流程
- ■　学会 OptiX 155/622H 机盒安装操作
- ■　学会电缆和光纤的安装、布放操作
- ■　学会工程标签的使用方法

1.2　任务单

<table>
<tr><td>工作任务</td><td colspan="4">光传输网络设备安装</td><td>学时</td><td>4</td></tr>
<tr><td>班级</td><td></td><td>小组编号</td><td></td><td>成员名单</td><td colspan="2"></td></tr>
<tr><td>任务描述</td><td colspan="6">学生分组，进行 OptiX 155/622H 设备的硬件安装，包括 OptiX 155/622H 机盒安装操作、电缆和光纤的安装和布放操作、电缆接头的制作和测试操作、工程标签的使用</td></tr>
<tr><td>所需设备及工具</td><td colspan="6">2 部 OptiX 155/622H 设备、ODF 架、压线钳、扳手、虎口钳、剥线钳、冲击钻、ϕ16 冲击钻头、吸尘器、橡胶锤、一字螺钉旋具、十字螺钉旋具、电源线、信号电缆、光纤、螺钉、扎带、工程标签、膨胀螺栓 M12×60、长卷尺、梯子、尖嘴钳、斜口钳、压线钳、光功率计、万用表等</td></tr>
<tr><td>工作内容</td><td colspan="6">● OptiX 155/622H 机盒安装操作
● 电缆和光纤的安装、布放操作
● 工程标签的使用
● 安装检查</td></tr>
</table>

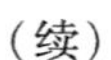
（续）

<table>
<tr><td>工作任务</td><td colspan="3">光传输网络设备安装</td><td>学时</td><td>4</td></tr>
<tr><td>班级</td><td></td><td>小组编号</td><td></td><td>成员名单</td><td></td></tr>
<tr><td>注意事项</td><td colspan="5">● 遵守机房工作和管理制度
● 注意用电安全、谨防触电
● 各小组固定位置，按任务顺序展开工作
● 爱护工具仪器
● 按规范操作，防止损坏仪器仪表</td></tr>
</table>

1.3 知识准备

1.3.1 传输设备介绍（以 OptiX 155/622H 为例）

1. 设备概况

OptiX 155/622H 设备以交叉单元为核心，由 SDH 接口单元、PDH 接口单元、以太网接口单元、交叉单元、时钟单元、主控单元、公务单元组成，主要用于接入层传输网络。

OptiX 155/622H 设备前面板外观如图 1-1-1 所示。

图 1-1-1　OptiX 155/622H 设备前面板外观

（1）外观结构　OptiX 155/622H 采用盒式集成设计，机盒外形尺寸为：436mm（长）×293mm（宽）×86mm（高），外观如图 1-1-2 所示。

OptiX 155/622H 设备可以内置在 220V 机箱中，外观如图 1-1-3 所示。OptiX 155/622H

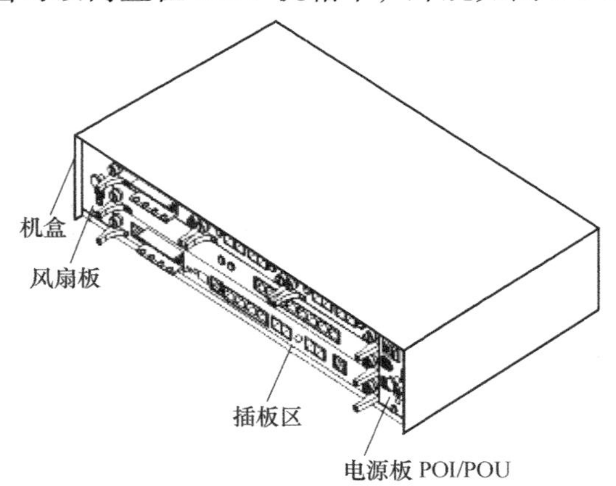

图 1-1-2　OptiX 155/622H 设备外观

集成在内置 220V 机箱后，采用电源模块代替了电源板 POI/POU，其他结构不变。

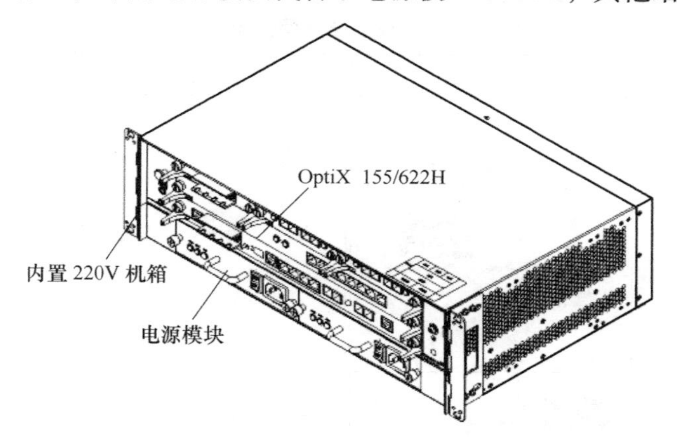

图 1-1-3　OptiX 155/622H 设备集成在内置 220V 机箱中的外观

（2）单板外观和尺寸　不同类型单板的外观和尺寸不同。OptiX 155/622H 单板的外观和尺寸见表 1-1-1。

表 1-1-1　OptiX 155/622H 单板外观和尺寸

参数	外观和尺寸	
单板外观		
单板分类	业务处理板（例如：OI4）	系统控制板（SCB）
高度/mm	24. 0	20. 0
宽度/mm	89. 0	218. 5
深度/mm	218. 5	321. 0

注意：

手持单板时要佩戴防静电手腕，并保证防静电手腕良好接地，以防止静电损坏单板。

危险：

严禁肉眼靠近或直视光接口和光纤接口。光纤内部的激光束会损害您的眼睛。

2. 安装准备

（1）安装方式　OptiX 155/622H 有多种安装方式，可根据实验室实际环境选择安装方式，本任务以 OptiX 155/622H 在 19in（1in = 0. 0254m）标准机柜中安装为例进行说明。

（2）工具仪表　工具仪表包括通用工具、专用工具、通用仪表和专用仪表。工程安装过程中需要使用的工具和仪表见表 1-1-2。

表 1-1-2　工程安装所需工具和仪表

名称与用途	图示	名称与用途	图示
长卷尺：用于测量小于 5m 的长度		梯子：用于登高作业	
记号笔：在画线时，可用于做记号		铅笔：用于做记录	
冲击钻：一般在安装机柜之前用于打安装孔	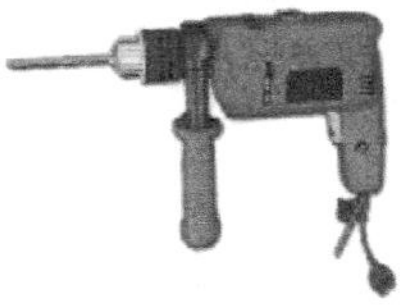	吸尘器：用于吸灰尘或钻屑	
一字螺钉旋具（M3 ~ M6）：用于紧固较小的螺钉、螺栓		十字螺钉旋具（M3 ~ M6）：用于紧固较小的螺钉、螺栓	
尖嘴钳：用于在较窄小的工作空间夹持小零件和扭转细金属丝	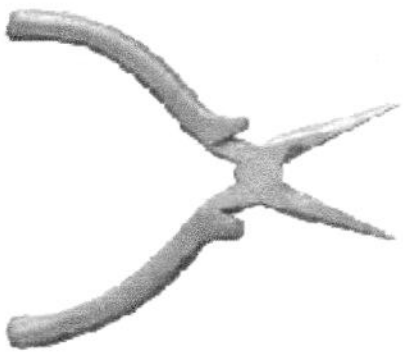	斜口钳：用于剪切绝缘套管、电缆扎线扣等	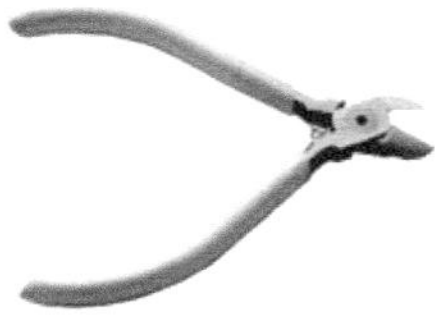
剥线钳：用于剥除小截面积通信电缆的绝缘层及护套		压线钳：用于加工同轴电缆组件时压接尾部金属护套	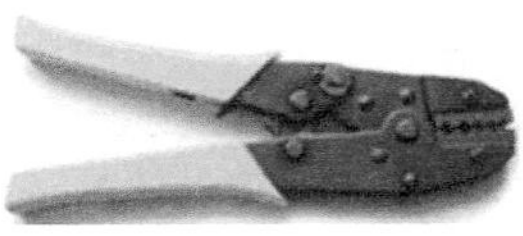
光功率计：用于测试光功率		万用表：用于测试机柜的绝缘、电缆的通断及设备的电性能指标，包括电压、电流、电阻等	

（3）安装前检查项目　安装前应检查见表1-1-3所列项目。

表1-1-3　安装前检查项目

检查大类	检查项目	要求
机柜和机盒	外观	整洁，无划伤，无松动结构件，无破损
	内部情况	内部无异物，无水污
	内部电缆	整齐捆扎，无散放线和松脱线，无破损线
	丝印标记	完整清晰
	接插件	安装完好整齐，插针平直
单板	外观	整洁，无划伤，无松动结构件，无破损
	数量	与发货清单上单板数量一致
	安装光盘	软件安装光盘完整齐全
内部线缆	外观	配线合理、整洁，配线无短缺的情况
	接头	接头牢固，无错插、虚插情况

1.3.2　各类线缆介绍

1. E1电缆

E1电缆按照缆芯材质划分有75Ω和120Ω两种。

75Ω同轴电缆又划分为4芯和8芯两种，分别由4根和8根单芯的同轴电缆组成；120Ω同轴电缆划分为4对和8对双绞线电缆两种，每对双绞线由2根单芯的同轴电缆组成。上述4种不同的E1电缆其带宽容量有所不同。

（1）4芯75Ω同轴电缆　4芯75Ω同轴电缆是一个2mmHM导线连接器带4芯的同轴电缆，可传输2路电信号，电缆外形如图1-1-4所示。

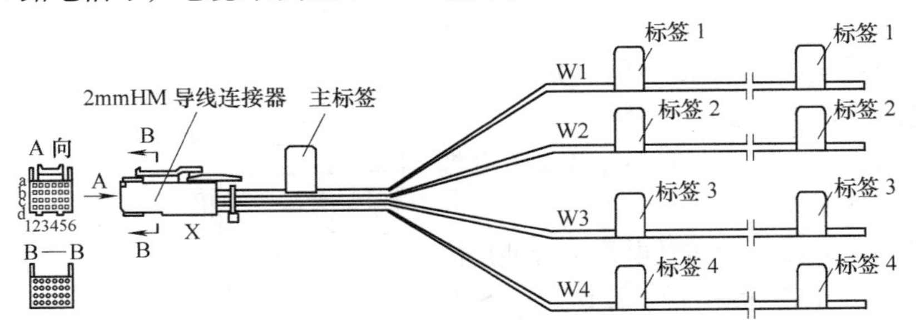

图1-1-4　4芯75Ω同轴电缆外形

（2）8芯75Ω同轴电缆　8芯75Ω同轴电缆是一个2mmHM导线连接器带8芯的同轴电缆，可以传输4路电信号，电缆外形如图1-1-5所示。这种电缆与SP2D单板配合使用。

（3）4对120Ω/100Ω双绞线电缆　4对120Ω/100Ω双绞线电缆是一个2mmHM导线连接器带4对双绞线的电缆，可以传输2路电信号，电缆外形如图1-1-6所示。

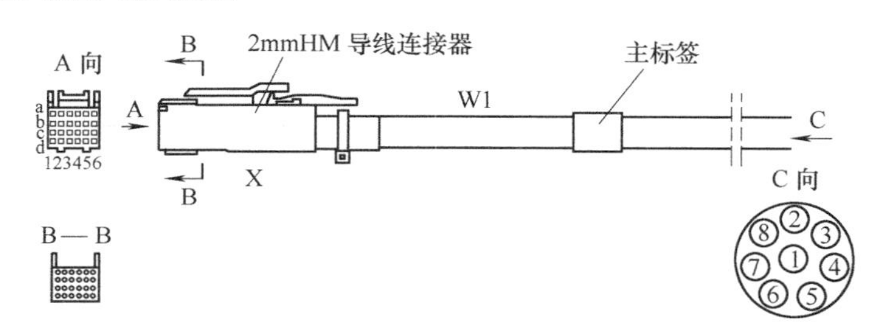

图 1-1-5　8 芯 75Ω 同轴电缆外形

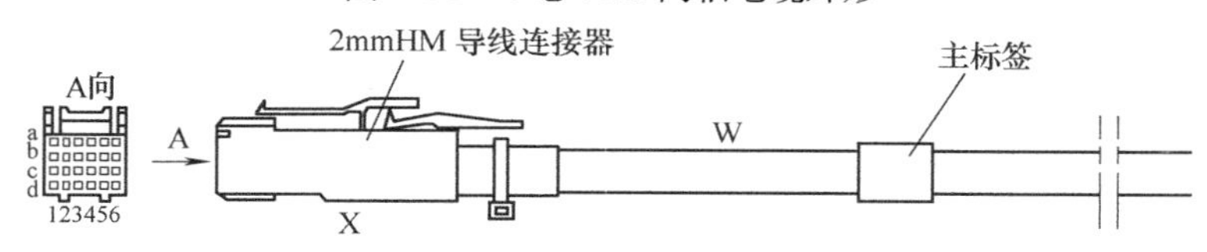

图 1-1-6　4 对 120Ω/100Ω 双绞线电缆外形

（4）8 对 120Ω/100Ω 双绞线电缆　8 对 120Ω/100Ω 双绞线电缆是一个 2mmHM 导线连接器带 8 对双绞线的电缆（由 2 根 4 对双绞线电缆组成），可以传输 4 路电信号，电缆外形如图 1-1-7 所示。这种电缆与 SP2D 单板一起使用。

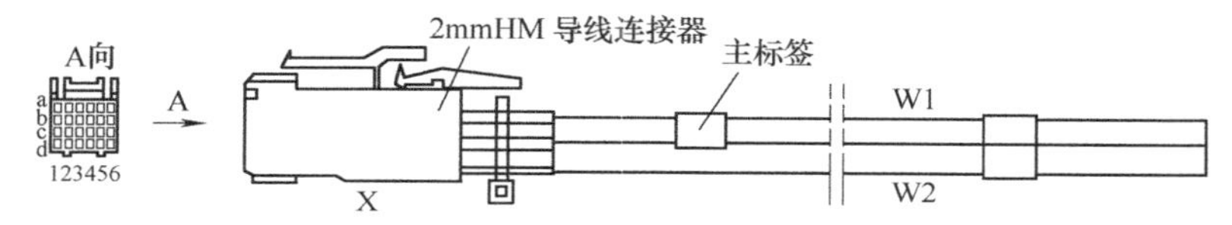

图 1-1-7　8 对 120Ω/100Ω 双绞线电缆外形

此外，对于骨干级的网络设备，使用上述 4 种类型接口的电缆则需要更多的电缆接口和相应的板件，这增加了核心机房设备的接线难度并增大了设备体积，因此在同轴电缆的网络端还定义了另外一种 DB44 型的连接器，描述如下。

（5）DB44 连接器电缆

采用 DB44 连接器的 E1 电缆分为 75Ω 和 120Ω 电缆，两种电缆的连接器引脚定义不一样。DB44 连接器外形如图 1-1-8 所示。

75Ω 电缆接线关系见表 1-1-4，120Ω 电缆接线关系见表 1-1-5。

与使用 DB44 连接器的同轴电缆配合使用的设备接口板即 E1 接口板包括 D12B、D12S 和 D75S 单板，如图 1-1-9 所示。

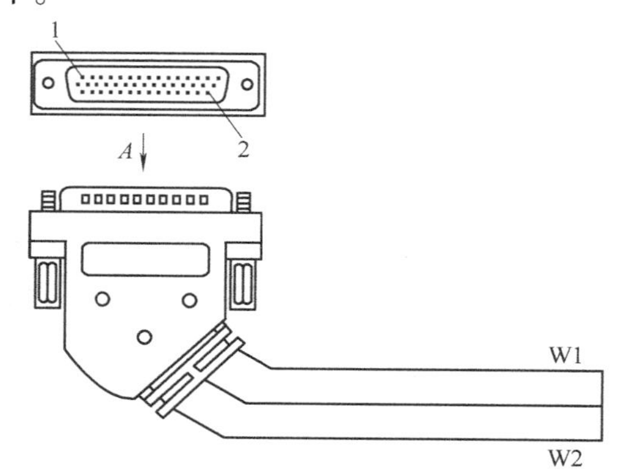

图 1-1-8　DB44 连接器外形

1—连接器引脚 1　2—连接器引脚 44

W1—电缆 1　W2—电缆 2

2. 以太网电缆

以太网电缆的结构为：两端接口为 RJ-45 水晶头，电缆采用 8 芯 5 类双绞线。以太网电缆连接器如图 1-1-10 所示。

以太网电缆分直通网线和交叉网线两种。直通网线与交叉网线的结构相同，但接线关系不同。直通网线接线关系见表 1-1-6，交叉网线接线关系见表 1-1-7。

表 1-1-4　75Ω 电缆接线关系

连接器引脚	电缆 W1 的芯线及序号		功能	连接器引脚	电缆 W2 的芯线及序号		功能
38	环	1	R1	34	环	1	R5
23	芯			19	芯		
37	环	3	R2	33	环	3	R6
22	芯			18	芯		
36	环	5	R3	32	环	5	R7
21	芯			17	芯		
35	环	7	R4	31	环	7	R8
20	芯			16	芯		
15	环	2	T1	11	环	2	T5
30	芯			26	芯		
14	环	4	T2	10	环	4	T6
29	芯			25	芯		
13	环	6	T3	9	环	6	T7
28	芯			24	芯		
12	环	8	T4	8	环	8	T8
27	芯			7	芯		

注：“R”代表接收，“T”代表发送；R1 代表第一对线缆的接收路，以此类推。

表 1-1-5　120Ω 电缆接线关系

连接器引脚	电缆 W1 的芯线颜色	功能	连接器引脚	电缆 W2 的芯线颜色	功能
15	蓝色	T1	38	蓝色	R1
30	白色		23	白色	
14	橙色	T2	37	橙色	R2
29	白色		22	白色	
13	绿色	T3	36	绿色	R3
28	白色		21	白色	
12	褐色	T4	35	褐色	R4
27	白色		20	白色	
11	灰色	T5	34	灰色	R5
26	白色		19	白色	
10	蓝色	T6	33	蓝色	R6
25	红色		18	红色	
9	橙色	T7	32	橙色	R7
24	红色		17	红色	
8	绿色	T8	31	绿色	R8
7	红色		16	红色	

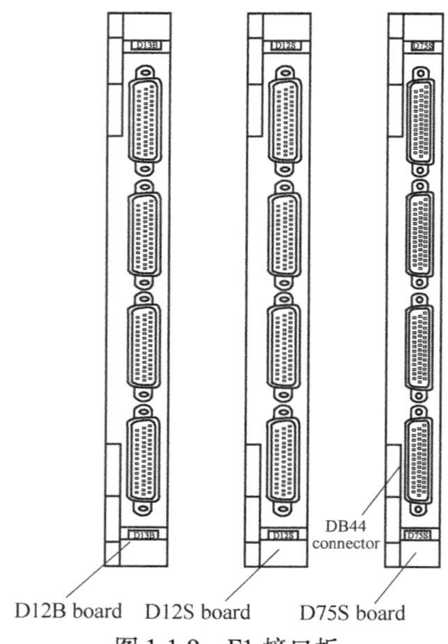

图 1-1-9　E1 接口板

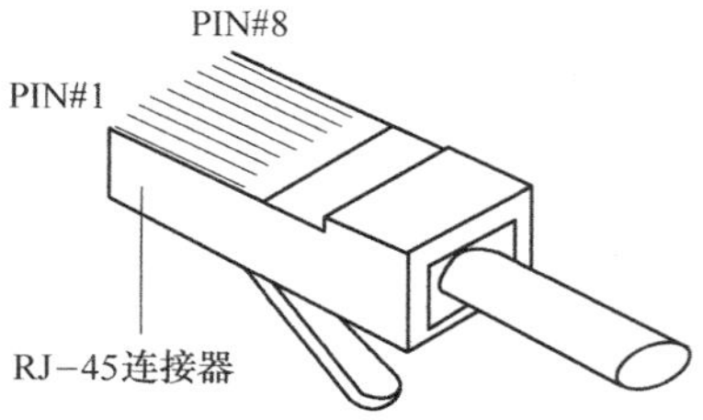

PIN#8
PIN#1
RJ−45连接器

图 1-1-10　以太网电缆连接器

表 1-1-6　直通网线接线关系

插头 X1	8 芯 5 类双绞线	插头 X2	插头 X1	8 芯 5 类双绞线	插头 X2
1 脚	白橙	1 脚	5 脚	白蓝	5 脚
2 脚	橙	2 脚	6 脚	绿	6 脚
3 脚	白绿	3 脚	7 脚	白棕	7 脚
4 脚	蓝	4 脚	8 脚	棕	8 脚

表 1-1-7　交叉网线接线关系

插头 X1	8 芯 5 类双绞线	插头 X2	插头 X1	8 芯 5 类双绞线	插头 X2
1 脚	白橙	3 脚	5 脚	白蓝	5 脚
2 脚	橙	6 脚	6 脚	绿	2 脚
3 脚	白绿	1 脚	7 脚	白棕	7 脚
4 脚	蓝	4 脚	8 脚	棕	8 脚

3. 电源线组件

−48V 及 24V 电源线组件均由电源线和地线两条线缆组成，电源线组件的一端为四针孔接插件，用于连接设备的源接口。电源线及设备侧外观如图 1-1-11 所示。

4. 网管电缆

网管电缆分为交叉网线和直通网线两种。使用交叉网线还是直通网线需要根据网管服务器端网卡上网线接口的支持能力来确定。网管电缆采用 RJ-45 连接器，如图 1-1-12 所示。

网管电缆接口在 SCB 单板上，如图 1-1-13 所示。

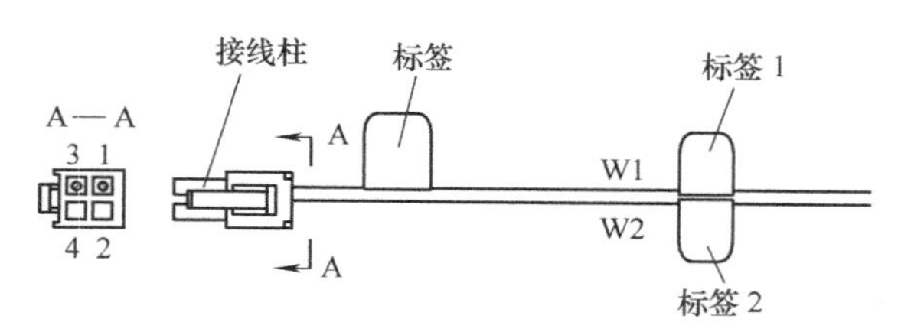

图 1-1-11　电源线及设备侧外观

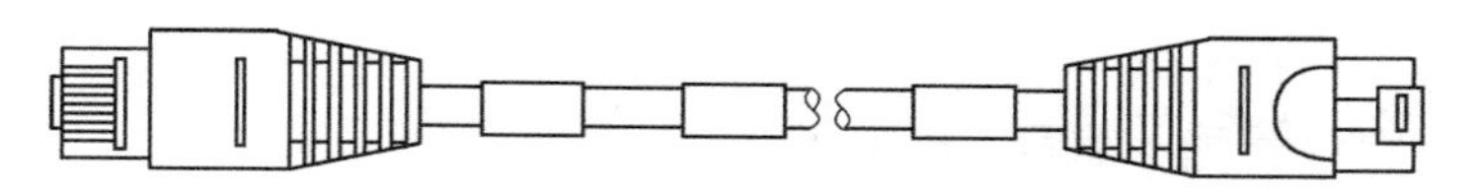

图 1-1-12　使用 RJ-45 连接器的网管电缆外形图

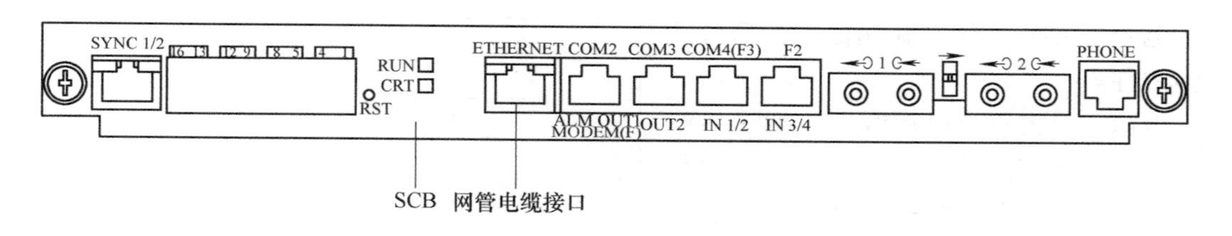

图 1-1-13　网管电缆接口位置

5. 尾纤

OptiX 155/622H 使用的尾纤按纤缆类型可分为 2mm 单模尾纤和 2mm 多模尾纤两种类型。按连接器类型不同，可分为 FC、LC、SC 类型尾纤。单模和多模尾纤可通过不同的线缆颜色来区分，单模尾纤采用黄色线缆，多模尾纤采用红色线缆。

OptiX 155/622H 用到的光纤连接器如图 1-1-14 所示。

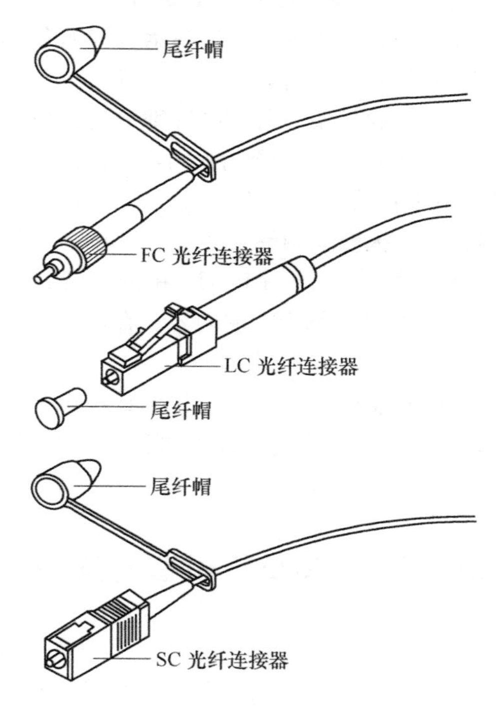

图 1-1-14　光纤连接器

1.3.3 电缆工程标签介绍

电缆工程标签主要是为了保证设备线缆安装的条理性、正确性以及方便后续设备维护和检查。标签材料的特点：

■　标签厚度为 0.09mm。

- 面材颜色为哑白本色。
- 材料为 PET（聚酯的缩写：Polyester）。
- 使用温度范围：-29～149℃。
- 兼容激光打印和油性笔手写，材质通过了 UL 和 CSA 认证。

电缆工程标签分电源线标签和信号线标签两种。

电源线仅为直流电源线，包括-48V/-60V 电源线、保护地线（PGND）、地线（BGND）；信号线包括告警外接电缆、网线、光纤等。

信号线标签采用固定尺寸的刀形结构，如图 1-1-15 所示。

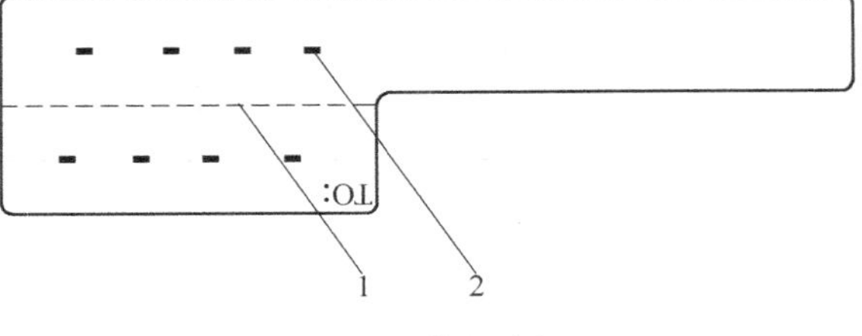

图 1-1-15　信号线标签

1—刀刻虚线　2—分隔线

为了更加清晰地明确电缆位置信息，信号线标签纸中使用分隔线，如机柜号和子架号之间有一条分隔线，子架号和板位号之间有一条分隔线，依此类推。分隔线尺寸：1.5mm×0.6mm，颜色为 PONTONE 656c（浅蓝色）。刀刻虚线的作用是标签粘贴时方便折叠，尺寸为 1.0mm×2.0mm。标签刀形结构右下角有一个英文单词“TO:”（从图示方向看是倒写的），用以表示标签所在电缆的对端位置信息。

从设备的电缆出线端看，标签的长条形写字内容部分均在电缆右侧，字迹朝上的一面（即露在外面能看到的一面，也就是带“TO:”字样的一面）内容为电缆所在对端的位置信息，背面为电缆所在本端的位置信息。因此，一根电缆两端的标签，区域①（即图 1-1-15 中刀刻虚线上部）和区域②（即图 1-1-15 中刀刻虚线下部）中内容刚好相反，即在某一侧时被称为本端内容，在另一侧时被称为对端内容。

电源线标签需粘贴在线扣的标志牌上，再用线扣绑扎在电源线缆上，标志牌四周为 0.2mm×0.6mm 的凸起（双面对称），中间区域用来粘贴标签，如图 1-1-16 所示。

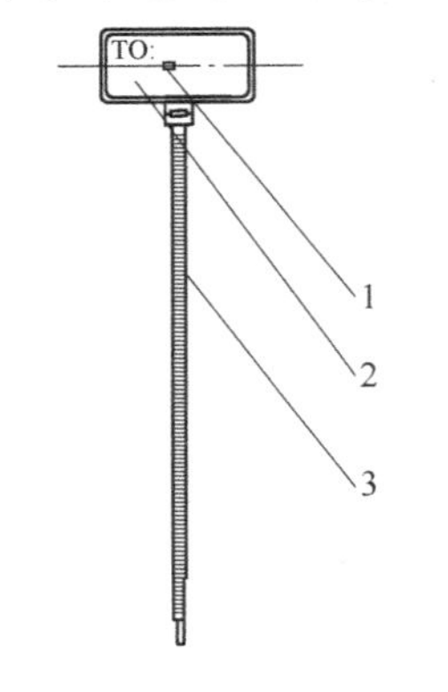

图 1-1-16　电源线标签

1—标签上的分隔线

2—电源线标志牌

3—线扣

1.4　任务实施——OptiX 155/622H 设备的安装

1. 安装机盒

本任务以 ETSI 600mm 深机柜为例介绍如何在滑道上安装 OptiX 155/622H，在 19in 机柜中的安装方法与此相同，只是使用的挂耳不一样。

操作步骤：

1）拧下机盒两侧的 4 个螺钉，把机盒挂耳固定在机盒上，如图 1-1-17 所示。

2）把机盒放入滑道，小心推入。

3）使用 4 个 M6×12 面板螺钉，把机盒固定到机柜中，如图 1-1-18 所示。

4）若没有滑道，使用 4 个 M6 面板螺钉，通过机盒挂耳把机盒固定在机架中。

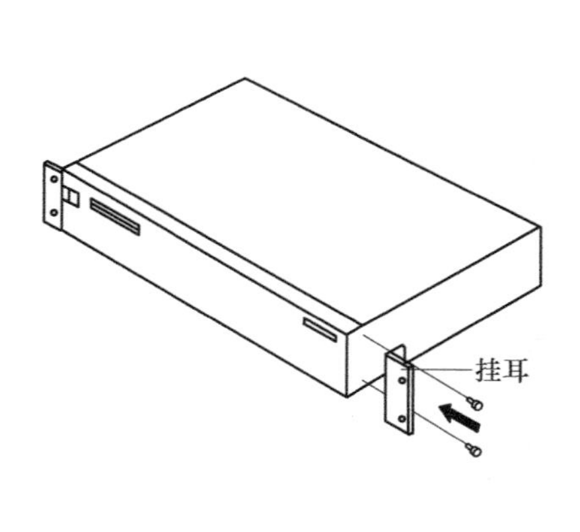

图1-1-17　固定挂耳

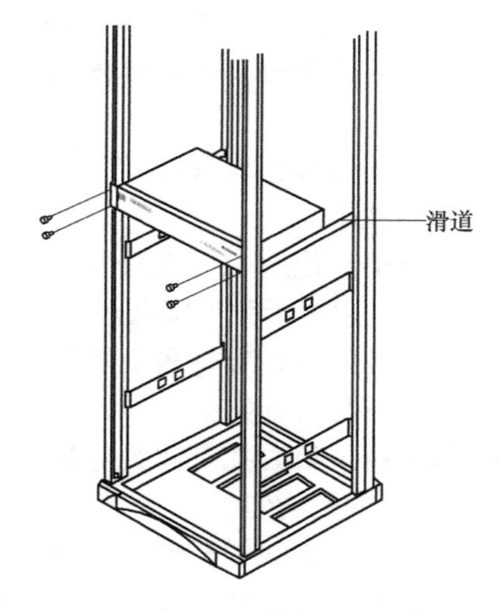

图1-1-18　固定机盒

2. 安装PGND保护地线

（1）操作步骤

1）将PGND保护地线的OT端子拧紧到OptiX 155/622H的PGND接地螺栓上。安装效果如图1-1-19所示。

2）根据PGND接地螺栓到保护接地排的距离，确定PGND保护地线的长度后，剪除PGND保护地线的多余部分。

3）在PGND保护地线的接头处压接与保护接地排相配套的OT端子。

4）将PGND保护地线拧紧到保护接地排上。

5）用扎带绑扎PGND保护地线，线缆绑扎方法见后面相关说明。

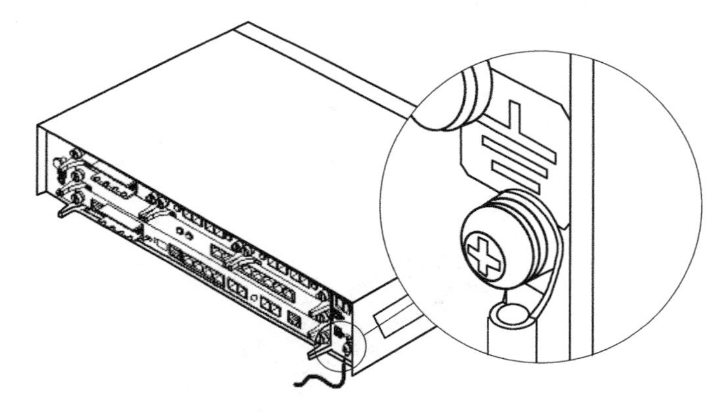

图1-1-19　PGND保护地线在OptiX 155/622H设备侧的安装效果

6）将电缆标签粘贴在距离PGND两端2cm处。粘贴时注意尽量粘贴在标志牌的四方形凹槽内，电缆两端均需要绑扎线扣，线扣在电缆上绑扎后标志牌一律朝向右侧或上侧，即当电缆垂直布放时标志牌朝向右，当电缆水平布放时标志牌朝向上，并保证粘贴标签的一面朝向外侧。

（2）线缆布放与绑扎基本工艺

■　布放走道线缆时，必须绑扎。绑扎后的线缆应互相紧密靠拢，外观平直整齐，线扣间距均匀，松紧适度。

■　布放槽道线缆时，可以不绑扎，槽内线缆应顺直，尽量不交叉。线缆不得超出槽道。在线缆进出槽道部位和线缆转弯处应绑扎或用塑料卡捆扎固定。

■ 线缆绑扎要求做到整齐、清晰及美观。一般按类分组，线缆较多时可再按列分类，用线扣扎好。

■ 使用扎带绑扎线束时，应视不同情况使用不同规格的扎带。

■ 尽量避免使用两根或两根以上的扎带连接后并扎，以免绑扎后强度降低。

■ 扎带扎好后，应将多余部分齐根平滑剪齐，在接头处不得留有尖刺。

■ 线缆绑成束时扎带间距应为线缆束直径的 3 ~4 倍，且间距均匀。

■ 绑扎成束的线缆转弯时，应尽量采用大弯曲半径，以免在线缆转弯处应力过大造成内芯断芯。线缆绑扎工艺如图 1-1-20 所示。

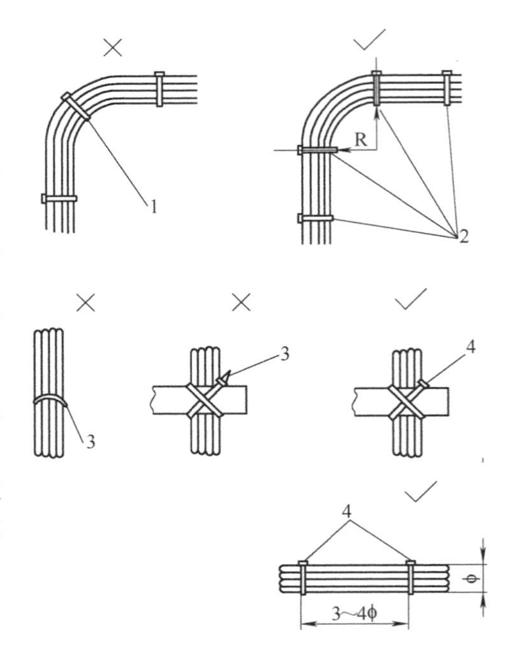

图 1-1-20 线缆绑扎工艺示意图
1—拐弯处不能绑扎带 2—扎带
3—尖头 4—平滑剪齐

3. 安装电源线

操作步骤：

1）将电源线的接头插到 OptiX 155/622H 的 POI/POU 板的电源插口上。安装效果如图 1-1-21 所示。

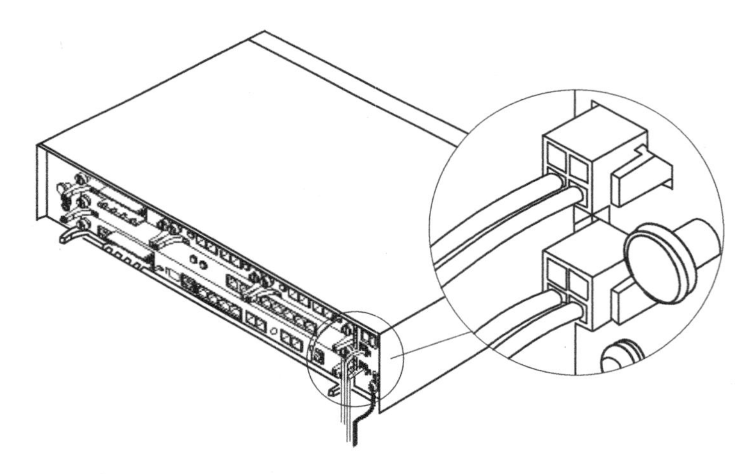

图 1-1-21 电源线的安装效果

2）将电源线组件的另一端连接到直流电源配电盒相应的端子上。

■ 当接入 -48V/ -60V 电源时，蓝色线接 -48V/ -60V 电源，黑色线接电源地。

■ 当接入 24V 电源时，红色线接 24V 电源，黑色线接电源地。

3）用扎带绑扎电源线，线缆绑扎方法请参见“线缆布放与绑扎基本工艺”。

4）将电缆标签粘贴在距离电缆两端连接器 2cm 处电缆上。

4. 安装 E1 电缆

操作步骤：

1）根据机柜到DDF（Digital Distribution Frame，数字配线架，指数字复用设备与程控交换设备或数据业务设备等其他专业设备之间的配线连接设备）的距离剪除多余电缆。

2）将电缆两端粘贴上临时标签。

3）将电缆沿走线槽布放，穿过机柜的信号电缆出线孔，布放进机柜。

4）将电缆连接器插入到E1接口板的插座上，注意不要接反。听到轻轻“喀”的一声，表示电缆已经插好。安装过程如图1-1-22所示。

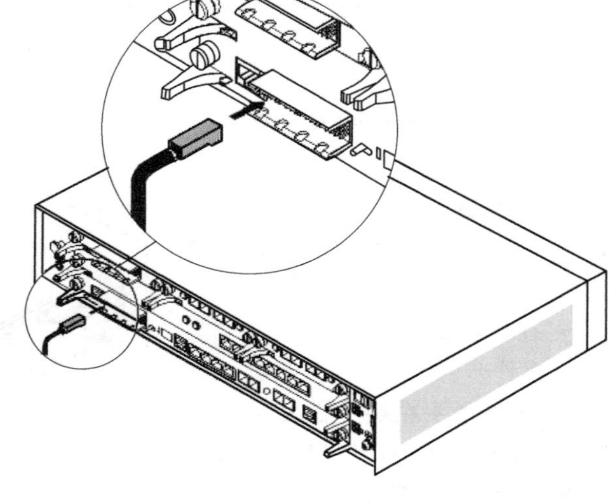

图1-1-22　带2mmHM连接器的电缆安装示意图

5）用扎带把电缆绑扎好。

6）在DDF侧制作E1电缆的接头。

7）检查所有E1电缆接头，确认每条电缆没有短路或断路。

8）安装DDF侧的电缆。

9）拆除电缆上的临时标签。

10）制作新标签。

11）将电缆标签粘贴在距离电缆两端连接器2cm处的电缆上。

5. 安装以太网业务电缆

操作步骤：

1）根据机柜到以太网设备的距离制作以太网网线。

2）将以太网电缆两端粘贴上临时标签。

3）将以太网电缆穿过机柜的信号电缆出线孔，布放进机柜。

4）将布入机柜的以太网电缆连接到以太网出线板的RJ-45接口上。

5）将以太网电缆的另一端连接到以太网设备接口上。

6）将以太网电缆绑扎好。

7）拆除临时标签。

8）制作新标签。

9）将电缆标签粘贴在距离电缆两端连接器2cm处的电缆上。

6. 安装网管电缆

操作步骤：

1）根据机柜到网管计算机之间的距离，制作网管电缆。

2）将网管电缆两端粘贴上临时标签。

3）将网管电缆穿过机柜的信号电缆出线孔，布放进机柜。

4）沿机柜侧壁把网线布放到机盒。

5）将网管电缆穿过机盒走线槽，连接接插件到 SCB 板的 Ethernet 接口，如图 1-1-23 所示。

6）将网管电缆用扎带绑扎好。

7）连接网管计算机侧的电缆。

8）拆除临时标签。

9）制作新标签。

10）将网管电缆标签粘贴在距离电缆两端连接器 2cm 处的电缆上。

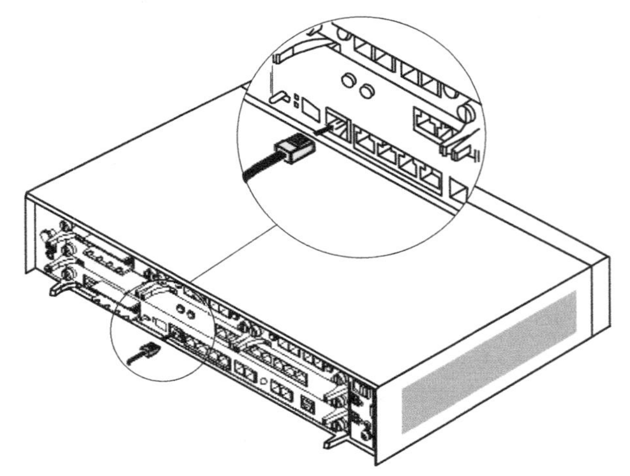

图 1-1-23　网管电缆安装示意图

7. 安装和布放尾纤

(1) 操作步骤

1）将尾纤两头粘贴上临时标签。

2）根据机柜到 ODF 架的走线距离，对波纹管进行切割。

3）将尾纤穿入波纹管，穿管时严禁强行塞入、强力拉扯，以免损坏尾纤。尾纤穿入波纹管后用胶带对波纹管的切口进行包扎，以保护尾纤免于磨损。

4）将波纹管伸入机柜的光纤孔固定，如果光纤孔无足够空间穿过波纹管，则将波纹管伸入机柜顶部的信号线缆出线孔固定，如图 1-1-24 所示。

5）将尾纤沿机柜左侧的尾纤通道布放到机盒处。

6）取下光纤连接器上的防尘帽，用擦纤纸清洁光连接器。

7）根据尾纤接头类型，按如下方法连接尾纤。

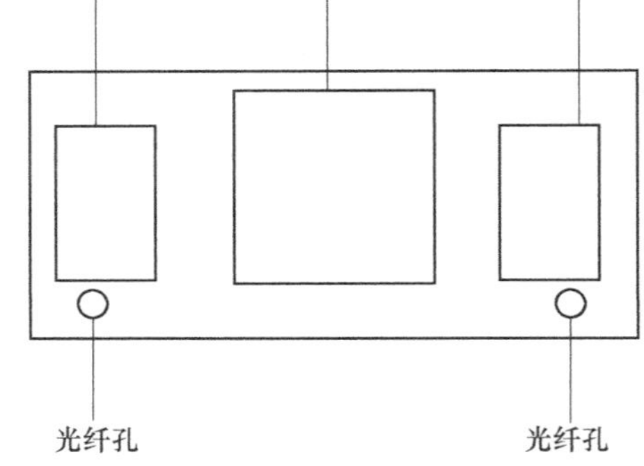

图 1-1-24　机柜信号线缆出线孔

■　LC 型接头的尾纤：将 LC 接头对准光接口，适度用力推入，将尾纤接头插入到底，当听到一声脆响后说明尾纤已经插好，如图 1-1-25 所示。

■　FC 型接头的尾纤：将 FC 接头对准光接口，使接头中心与光接口的中心保持在一条直线上；把尾纤接头插到底后，再顺时针旋转外环螺纹套，将接头拧紧。

8）采用扎带对尾纤进行绑扎，绑扎前检查尾纤走线区域附近有无毛刺、锐边或锐角物体等，如果发现则应进行保护处理，以免损坏尾纤，扎带使用方法请参见光纤扎带相关说明。

9）连接 ODF 侧的尾纤。

10）拆除尾纤上的临时标签。

11）制作新标签。

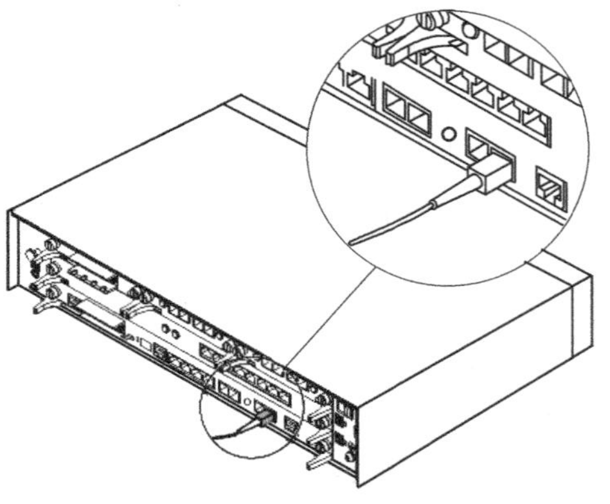

图 1-1-25　尾纤的安装

12）在尾纤两端距尾纤接口2cm处粘贴标签，如图1-1-26所示。

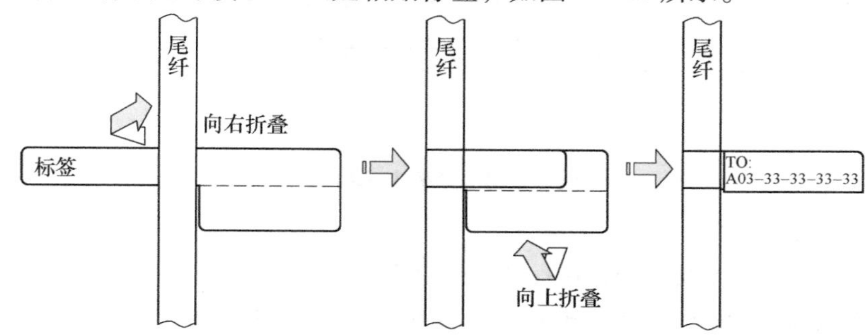

图1-1-26　标签粘贴示意图

（2）安装检查

■　尾纤两端标签填写正确清晰、位置整齐、朝向一致。

■　尾纤与光接口板、法兰盘等连接件须连接可靠。

■　尾纤连接点应清洁。

■　尾纤绑扎应间距均匀，松紧适度，美观统一。

■　尾纤在设备至ODF架处，须加保护套管且保护套管两端须进入设备内部。

■　尾纤布放不应有强拉硬拽及不自然的弯折，布放后确保无其他线缆压在尾纤上面。

■　尾纤布放应便于维护和扩容。

■　尾纤布放、连接应与设计相符。

■　尾纤在ODF架内应理顺固定，对接可靠，多余尾纤需盘放整齐。

（3）光纤扎带　光纤扎带通过毛面和钩面的配合实现扎带的锁紧功能。

光纤绑扎的步骤：

1）将光纤理顺成束状，根据光纤束的大小将扎带裁剪成合适的长度。

2）用手握住光纤束，并用拇指摁住扎带的一端，另一只手用适当的力拉紧扎带。

3）用适当的力拉紧扎带绕光纤束旋转，扎带的毛面压到钩面上，直到扎带外端的毛面全部压在内侧的钩面上，如图1-1-27所示。

图1-1-27　光纤绑扎

光纤绑扎要求：

■　扎带和光纤的接触面为毛面，扎带的钩面不与光纤接触。

■　绑扎光纤前应首先将光纤理顺。

■　扎带绑扎光纤时应松紧适宜，不要绑扎过紧。

■　光纤绑扎的位置间隔一般情况下不超过40cm。

8. 安装公务电话

（1）公务电话接口　公务电话使用的电话线两端均为RJ-11插头，一头插入话机底部的插孔内，另一头插入OptiX 155/622H的SCB板的PHONE插口。公务电话接口如图1-1-28所示。

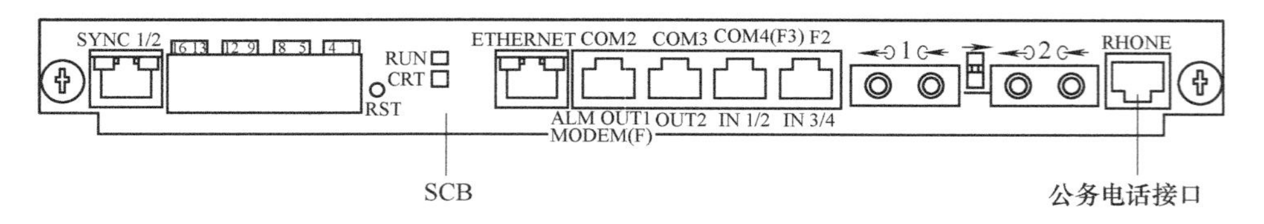

图 1-1-28　公务电话接口

（2）操作步骤

1）将公务电话机座固定在机柜中，如图 1-1-29 所示。

2）将公务电话放在公务电话机座上，并将电话键盘面向公务电话机座。

3）将电话线的一端插头插在电话机上，将公务电话振铃开关置于“ON”、拨号方式开关置于“T”。

4）将电话线的另一端插头插在 SCB 板的电话口（PHONE）上。

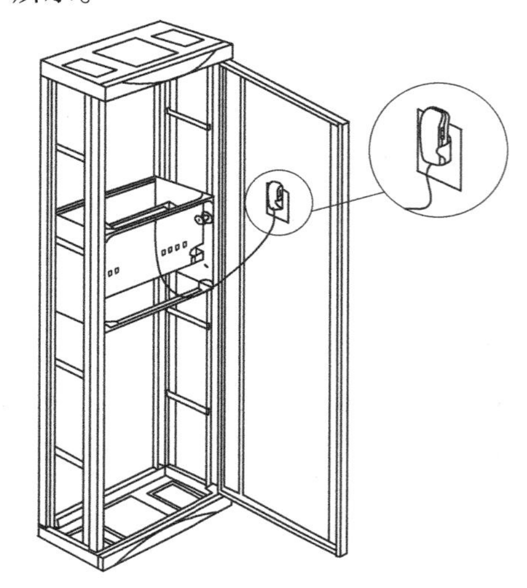

图 1-1-29　固定公务电话机座

9. 设备上电和检查

（1）检查供电设备保险容量　供电设备的保险容量必须保证 OptiX 155/622H 能够在最大功耗下正常运行。OptiX 155/622H 设备的最大功耗为 100W，保险容量一般选择 6A。在机房设计规划时综合考虑机房中设备配置情况，计算供电设备的保险容量。在供电设备安装时，使用满足整体设备正常运行所要求的熔丝。设备准备上电前，检查供电设备保险容量，保险容量应该满足计算要求。

（2）测量机柜电源端子间的电阻　为了避免机柜电源线安装过程中出现短接或者接反的情况，需要测量机柜电源端子间的电阻。

直流配电盒安装在机柜内部上方，用于接入 2 路-48V 或-60V 直流电源，为机柜中各机盒供电。直流配电盒的各个电源端子位置如图 1-1-30 所示。

1）将机柜顶部的直流配电盒上的子架电源开关全部拨到“OFF”侧。

2）使用万用表测量电源端子 NEG（－）与 RTN（＋）、PGND 之间的电阻，阻值应均为∞。电源端子的位置如图 1-1-30 所示。

■　测量“NEG1（－）”与“RTN1（＋）”间的电阻，电阻值应该为∞。
■　测量“NEG1（－）”与“RTN2（＋）”间的电阻，电阻值应该为∞。
■　测量“NEG1（－）”与“PGND”间的电阻，电阻值应该为∞。
■　测量“NEG2（－）”与“RTN2（＋）”间的电阻，电阻值应该为∞。
■　测量“NEG2（－）”与“RTN1（＋）”间的电阻，电阻值应该为∞。
■　测量“NEG2（－）”与“PGND”间的电阻，电阻值应该为∞。

3）将机柜顶部的直流配电盒上的子架电源开关全部拨到“ON”侧。

4）将万用表的正极接在电源端子 RTN（＋）上，将负极接在电源端子 NEG（－）上，

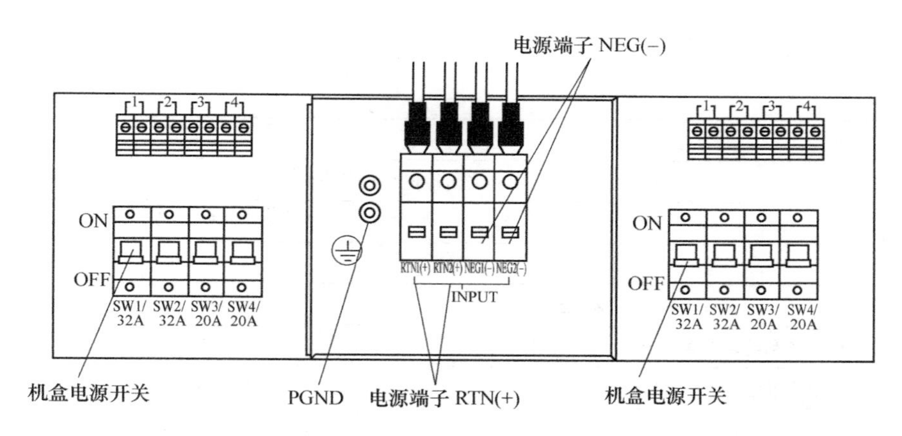

图 1-1-30　直流配电盒各个电源端子位置示意图

分别测量下列电源端子之间的电阻，阻值应大于 20kΩ。

■　测量“NEG1（－）”与“RTN1（＋）”间的电阻，电阻值应该大于 20kΩ。

■　测量“NEG1（－）”与“RTN2（＋）”间的电阻，电阻值应该大于 20kΩ。

■　测量“NEG2（－）”与“RTN2（＋）”间的电阻，电阻值应该大于 20kΩ。

■　测量“NEG2（－）”与“RTN1（＋）”间的电阻，电阻值应该大于 20kΩ。

5）测试完毕后要将所有子架电源开关都拨到“OFF”侧。

（3）接通机柜电源　机柜电源电压异常会导致 OptiX 155/622H 工作异常，甚至无法工作。

1）检查 OptiX 155/622H 设备的机盒电源开关的状态，确保处于关断状态。

2）打开外部供电设备的电源开关。

3）测量外部供电设备电压，并确保电源的正负极没有接反。

■　如果输入电源的标准电压为 -48V，电源电压应该在 -38.4 ~ -57.6V 之间。

■　如果输入电源的标准电压为 -60V，电源电压应该在 -48 ~ -72V 之间。

■　如果输入电源的标准电压为 24V，电源电压应该在 19.2 ~ 28.8V 之间。

（4）接通机盒电源

1）确认电压正常后，打开机盒 POI/POU 板上的电源开关。机盒前、后面板的绿色“RUN”指示灯应处于闪烁状态。

2）若设备上已经配置了数据，则设备通电 5 ~ 6min 后，各单板应能正常运行，机盒上的绿色运行灯“RUN”应以 1s 亮 1s 灭的频率闪烁。

3）检查机柜顶部的机柜电源指示灯，指示灯应为绿灯且长亮。

（5）测试风扇　打开子架电源开关，风扇开始运转。通过观察风扇的指示灯，可以判断风扇的硬件好坏，以便及时更换有故障的风扇。

1）检查风扇黄色运行灯“FAN”，正常情况下应熄灭。如果运行灯亮，表示风扇出现故障。

2）用手探测机盒风扇板 FAN 的侧面，应有风吹过。

至此，安装任务完成。

1.5 任务评价

任务评价表				
任务名称	光传输网络设备安装			
班　级		小组编号		
成员名单		时　间		
评价要点	要点说明	分　值	得分	备注
准备工作（20 分）	工作任务和要求是否明确	2		
	实验设备准备	4		
	实验工具的准备	4		
	线缆等实验材料的准备	4		
	相关知识的准备	2		
	工作计划或流程的制定	4		
任务实施（60 分）	OptiX 155/622H 机盒安装操作	15		
	电缆和光纤的安装布放操作	15		
	工程标签的使用	10		
	安装测试	10		
	上电检查	10		
操作规范（20 分）	遵守机房工作和管理制度	4		
	各小组固定位置，按任务顺序展开工作	4		
	按规范操作，防止损坏仪器仪表	6		
	保持环境卫生，不乱扔废弃物	6		

任务 2　光传输网络设备调试

2.1 任务描述

本任务主要完成 OptiX 155/622H 设备的调试工作，通过任务实施使学生基本掌握该设备调试的操作流程和步骤。

光传输网络设备调试是传输网络开通运营的重要工作，可以帮助学生学习和掌握如下岗位的工作环节和操作技能：

■　安装调试工程师

本任务的练习使学生基本掌握如下知识和技能：

- 熟练使用网管工具 T2000
- 熟悉 OptiX 155/622H 设备工作原理
- 掌握 OptiX 155/622H 设备调试的内容和方法

2.2　任务单

工作任务	光传输网络设备调试			学时	4
班级		小组编号		成员名单	
任务描述	学生分组进行 OptiX 155/622H 设备的调试，包括配置网元调试数据、测试线缆连接、测试光接口指标等				
所需设备及工具	5 部 OptiX 155/622H 设备、2 部便携式计算机、ODF 架、SDH 分析仪、光功率计、T2000 网管软件等				
工作内容	● 熟悉 OptiX 155/622H 设备工作原理 ● OptiX 155/622H 设备调试				
注意事项	● 遵守机房工作和管理制度 ● 注意用电安全、谨防触电 ● 各小组固定位置，按任务顺序展开工作 ● 爱护工具仪器				

2.3　知识准备

2.3.1　安全和警告标志

使用设备前，注意设备上的安全和警告标志。

表 1-2-1 给出了 OptiX 155/622H 的安全和警告标志，以及这些标志的含义。

表 1-2-1　OptiX 155/622H 的安全和警告标志及含义

标志	含义
ESD	静电防护标志 提示您在操作时需要佩戴防静电手腕或手套，避免静电对单板造成损坏
CLASS 1 LASER PRODUCT LASER RADIATION DO NOT VIEW DIRECTLY WITH OPTICAL INSTRUMENTS CLASS IM LASER PRODUCT	激光器等级标志 提示您在操作时避免光源直接照射眼睛或皮肤，防止造成人身伤害

危险：

光接口板及光纤内部的激光束会伤害您的眼睛！进行光接口板及光纤的安装、维护等操作时，严禁眼睛靠近或直视光接口或光纤接头。

2.3.2 静电防护

在设备维护前，请做好防静电措施，避免对设备造成损坏。

为防止人体静电损坏敏感元器件，必须佩戴防静电手腕，同时将防静电手腕的另一端插在设备子架的防静电插孔中。如果没有防静电手腕，也可以佩戴防静电手套。

单板在不使用时必须保存在防静电保护袋中。防静电保护袋中一般应放置干燥剂，用于保持袋内干燥。

2.3.3 调测仪表和工具介绍

设备调试需要的仪表和工具见表1-2-2。

表1-2-2 设备调试需要的仪表和工具

工具名称	用途
SDH 分析仪	该仪表应用在复用段倒换等测试中
光功率计	该仪表应用在光接口板发送光功率和光接口板接收光功率等测试中
固定衰减器	该器件应用在收光接口，用于衰减光功率，保护光接口免受强光功率的破坏
便携式计算机	安装 T2000 网管；另外，便携式计算机还可以应用在以太网指标的测试中
光纤跳线	在进行一些光接口光功率测试时，需要在光纤配线架 ODF（Optical Distribution Frame）侧进行测量，这时可以使用光纤跳线进行转接
误码仪	该仪表应用在电接口误码的测试中
数据分析仪	该仪表应用在以太网业务指标的测试中
ATM 测试仪	该仪表应用在 ATM 业务指标的测试中

2.4 任务实施——光传输设备调试

1. 连接 PC

设备调试必须通过 PC 上的 T2000 对设备进行调试。

操作步骤：

1）检查网线，确认网线是交叉网线。

说明：

如果 PC 配置的网卡为自适应网卡，也可以用直通网线。

2）用网线把 OptiX 155/622H 的 SCB 板的“Ethernet 接口”和 PC 相连。

3）打开 PC 电源开关，观察 PC 和 SCB 板的 Ethernet 接口指示灯。正常情况下 Ethernet

接口的绿色 LINK 指示灯应该长亮，橙色 ACT 指示灯应该闪烁。

2. 启动 T2000

（1）启动 T2000 服务器　T2000 服务器为 T2000 客户端提供服务，如果 T2000 服务器未启动，T2000 客户端则无法启动。

操作步骤：

1）在 Windows 桌面上双击“T2000-Server”图标。数秒钟后出现 System Monitor 登录对话框。

2）在登录对话框中，输入登录用户名、密码及服务器。

■　“用户名”：默认值为 admin。

■　“密码”：默认值为 T2000。

■　“服务器”：Local。

3）等待一段时间，当 EMS server、Security server、Topo server 和 Schedulesrv server 都处于“运行”状态后，则 T2000 服务器已正常启动。

（2）启动 T2000 客户端

操作步骤：

1）在 PC 的桌面上双击“T2000-Client”图标。

2）在登录对话框中输入网管用户名及密码。

■　“用户名”：默认值为 admin。

■　“密码”：默认值为 T2000。

3）单击“登录”进入 T2000。

3. 登录网元

进入 T2000 界面后，必须通过 T2000 登录需要调测的网元，才能对该网元设备进行调测。本任务介绍如何在 T2000 上登录需要调测的网元。

操作步骤：

1）进入 T2000 客户端，在主菜单中选择“文件→设备搜索”。

2）单击“修改”按钮，弹出“搜索域输入”对话框。

■　选择“网关网元所在 IP 地址段”，搜索地址默认为“129. 9. 255. 255”。

■　输入用户名：默认值为 root。

■　输入密码：默认值为 password。

3）单击“确定”按钮，关闭对话框。

4）单击右下角的“开始搜索”按钮，弹出提示对话框。

5）单击“确定”按钮，开始搜索设备。

6）搜索出网元后，单击“停止搜索”按钮，弹出确认对话框。

7）单击“是”按钮。

8）选择需要创建的网元，单击右下角的“创建网元”，在弹出的窗口中输入用户名和密码。

■　网元用户名：默认值为 root。

■　密码：默认值为 password。

9）单击“确定”按钮，弹出操作结果对话框，提示网元已经创建。

10）在T2000主视图的“网元信息列表”中，用鼠标右键单击创建的网元，选择“登录”。弹出操作结果对话框提示操作成功。

4. 配置网元调试数据

（1）设置网元ID　通过T2000登录网元后，需要按照实际网元ID的规划来修改网元ID。

操作步骤：

1）在T2000主菜单中选择“窗口→网元信息列表”。

2）在“网元信息列表”中，用鼠标右键单击需要更改ID的网元，选择“网元管理器”。

3）在功能树中选择“配置→网元属性”。

4）单击“修改网元ID”，更改网元ID，单击“确定”按钮。

5）回到“网元信息列表”中，选择NE1网元，单击鼠标右键，在弹出的快捷菜单中选择“删除”。

6）在菜单栏中选择“文件→设备搜索”，在弹出的界面中单击“开始搜索”按钮。弹出提示对话框，单击“确定”按钮。

7）搜索出更改ID的网元后，单击“停止搜索”按钮。弹出提示对话框，单击“是”按钮。

8）选择网元，单击“创建网元”，在弹出的窗口中输入用户名和密码。

■ 用户名：默认值为root。

■ 密码：默认值为password。

9）单击“确定”按钮，弹出操作结果对话框，提示网元已经创建，单击“关闭”按钮。此时“网元状态”栏应该显示“已创建”。

10）在T2000界面的“网元信息列表”中，用鼠标右键单击创建的网元，选择“登录”。弹出操作结果对话框提示操作成功，单击“关闭”按钮。

（2）设置网元IP　网元IP一般不进行人工设置，而是随ID变化而变化。但对于网关网元来说，在登录网元后，需要按照实际网络管理需要来修改网元IP。操作步骤如下：

1）在“网元信息列表”中，用鼠标右键单击需要更改IP的网元，选择“网元管理器”。

2）在功能树中选择“通信→通信参数设置”。

3）在“网元通讯参数设置”中更改网元IP，单击“应用”按钮，系统弹出提示对话框。

4）单击“确定”按钮，系统弹出提示对话框。

5）单击“确定”按钮。

6）系统弹出操作结果对话框，提示操作成功，单击“关闭”按钮。

（3）配置网元名称　操作步骤如下：

1）在“网元信息列表”中右键单击网元，选择“网元管理器”。

2）在功能树中选择“配置→网元属性”。

3）在网元属性列表中更改名称，单击“应用”按钮。

4）弹出操作结果对话框提示操作成功，单击“关闭”按钮。

（4）配置网元调试业务　在设备调试的一些测试项目中，需要基于已配置的业务进行测试，故在测试之前需要完成调试业务的配置。

本任务介绍如何配置 OptiX 155/622H 设备的调试业务。假设设备的配置如图 1-2-1 所示。

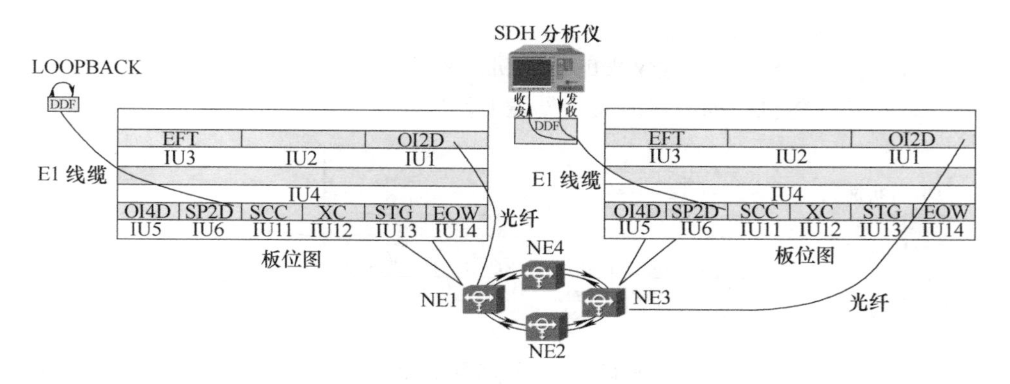

图 1-2-1　OptiX 155/622H 设备的配置

操作步骤：

1）在 T2000 主界面的“网元信息列表”中用鼠标右键单击网元，在弹出的快捷菜单中选择“配置”，弹出“网元配置向导”窗口。

2）在“网元配置向导”窗口中选择“手工配置”，单击“下一步”按钮，弹出确认初始化的对话框，单击“确定”按钮。

3）弹出操作确认对话框，单击“确定”按钮。

4）根据实际情况设置“网元名称”，选择“网元类型”，单击“下一步”按钮。

5）弹出网元面板图，将滚动条拉到最下，单击“查询物理板位”。单击“下一步”按钮。

6）选择“校验开工”，单击“完成”按钮。

7）在 T2000 主界面的“网元信息列表”中用鼠标右键单击网元，在弹出的快捷菜单中选择“网元管理器”。

8）在功能树中选择“配置→SDH 业务配置”，单击“新建”按钮，弹出“新建 SDH 业务”对话框。

9）参考图 1-2-1，配置支路板到线路板的双向业务，在对话框中选择业务参数，单击“确定”按钮，弹出操作结果对话框提示操作成功。具体操作请参考项目 2 任务 1。

10）重复步骤 7）～步骤 9），完成网元所有端口的业务配置。

5. 测试线缆连接

在安装过程中设备线缆可能连接错误或者发生硬件故障，为避免这些问题影响业务的正常运行，必须测试设备线缆的连接。

（1）测试业务接口线缆的连接　本测试不需要配置测试业务。通过软件设置支路板外环回，测试信号由仪表发送端经过支路板回到仪表接收端。通过仪表的显示确认业务接口电缆的收发端口和连接顺序没有错误。

图 1-2-2 给出了测试业务接口线缆连接的信号流程图。图 1-2-3 给出了测试业务接口线

缆连接的实际连接图。

操作步骤：

1）按照测试连接图，将SDH分析仪或误码仪连接到DDF架所要测试的端口上。仪表的收端接端口的发端，仪表的发端接端口的收端。

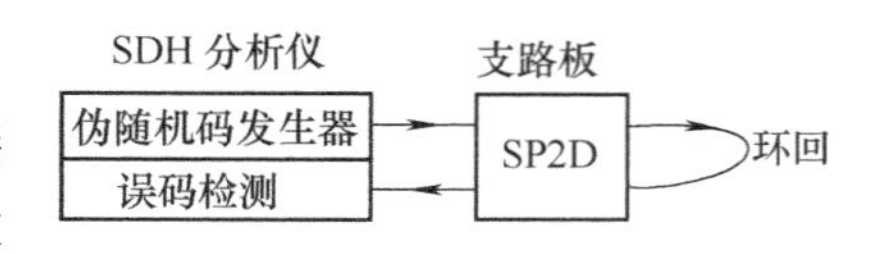

图1-2-2　测试业务接口线缆连接的信号流程图

2）根据配置的业务速率设置仪表的伪随机序列码。业务速率、编码和伪随机序列的对应关系见表1-2-3。

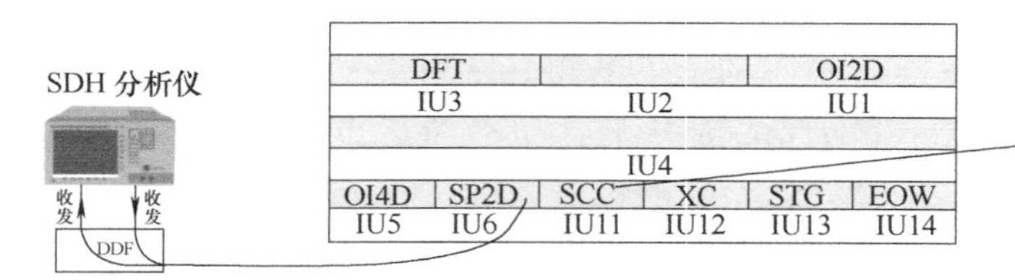

图1-2-3　测试业务接口线缆连接的实际连接图

表1-2-3　业务速率、编码和伪随机序列的对应关系

业务速率/（kbit/s）	编码	伪随机序列
2048	HDB3	$2^{15}-1$
34368	HDB3	$2^{23}-1$
44736	B3ZS	$2^{15}-1$
139264	CMI	$2^{23}-1$
155520	CMI	$2^{23}-1$

3）在T2000上设置测试的支路端口“外环回”，该端口与所测端口对应。

①　进入T2000，在“网元信息列表”中用鼠标右键单击网元，在弹出的快捷菜单中选择“网元管理器”。

②　在网元管理器中选择需要设置环回的支路板，在功能树中选择“配置→PDH接口”。

③　选择“按功能”，并在下拉菜单中选择“支路环回”。

④　设置测试的支路端口为“外环回”，单击“应用”按钮，弹出确认对话框。

⑤　单击“确定”按钮。弹出操作结果对话框提示操作成功，单击“关闭”按钮。

4）观察SDH分析仪，正常情况下，仪表显示无误码。

5）再将所测端口的环回模式改为“不环回”，观察SDH分析仪，仪表应显示AIS告警。

6）重复步骤1）~步骤5），依次对支路板的其他端口进行测试。

（2）测试光接口尾纤的连接　在安装过程中光接口尾纤可能连接错误或者发生硬件故障，为避免这些问题影响业务的正常运行，尾纤的连接必须正确无误。

操作步骤：

1）进入T2000，选择调测的网元，在弹出的快捷菜单中选择“网元管理器”。

2）选择光接口板，然后在功能树中选择“配置→激光器自动关断”，查看各个光接口的“自动关断”的设置，确保“自动关断”功能为“禁止”。

说明：

如果光接口板设置了“激光器自动关断 ALS”，当光接口板 IN 端口接收不到光信号时，会自动关闭光接口的发送激光器，此时用光功率计测量 OUT 端口输出光功率，光功率计会显示“Loss”。

3）在 ODF 架侧，将连接到某一光接口板 OUT 端口的尾纤，连接到光功率计上，这时光功率计应该能够测得光功率值，说明 OUT 端口有光功率输出。

4）拔下对应光接口板上 OUT 端口的尾纤，光功率计显示“Loss”状态，接收不到光信号。

5）在 ODF 架侧，将光功率计连接到该光接口板 IN 端口的尾纤，光功率计显示“Loss”状态，接收不到光信号。

6）在设备侧将原来插在 IN 端口上的尾纤插入 OUT 端口，这时光功率计显示所测得的功率值，说明有光功率输入。

7）在设备侧将 OUT 端口上的尾纤插回 IN 口，将原来 OUT 端口上的尾纤插回 OUT 口。

8）重复步骤 3）~ 步骤 7），完成对其他光接口的测试。

6. 测试光接口指标

（1）测量光接口板平均发送光功率　光接口平均发送光功率过高或者过低会导致设备产生误码，对业务造成影响，甚至会对设备器件造成损害。

操作步骤：

1）用专用擦纤纸清洁待测的尾纤接头和待测光接口板的法兰盘。

2）根据被测单板光接口的实际光波长，设置光功率计的光波长。

3）用测试尾纤连接光接口板的输出光接口和光功率计的测试输入口，如图 1-2-4 所示。

4）待输出功率稳定后，读出光功率计上显示的数值，即为光接口板的平均发送光功率。

5）对比测量结果和相应指标，如测量结果不符合指标，应查找原因，直至测量合格。

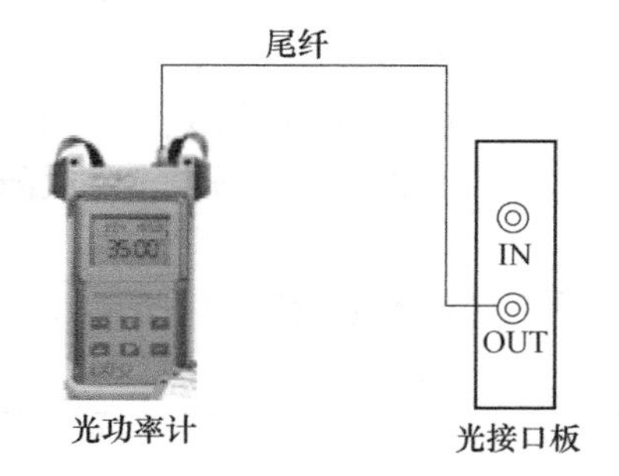

图 1-2-4　测量平均发送光功率

（2）测量光接口板实际接收光功率　完成平均发送光功率的测量后就需要测量本站实际接收光功率。

操作步骤：

1）根据被测光接口板光接口的实际光波长，设置光功率计的光波长。

2）拔下被测光接口板接收光接口的尾纤，将此尾纤连接到光功率计的测试输入口，如图 1-2-5 所示。

3）待接收光功率稳定后，光功率计上显示的数值即为该光接口板的实际接收光功率。

4）对比测量结果和相应指标，

■　如果测量值小于该光接口板的接收灵敏度，转步骤 5）。

■　如果测量值大于该光接口板的过载光功率，转步骤 6）。

■　如果测量值在该光接口板的接收灵敏度和过载光功率范围内，说明接收光功率正常，转步骤 7）。

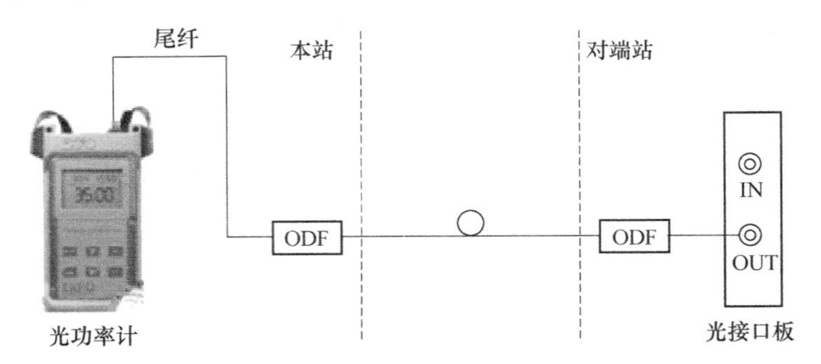

图 1-2-5　测量实际接收光功率

> 说明：
> 光接口板的实际接收光功率应留有一定的余量，建议大于接收灵敏度 3dB，小于过载光功率 5dB。

5）检查光缆、连接点和对端站光接口板，排除故障后，返回步骤 2）重新测量接收光功率。

6）在本站 ODF 侧加光衰减器后，返回步骤 2）重新测量接收光功率。

7）恢复尾纤与被测单板接收光接口的连接。

7. 测试 PDH 通道

PDH 通道不正常会导致业务运行过程中产生误码。本节介绍如何测试 PDH 通道，保证 PDH 通道的正常，确保业务在 PDH 通道中运行的稳定性。

操作步骤：

1）将仪表连接到业务端口。在 ODF 侧用尾纤和光衰减器将光接口板自环。

2）根据配置的业务速率设置仪表的伪随机序列码。业务速率、编码和伪随机序列码的对应关系见表 1-2-3。

3）进行 24h 误码测试，测试结果应该 24h 无误码。

4）如果出现误码，排除故障后再次进行 24h 误码测试，直至测试无误码为止。

2.5　任务评价

任务评价表				
任务名称	光传输网络设备调试			
班　级		小组编号		
成员名单		时　间		
评价要点	要点说明	分　值	得分	备注
准备工作（20 分）	工作任务和要求是否明确	2		
	实验设备准备	4		
	实验工具的准备	4		
	T2000 网管的安装调试准备	4		
	相关知识的准备	2		
	工作计划或流程的制定	4		

（续）

任务评价表				
任务名称	光传输网络设备调试			
班　级		小组编号		
成员名单		时　间		
评价要点	要点说明	分　值	得分	备注
任务实施（60分）	连接PC、启动T2000、登录网元	10		
	配置网元调试数据	30		
	测试线缆连接和光接口指标	10		
	调测PDH通道	10		
操作规范（20分）	遵守机房工作和管理制度	4		
	各小组固定位置，按任务顺序展开工作	4		
	按规范操作，防止损坏仪器仪表	6		
	保持环境卫生，不乱扔废弃物	6		

单元练习题

一、选择题

1. 常用的光功率单位为（　　）。

A. mW　　B. dB　　C. dBu　　D. dBm

2. OptiX 155/622H 设备的最大功耗为（　　）W。

A. 90　　B. 100　　C. 110　　D. 120

3. SDH 分析仪的用途为（　　）。

A. 该仪表应用在复用段倒换等测试中

B. 该仪表应用在电接口误码的测试中

C. 该仪表应用在以太网业务指标的测试中

D. 该仪表应用在 ATM 业务指标的测试中

4. 光接口板的实际接收光功率应留有一定的余量，建议大于接收灵敏度（　　），小于过载光功率（　　）。

A. 5，5　　B. 5，3　　C. 3，3　　D. 3，5

5. 下列单板中是 OptiX 155/622H 单板的为（　）。

A. CXL　　B. Q2SAP　　C. OI4　　D. Q1PIU

6. 板件安装过程中错误的是（　　）。

A. 手持单板时要佩戴防静电手腕，并保证防静电手腕良好接地，以防止静电损坏单板。

B. 设备出线使用的光模块不能直接连光衰减器，如需要光衰减器，可加在 ODF 架上。

C. 对于可以加光衰减器的单板，光衰减器只能加在“IN”口，不能加在“OUT”口。

D. 环回无需加光衰减器。

7. 下列描述正确的是（　　）。

A. 在便携式防静电垫良好接地的情况下，操作人员在防静电垫上进行单板芯片更换操作时，可不带防静电手腕进行操作。

B. 夏季空气湿润，所以一般情况下在机房对传输设备维护时可以不佩戴防静电手环。

C. 安装人员在进行单板插拔等操作时应戴有防静电手环。

D. 以上都正确。

二、填空题

1. 安装设备时，必须（　　　）；拆除设备时，（　　　）再拆地线。保护地线的长度不应超过（　　　）m，且尽量短。

2. 在接触设备、手拿单板或专用集成电路（ASIC）芯片等之前，为防止人体静电损坏敏感元器件，必须佩戴（　　　　），并将（　　　　）的另一端良好接地。

3. 在大于（　　　　　）的距离目视裸露的光纤端头或损坏的光纤，通常不会灼伤眼睛。

4. 网线的工程标签用于标志单板的网口电缆。标签内容包括（　　　）、（　　　　）、（　　　　）、（　　　　）和（　　　　　）。

三、简答题

1. OptiX 155/622H 有哪些接口？各有什么作用？

2. 简述工程安装中的环境检查包含哪些内容？

3. 华为 OptiX 155/622H 的硬件安装流程是什么？

4. 简述工程安装中的安全注意事项有哪些？

5. 安装所需的工具仪表有哪些？

6. 常见的工程标签有哪些？

7. 试列举设备调试所需的仪表和工具。

8. 简述设备调试前应进行哪些必要的检查工作。

9. 简述 OptiX 155/622H 设备调试的主要内容。

项目2　光传输网络组建与业务开通

任务1　链形网络组建与业务开通

1.1　任务描述

本任务主要完成光传输链形网络组建与业务开通，介绍了以 OptiX 155/622H 设备搭建无保护链形网络和复用段 1+1 线性保护链形网络的配置过程。通过项目实施过程了解光传输链形网络的结构与业务配置流程，学习 T2000 网管操作和设备间线缆的连接操作。

本任务主要适用于以下岗位的工作环节和操作技能的训练：

■　数据配置工程师
■　系统维护工程师

本任务的练习使学生基本掌握如下知识和技能：

■　熟悉 OptiX 155/622H 设备的板件组成
■　熟悉 OptiX 155/622H 设备的逻辑结构
■　学会以 OptiX 155/622H 设备组建光传输链形网络
■　学会链形网络上配置保护路径的方法
■　学会链形网络上配置业务的方法
■　学会链形网络上配置公务的方法

1.2　任务单

工作任务	链形网络组建与业务开通			学时	4
班级		小组编号		成员名单	
任务描述	学生分组，进行 OptiX 155/622H 设备的线缆连接和业务开通、检测，包括 OptiX 155/622H 逻辑结构认知、OptiX 155/622H 光纤连接操作、T2000 网管软件运行和使用、链形网配置操作、业务和公务电话配置开通等				
所需设备及工具	2 部 OptiX 155/622H 设备、ODF 架、信号电缆、光纤、T2000 网管软件				

（续）

工作任务	链形网络组建与业务开通			学时	4
班级		小组编号		成员名单	
工作内容	● 链形网组网规划 ● OptiX 155/622H 设备连接操作 ● OptiX 155/622H 设备配置操作 ● 链形网公务、保护配置操作 ● 链形网业务配置操作 ● 链形网业务验证操作				
注意事项	● 遵守机房工作和管理制度 ● 注意用电安全、谨防触电 ● 按规范操作，防止损坏仪器仪表 ● 爱护工具仪器				

1.3　知识准备

1.3.1　链形拓扑组网

将通信网络中的所有点一一串联，而使首尾两点开放，这就形成了线形拓扑结构，有时也称为链形拓扑结构。这也是 SDH 早期应用的比较经济的网络拓扑结构。

SDH 传输网络链形拓扑组网结构如图 2-1-1 及图 2-1-2 所示。

图 2-1-1　点到点链形拓扑组网结构　　图 2-1-2　多节点的链形拓扑组网结构

1.3.2　SDH 信号的帧结构

ITU-T 规定了 STM-N 的帧是以字节（8 位）为单位的矩形块状帧结构，如图 2-1-3 所示。

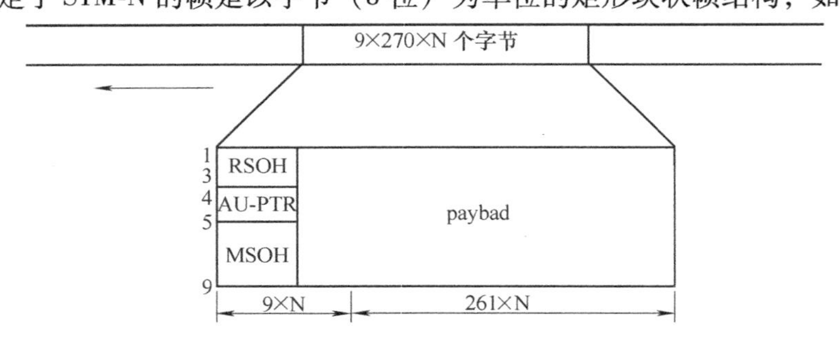

图 2-1-3　STM-N 帧结构

从图 2-1-3 可以看出，STM-N 的信号是 9 行 × 270 × N 列的帧结构。此处的 N 与 STM-N 的 N 相一致，取值范围为 1、4、16、64……，表示此信号由 N 个 STM-1 信号通过字节间插复用而成。由此可知，STM-1 信号的帧结构是 9 行 × 270 列的块状帧。由图 2-1-3 可以看出，

当N个STM-1信号通过字节间插复用成STM-N信号时，仅仅是将STM-1信号的列按字节间插复用，行数恒定为9行。STM-N信号的传输也遵循按比特的传输方式，信号帧传输的原则是：帧结构中的字节（8位）从左到右、从上到下一个字节一个字节（一个比特一个比特）地传输，传完一行再传下一行，传完一帧再传下一帧。ITU-T规定对于任何的STM等级，帧频是8000帧/s，也就是帧长或帧周期为恒定的125μs，帧周期的恒定是SDH信号的一大特点。由于帧周期的恒定使STM-N信号的速率有其规律性。STM-N的帧结构由3部分组成：信息净负荷（Payload）、段开销、管理单元指针（AU-PTR）。

信息净负荷由STM-N帧传送的各种业务信号组成。为了实时监测低速业务信号在传输过程中是否出错，在装载低速信号的过程中加入了监控开销字节——通道开销（POH）字节。POH作为信息净负荷的一部分与业务信号一起装载在STM-N帧中，在SDH网中传送。它负责对低速信号进行通道性能监视、管理和控制。

段开销是为了保证信息净负荷正常灵活传送所附加的供网络运行、管理和维护（OAM）使用的字节。段开销又分为再生段开销（RSOH）和复用段开销（MSOH），分别对相应的段层进行监控。RSOH和MSOH的区别主要在于监管的范围不同。举个简单的例子，若光纤上传输的是STM-16信号，那么，RSOH监控的是STM-16整体的传输性能，而MSOH则是监控STM-16信号中每一个STM-1的性能情况。RSOH在STM-N帧中的位置是第1到第3行的第1到第9×N列，共3×9×N个字节。MSOH开销在STM-N帧中的位置是第5到第9行的第1到第9×N列，共5×9×N个字节。与PDH信号的帧结构相比较，段开销丰富是SDH信号帧结构的一个重要的特点。

管理单元指针是用来指示信息净负荷的第一个字节（起始字节）在STM-N帧内准确位置的指示符，以便信号的接收端能根据这个指针值所指示的位置找到信息净负荷。管理单元指针位于STM-N帧中第4行的9×N列，共9×N个字节。

1.3.3　链形网保护原理

SDH网络主要依靠保护（Protection）和恢复（Restoration）这两种互不相同的作用机制，保证通信业务在故障情况下可以得以维持。保护通常是指一个较快的转换过程，其转换的执行是由倒换开关的部件自动确定的。保护作用后，占用了在各网络节点之间预先指定的某些容量，因此转换后的通道也具有预先确定的路由。目前SDH的自愈保护机制有如下4类：

- 路径保护
- 子网连接保护
- 环间双节点互通连接保护
- 共享光纤虚拟路径保护

链形网保护为路径保护，包含1+1线性保护和1∶N线性保护，如果不需要保护链路，可以配置无保护链路。

1+1线性保护结构每一个工作系统都有一个专用的保护系统，两个系统互为主备用。工作、保护两个系统发端永久桥接，收端根据接收信号的质量优劣决定从工作或保护系统接收信号，所以该保护结构不允许提供无保护的额外业务通路。

1+1线性保护结构分为单端倒换和双端倒换。

单端倒换：是一种只在被保护实体受影响的一端执行切换动作的保护倒换方法，如图

2-1-4 所示。

双端倒换：是一种在被保护实体两端均执行切换动作的保护倒换方法，如图 2-1-5 所示。

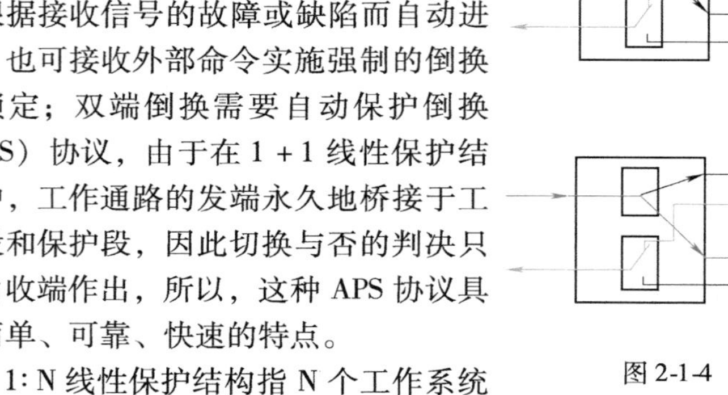

1 +1 线性保护结构中单端倒换不需要自动保护倒换（APS）协议的参与，只根据接收信号的故障或缺陷而自动进行，也可接收外部命令实施强制的倒换或锁定；双端倒换需要自动保护倒换（APS）协议，由于在 1 +1 线性保护结构中，工作通路的发端永久地桥接于工作段和保护段，因此切换与否的判决只是由收端作出，所以，这种 APS 协议具有简单、可靠、快速的特点。

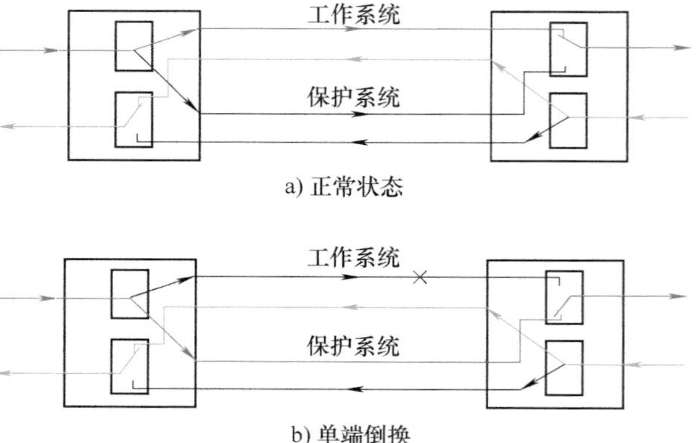

图 2-1-4　1 +1 线性保护单端倒换原理

1∶N 线性保护结构指 N 个工作系统共享一个保护系统。工作系统传送正常的业务信号，保护系统可以传送正常的业务信号，也可以传送额外业务信号或者是无效信号。但系统一旦发生倒换，保护系统上传送的信号将会丢失。1∶N 线性保护结构需要自动保护倒换（APS）协议的参与。1∶N 线性保护结构正常状态如图 2-1-6 所示，1∶N 线性保护结构倒换状态如图 2-1-7 所示。

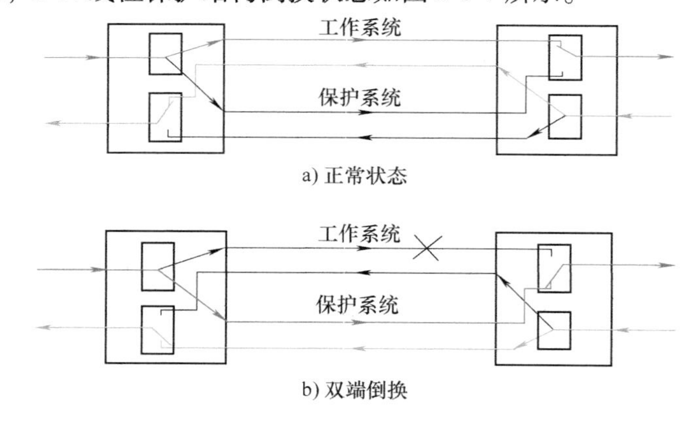

图 2-1-5　1 +1 线性保护双端倒换原理

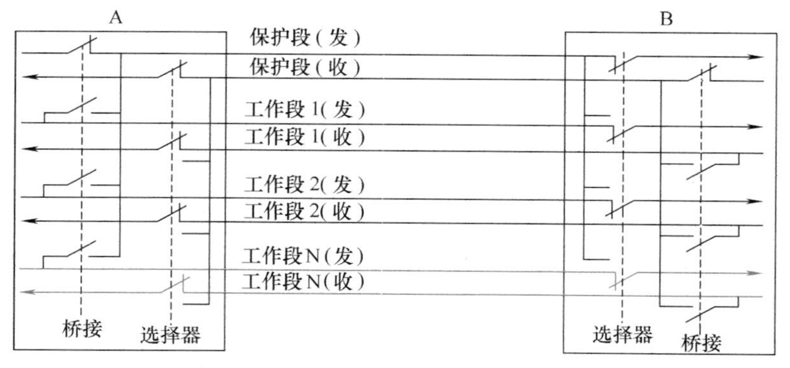

图 2-1-6　1∶N 线性保护结构正常状态

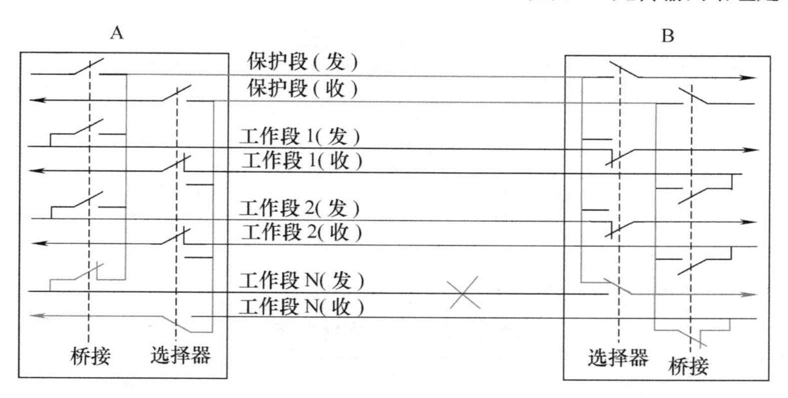

图2-1-7　1:N 线性保护结构倒换状态

1.4　任务实施1——无保护链形网络组建与业务开通

1.4.1　工程规划

工程规划阶段需规划出网络拓扑结构、各网元IP地址、各网元单板配置、纤缆连接关系、时钟源优先级等。

1. 网络拓扑

网元NE1、NE2要组建通信网络，NE1和NE2两个网元组成双纤无保护链形网，无保护链形网的网络拓扑结构如图2-1-8所示。

NE1和NE2及网管需要配置同一网段的IP地址，且连接网管服务器的NE需要配置为网关。IP地址分配举例如图2-1-8所示。

图2-1-8　无保护链形网的网络拓扑结构及IP地址分配举例

在本实验中NE1、NE2的设备参数对应关系见表2-1-1。

表2-1-1 网元设备参数对应关系

设备标志	设备名称	设备ID	设备扩展ID	地址分配
NE9-10001	NE1	10001	9	129.9.11.101
NE9-10002	NE2	10002	9	129.9.11.102

2. 网元单板配置

各网元单板的配置情况见表2-1-2。

表 2-1-2　网元单板配置

IU3-EFT		IU2		IU1-OI2D	
IU4					
IU5-OI4D	IU6-SP2D	IU11-SSC	IU12-XC	IU13-STG	IU14-EOW

3. 纤缆连接

按照组网结构建立纤缆的连接关系，见表 2-1-3。

表 2-1-3　纤缆连接关系

本端信息				对端信息			
网元名称	槽位	单板名称	端口号	网元名称	槽位	单板名称	端口号
NE1	IU5	OI4D	2	NE2	IU5	OI4D	1
NE2	IU5	OI4D	1	NE1	IU5	OI4D	2

4. 网元时间

通过网管提供的时间同步功能，可保持网络中各网元的时间与网管时间一致。从而使得网管能记录网元上报的告警和产生异常事件的准确时间。

网管提供了“与网管时间同步”、“与 NTP 服务器时间同步”和“与标准 NTP 服务器时间同步”三种方式来保证网元时间的准确性。

如采用“与网管时间同步”的方式，所有网元以网管时间作为标准时间，通过手动或自动同步方式保持其与网管时间的一致。网管时间就是网管服务器所在的工作站或计算机的系统时间。该同步方式操作简便，适用于对时间精度要求不是很高的网络。

本例采用“与网管时间同步”的方式。

5. 时钟分配

稳定的时钟是网元正常工作的基础，在配置业务之前必须为所有网元配置时钟。对于复杂网络，还需要配置时钟保护。

OptiX Metro 1000 V3 可以跟踪外部时钟 BITS（Building Integrated Timing Supply）、线路时钟、支路时钟、内部时钟。为达到时钟保护的目的，至少需要设置 2 路跟踪时钟。通常不使用支路时钟作为时钟子网的基准时钟。

在本网络中，网元数量少于 6 个，没有外部时钟源，因此所有网元使用内部时钟源。本例中时钟源优先级见表 2-1-4。

表 2-1-4　时钟源优先级

网元	时钟源
NE1	内部时钟源
NE2	5-OI4D-1/内部时钟源

6. 公务电话与会议电话

开通网元的公务电话可以为网络维护者提供一条专用的紧急通话通道。

配置公务电话的网络结构，各网元公务电话和会议电话的设置如图 2-1-9 所示。

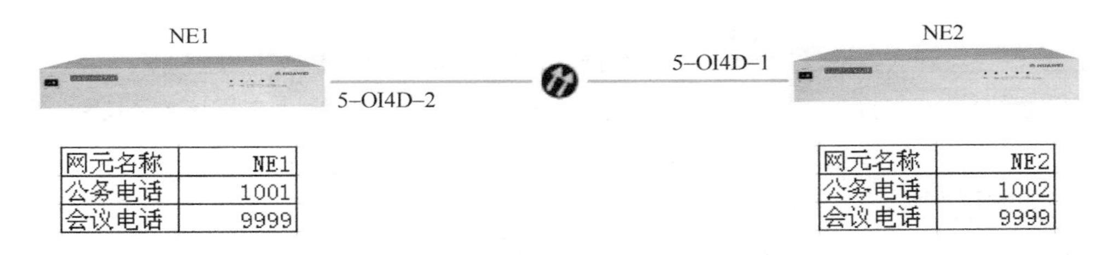

图2-1-9　各网元公务电话和会议电话设置

7. 业务配置

NE1、NE2节点间需要组建新的通信线路，各节点间的业务配置见表2-1-5。

表2-1-5　节点间业务配置

节点	NE1	NE2
NE1		8 * E1
NE2	8 * E1	

8. 时隙分配

根据网元单板配置和业务配置情况，为网络中各网元分配时隙，见表2-1-6。

表2-1-6　各网元业务时隙配置

网元名称	NE1		NE2	
接口板名称	6-SP2D	5-OI4D-2	5-OI4D-1	6-SP2D
时隙分配	1～8	1～8	1～8	1～8
VC4端口		1#	1#	

1.4.2　无保护链形网络组建及业务开通

1. 启动T2000网管

1）正确安装T2000网管软件。

2）正常启动T2000服务器端程序。

■　双击桌面上的“T2000 Server”快捷图标，进入“用户登录”界面。

■　在“用户登录”界面输入用户信息：

◇　用户名称：admin

◇　密码：T2000

■　单击“确定”按钮，能够正常登录到T2000服务器端。等待2～3min后，“故障进程”、“AsonSdh（智能SDH管理进程）”、“客户端自动升级服务”、“安全进程”、“拓扑进程”等进程都处于“运行”状态，如图2-1-10所示。

3）正常启动T2000客户端程序。

■　双击桌面上的“T2000 Client”快捷图标，进入“用户登录”界面。

■　在“用户登录”界面增加服务器，填写IP地址、端口号、模式、服务器名等参数，本例填入厂家默认参数，如图2-1-11所示。

进程信息 | 数据库信息 | 系统资源信息 | 硬盘信息 | 组件信息 | 操作日志

服务名	进程状态	启动模式	CPU使用比率(%)	内存使用量(KB)	启动时间	服务器名	描述
故障进程	运行	自动	0.00	121228	2011-09-20 10:23:22	svctag-123k63x	告警管理进程
AsonSdh(智能SDH管理进程)	运行	自动	0.00	32948	2011-09-20 10:22:57	svctag-123k63x	提供智能SDH网元的管理服
客户端自动升级服务	运行	自动	0.00	3916	2011-09-20 10:25:12	svctag-123k63x	自动升级连接到此服务器的
安全进程	运行	自动	0.00	22372	2011-09-20 10:22:57	svctag-123k63x	网管系统的安全管理组件
拓扑进程	运行	自动	0.00	37556	2011-09-20 10:23:10	svctag-123k63x	提供网管系统的拓扑对象管
ExtNemgr_1(扩展网元管理进程)	运行	自动	0.00	69044	2011-09-20 10:22:57	svctag-123k63x	提供OSN900A、OTU4000
NmlCommon(端到端公共管理进程)	运行	自动	0.00	20216	2011-09-20 10:22:57	svctag-123k63x	提供端到端公共管理服务
NmlEth(ETH端到端管理进程)	运行	自动	0.00	30336	2011-09-20 10:23:10	svctag-123k63x	提供ETH端到端管理服务
NmlSdh(SDH端到端管理进程)	运行	自动	0.00	34388	2011-09-20 10:23:10	svctag-123k63x	提供SDH端到端管理服务
T2000公共性能服务进程	运行	自动	0.00	22984	2011-09-20 10:23:10	svctag-123k63x	T2000公共性能服务进程
T2000公共服务进程	运行	自动	0.00	52644	2011-09-20 10:22:57	svctag-123k63x	T2000公共服务进程
SdhNemgr_1(SDH网元管理进程)	运行	自动	0.00	91036	2011-09-20 10:22:57	svctag-123k63x	提供SDH网元的管理服务
定时任务进程	运行	自动	0.00	12896	2011-09-20 10:22:57	svctag-123k63x	网管系统的定时任务管理进
Tomcat进程	运行	自动	0.00	8092	2011-09-20 10:22:57	svctag-123k63x	Tomcat进程
Toolkit 进程	运行	自动	0.00	13496	2011-09-20 10:22:57	svctag-123k63x	网元升级软件
WebLct进程	运行	自动	0.00	4688	2011-09-20 10:25:12	svctag-123k63x	WebLct进程
Zip服务器	运行	自动	0.00	8408	2011-09-20 10:22:57	svctag-123k63x	网管文件压缩管理组件
数据库服务器进程	运行	外部启动	0.00	91920	2011-09-20 10:19:10	svctag-123k63x	提供数据库服务

图 2-1-10　T2000 网管服务器端进程

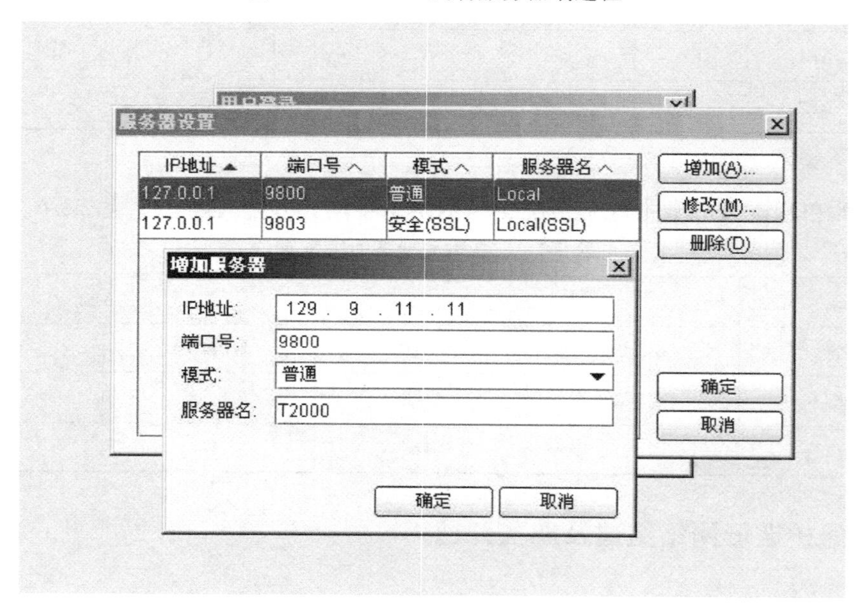

图 2-1-11　设置服务器端参数

■　在“用户登录”界面输入用户信息，示例如下：

◇　用户名称：admin

◇　密码：T2000

2. 创建网元

参照图 2-1-8 的网络拓扑结构进行硬件连接。

在网管上创建网元有两种方式：一种是对所有网元进行搜索建立网元，此方式仅适用于网管和传输设备已建立正常连接的情况下；另一种是手工逐个建立网元的方式，此方式适用于预配置（网管没有与传输设备连接）的情况下。以下分别介绍创建网元的两种方式。

网管与实际传输设备正常连接，利用搜索建立网元，执行如下操作步骤：

1）检查 T2000 与网关网元之间的通信线缆是否正常连接。

2）在 T2000 网管软件主菜单中，选择“文件→设备搜索”，进入“设备搜索”窗口。

3）如果“搜索域”为空白，请转向步骤 4）；如果“搜索域”的“网段”为网关网元

所在IP网段，请转向步骤6）。

4）单击“增加”，进入“搜索域输入”对话框。在对话框中输入以下内容。

■ 地址类型：网关网元所在IP网段
■ 搜索地址：129.9.255.255
■ 用户名：root
■ 密码：password

网元搜索域参数设置界面如图2-1-12所示。

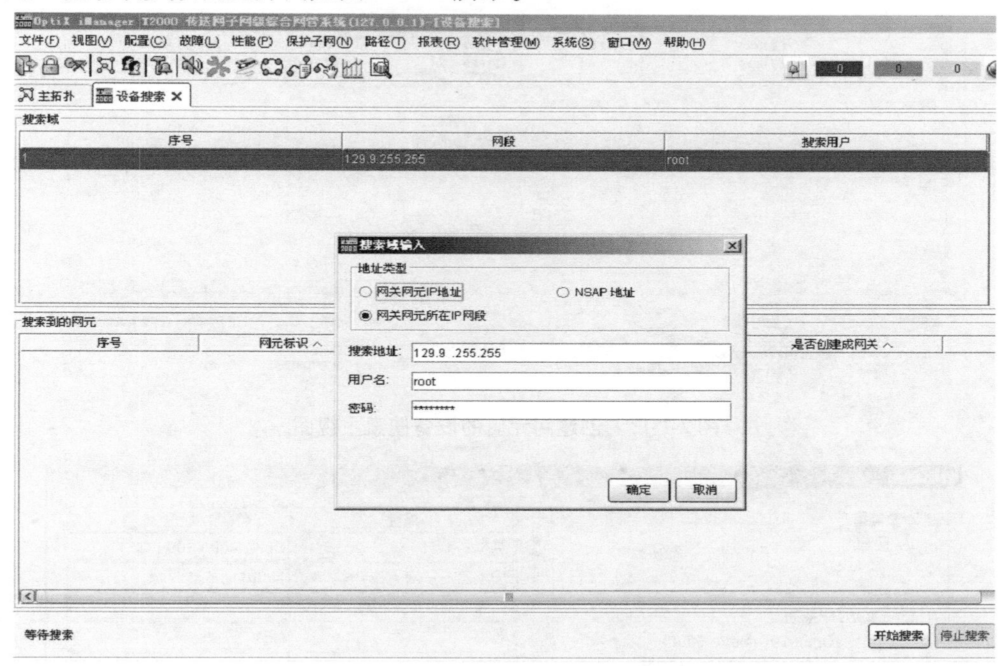

图2-1-12　网元搜索域参数设置界面

5）单击“确定”按钮，输入的IP网段会增加到“搜索域”列表中。

6）在“搜索域”列表中选中输入的IP域，单击“开始搜索”，系统就会自动开始设备搜索，搜索到的网元及链路显示在“搜索到的网元”列表中。

7）在“搜索到的网元”列表中选择要创建的网元NE1、NE2，单击“创建网元”，进入“创建网元”对话框。

8）输入网元默认用户：root，密码：password。

9）单击“确定”按钮。弹出“所选网元已被创建”的提示，同时在主视图上会增加相应网元图标，如图2-1-13所示。

当使用预配置功能（不接实际设备）建立网元时，操作步骤如下：

1）按照组网拓扑中的网元个数在物理拓扑图中单击鼠标右键，选择“新建→设备”选项；或在主菜单中选择“文件→新建→设备”选项。

2）在弹出的“增加对象”对话框中，选择“OptiX Metro 1000 V3”，对于NE1按照网关类型配置，对于NE2按照非网关网元类型进行配置。如图2-1-14所示。

其中，ID按照学生分组配置为1000X，扩展ID配置为9，NE1配置网关类型为“网

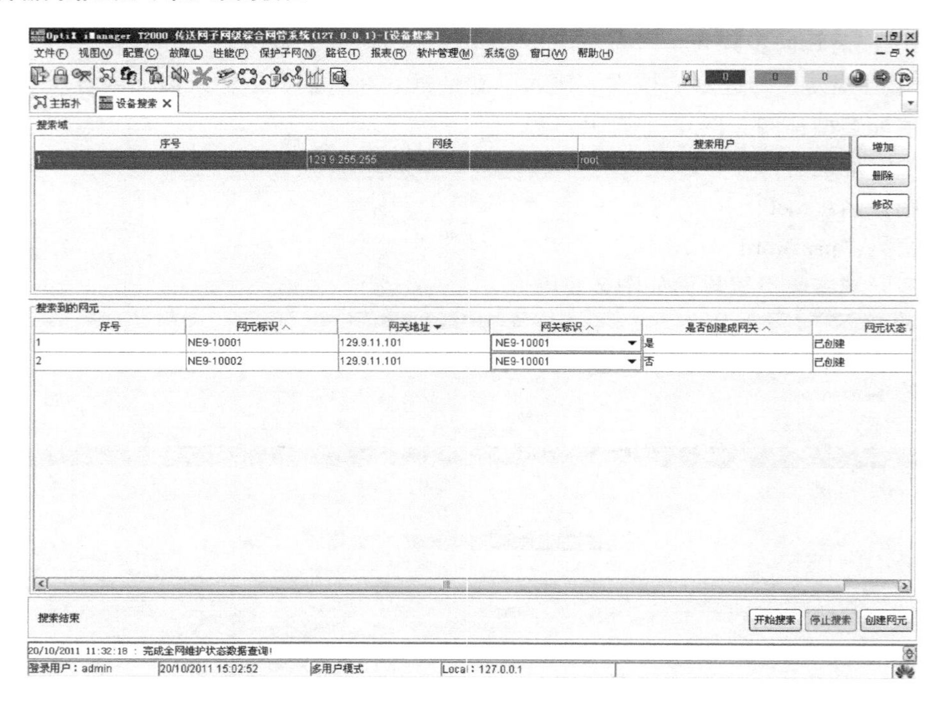

图 2-1-13　创建网元后的设备搜索主视图

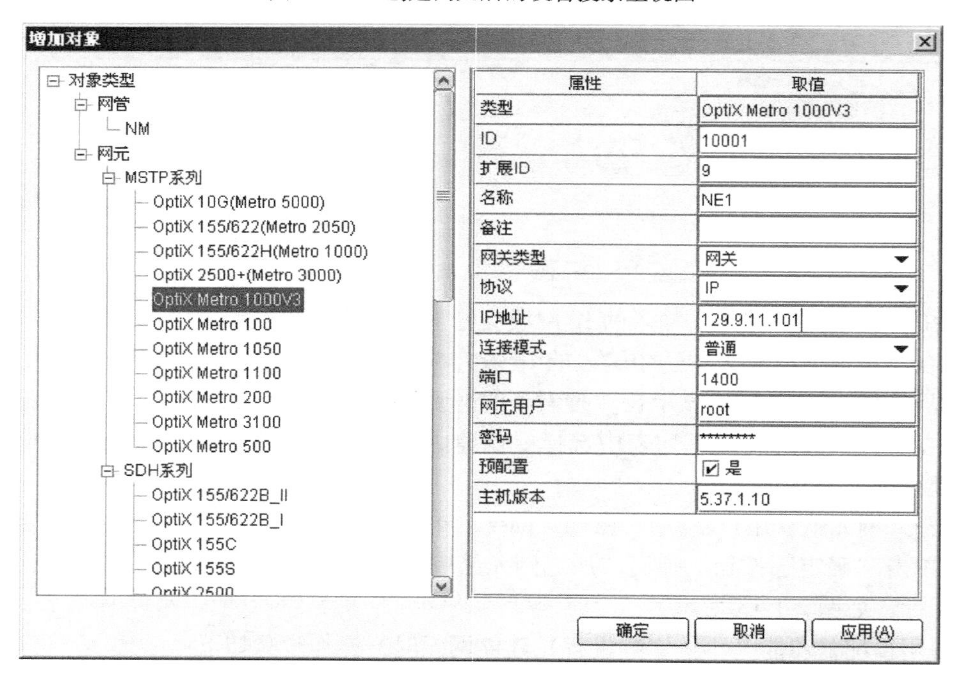

图 2-1-14　使用预配置功能增加网关网元

关”，NE2 网关类型为“非网关”，网关网元选择 NE1，网关 IP 地址为 NE 配置的 IP 地址，端口输入 1400，输入对应网元用户的密码，在预配置复选框中勾选“是”，单击“应用”按钮后关闭。此时鼠标变为十字，在网管主视图的空白处单击，即可添加网元。

3）重复步骤1）～2），建立第2个网元NE2。

3. 配置通信

使用预配置功能忽略此步骤。

1）在主视图中选中NE1图标，在主菜单中选择“配置→网元管理器”，或在NE1图标上单击鼠标右键，在弹出的菜单中选择“网元管理器”。

2）在左上方选择操作对象NE1，并在功能树中选择“配置→网元属性”。

3）在弹出的界面中编辑“名称”，输入“NE1”，如图2-1-15所示。

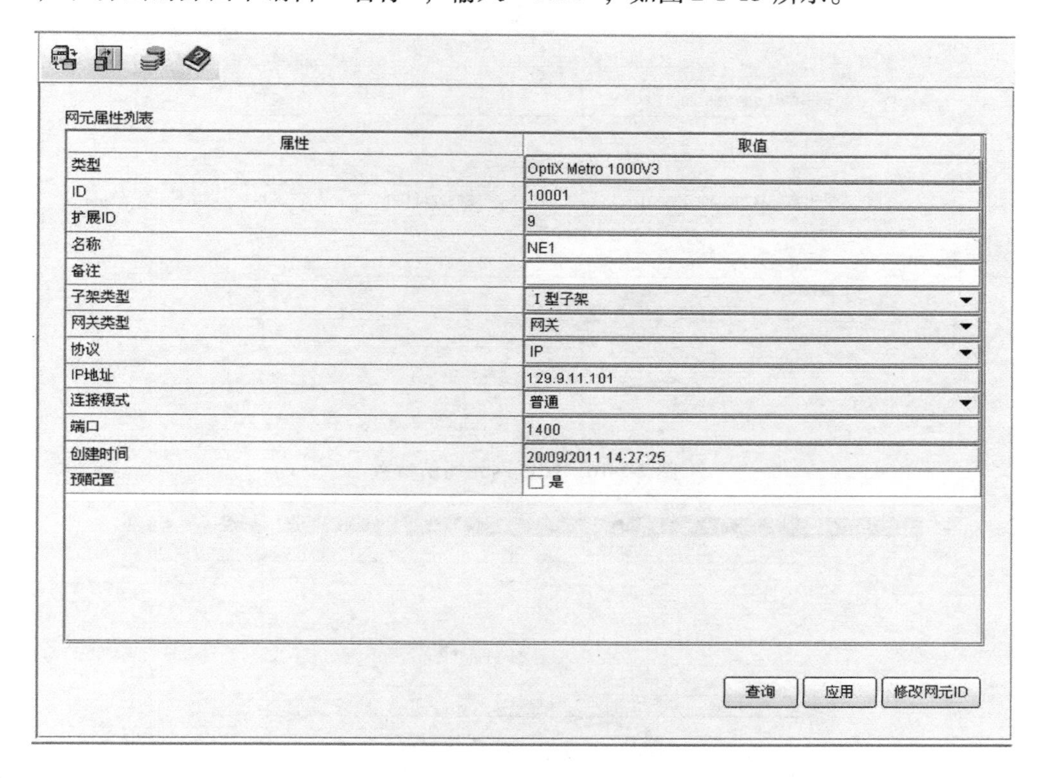

图2-1-15　配置网元属性

4）在功能树中选择“通信→通信参数设置”，配置该网元的IP地址为“129. 9. 11. 101”，如图2-1-16所示。

4. 创建单板

1）在主视图上，双击NE1图标，打开网元配置向导。

2）选择“手工配置”，单击“下一步”按钮，出现提示对话框。

3）对提示内容进行确认，单击“确定”按钮，进入“设置网元属性”窗口。

4）确认网元属性。

■　设备类型：OptiX Metro 1000 V3

■　子架类型：I型子架

5）单击“下一步”按钮。

6）进入网元面板图。单击“查询物理板位”按钮，则网元侧已安装的单板将在面板图上显示，如图2-1-17所示。

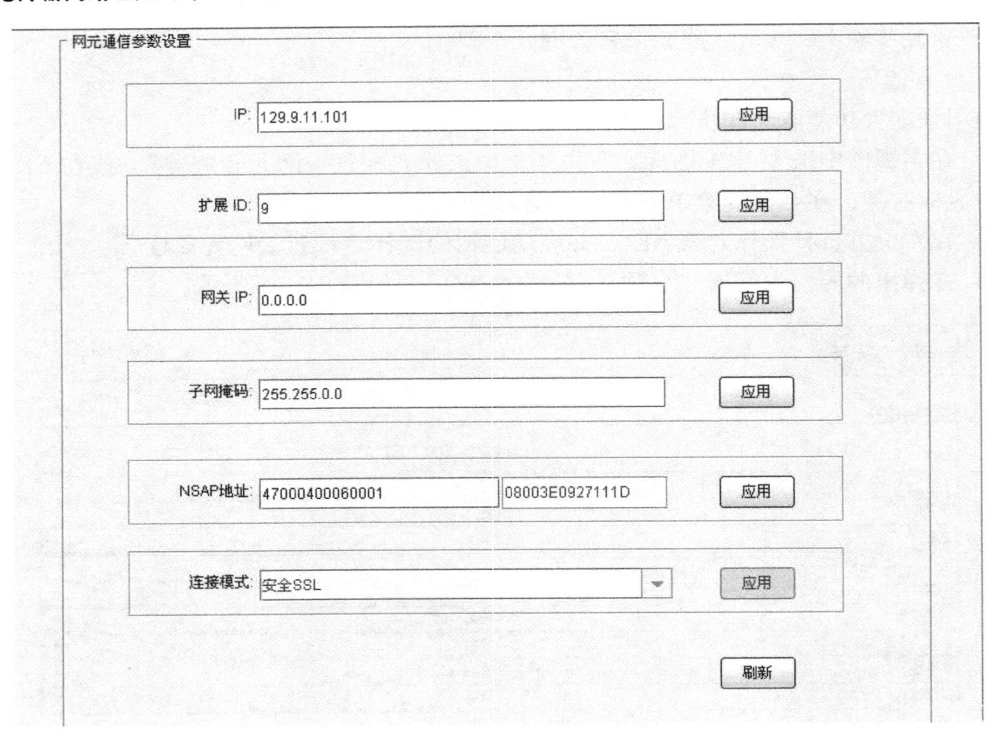

图 2-1-16　配置网元通信参数

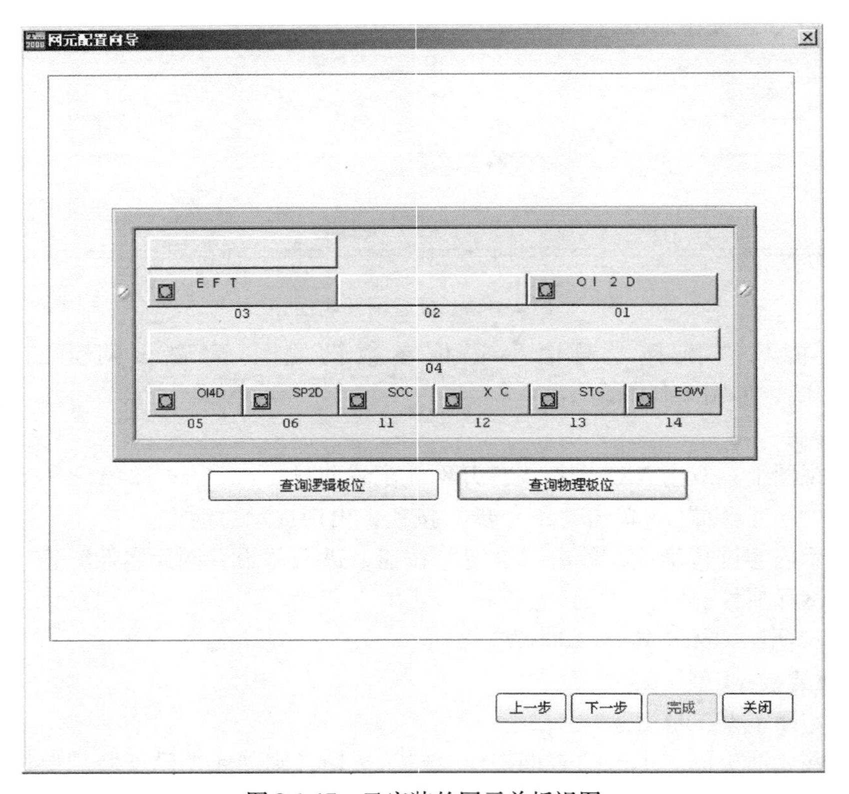

图 2-1-17　已安装的网元单板视图

7）单击“下一步”按钮。

8）选择“校验开工”，单击“完成”按钮，将配置数据下发到网元侧。

9）按照步骤1）～步骤8）的方法，配置NE2。

10）对于预配置功能，除步骤6）需按照图2-1-18所示的方法手工逐一添加单板外，其余步骤不变。

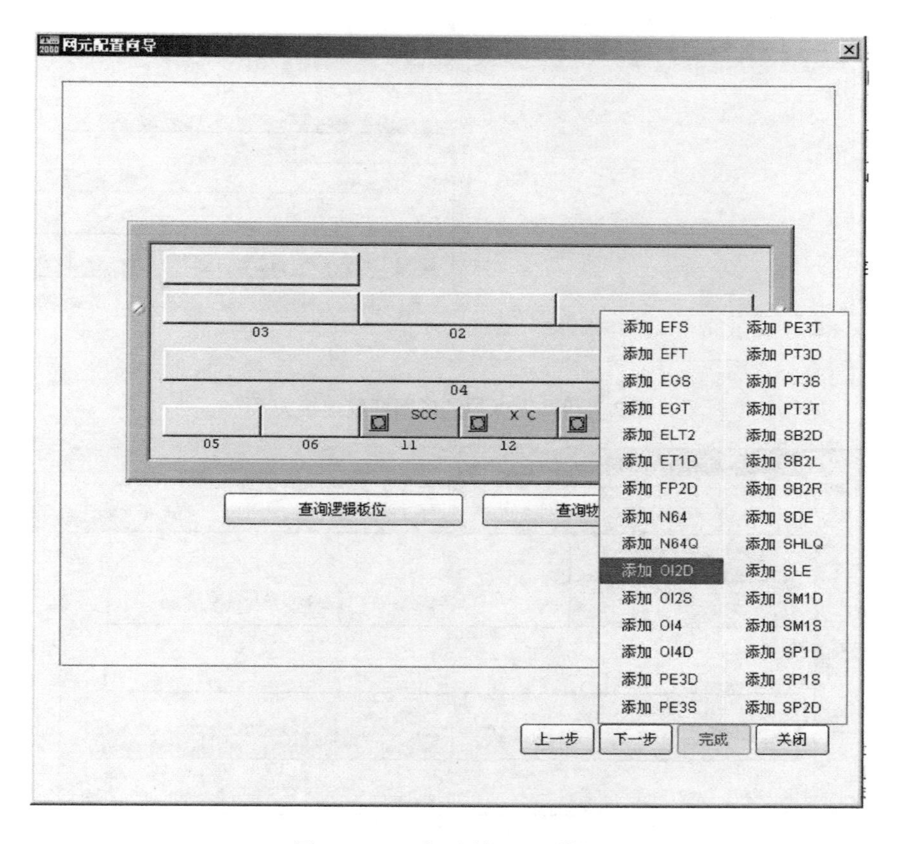

图2-1-18　手工添加网元单板

5. 创建光纤

无保护链形网需要使用一对单模光纤连接网元OptiX Metro 1000设备的NE1和NE2的线路板（OI4D）光模块接口。使用Ethernet线缆连接T2000服务器主机与作为网关网元设备的Ethernet接口，本实验使用NE1作为网关网元。纤缆连接关系如图2-1-19所示。

创建光纤操作步骤：

1）在主视图的快捷图标中，选中，光标变成。

2）在主视图中单击选择光纤源端网元NE1，出现如图2-1-20所示的对话框，在该对话框中选择源端单板：5-OI4D，源端端口：2，单击“确定”按钮。

3）在主视图中单击选择光纤宿端网元NE2，出现如图2-1-21所示的对话框，在该对话框中选择宿端单板：5-OI4D，宿端端口：1，单击“确定”按钮。

4）在弹出的“创建纤缆”对话框中单击“确定”按钮，如图2-1-22所示。

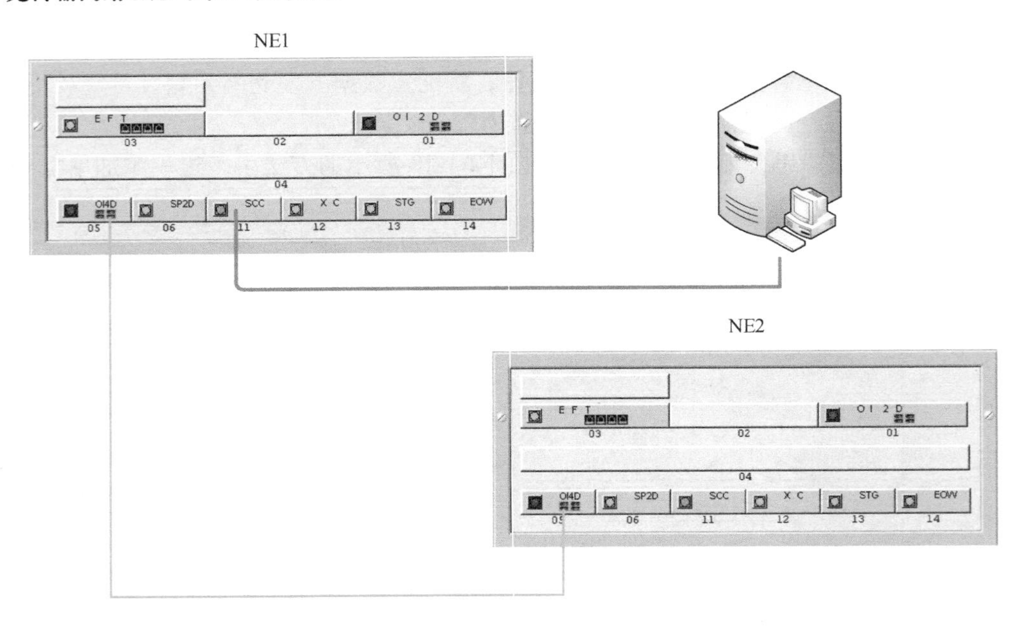

图 2-1-19　无保护链形网纤缆连接关系

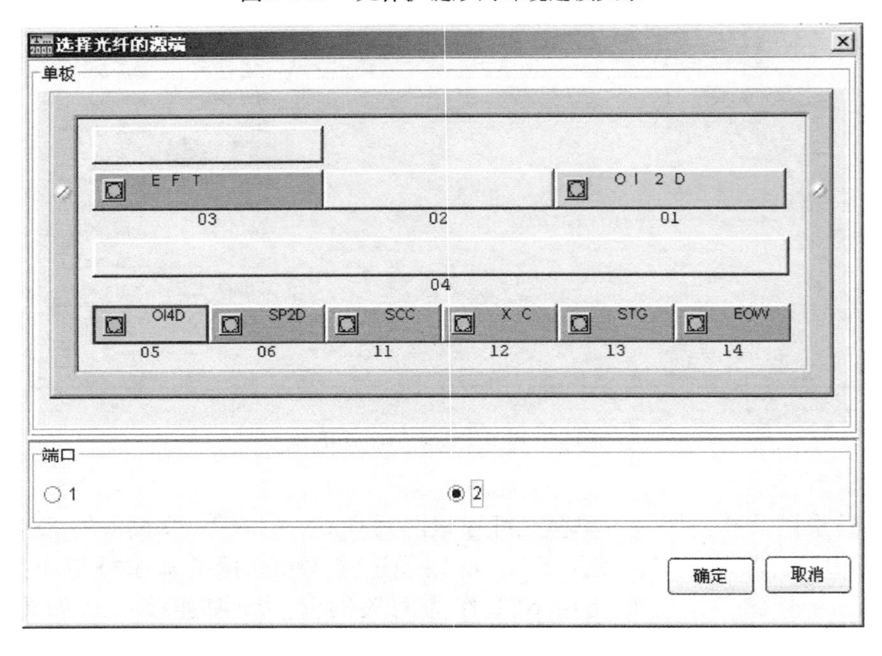

图 2-1-20　选择光纤源端单板及端口

5）按照步骤 1）～步骤 4），根据表 2-1-3 的纤缆连接关系依次创建各网元之间的光纤连接。本实验需要在 NE1 和 NE2 间配置 1 对光纤，配置好的光纤应显示为绿色，如图 2-1-23 所示。

6. 配置公务电话

1）在网元管理器中单击网元，在功能树中选择“配置→公务”，弹出如图 2-1-24 所示的对话框，选择“常规”选项卡。

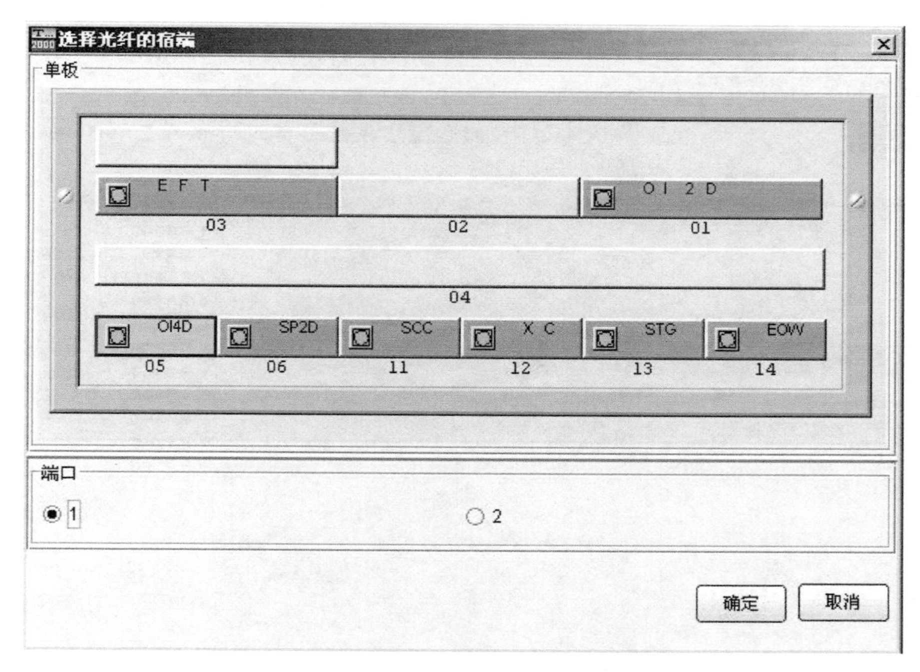

图 2-1-21　选择光纤宿端单板及端口

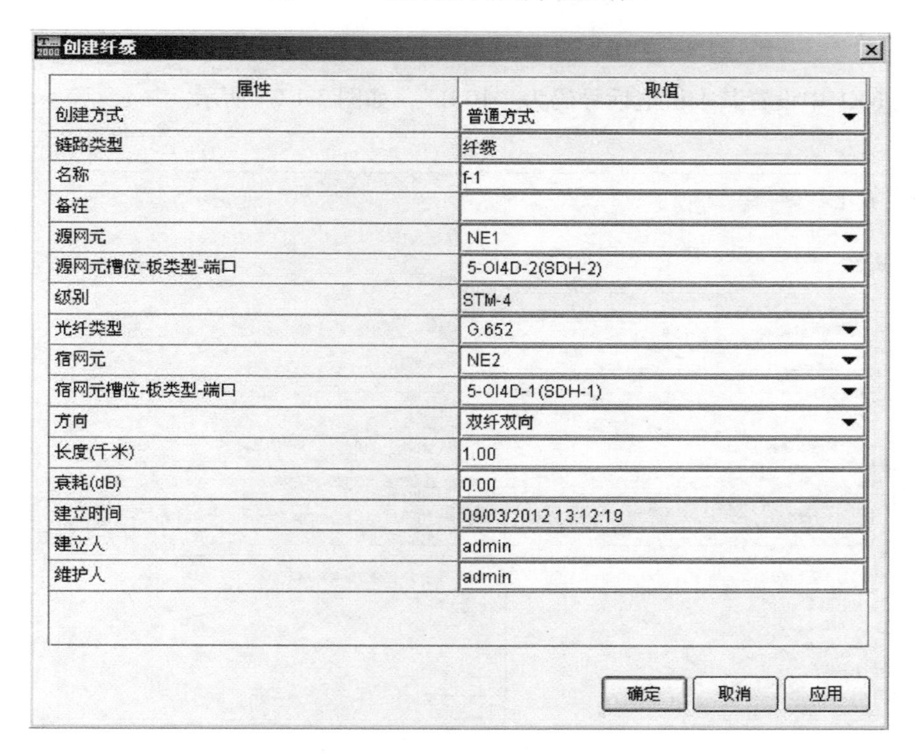

图 2-1-22　光纤属性设置

2）单击“查询”按钮，查询网元侧相关的信息。

3）设置“呼叫等待时间（s）”、“电话号码”和传递公务电话信号的端口。

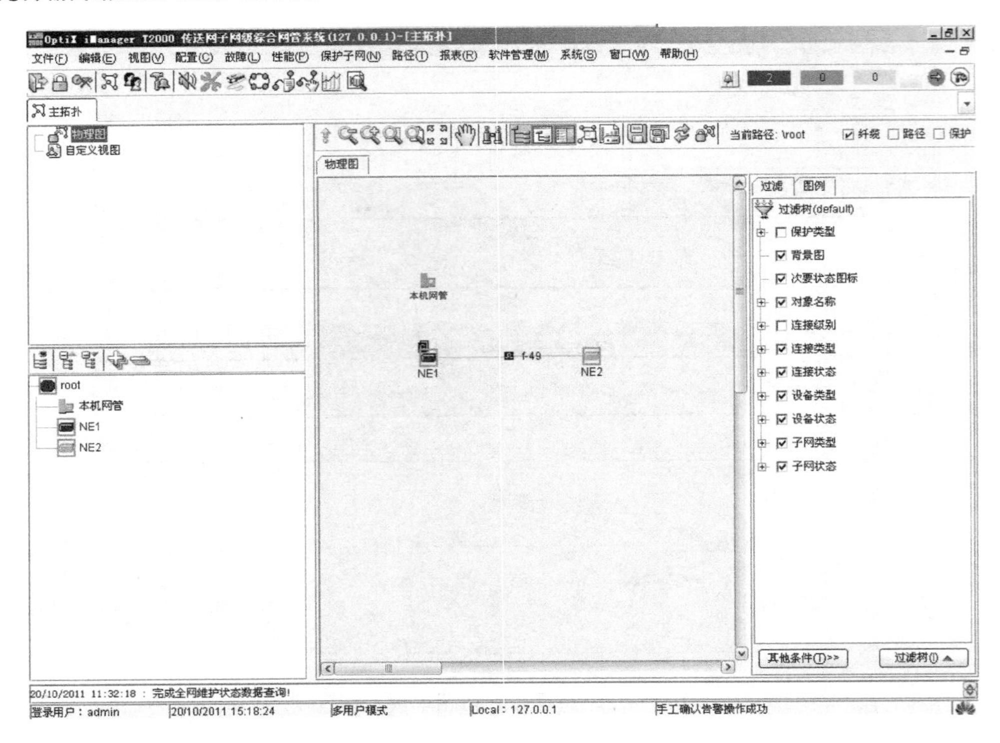

图 2-1-23　成功创建光纤的主界面视图

4）在 NE1 中设置其本机电话号码为“1001”，如图 2-1-24 所示。

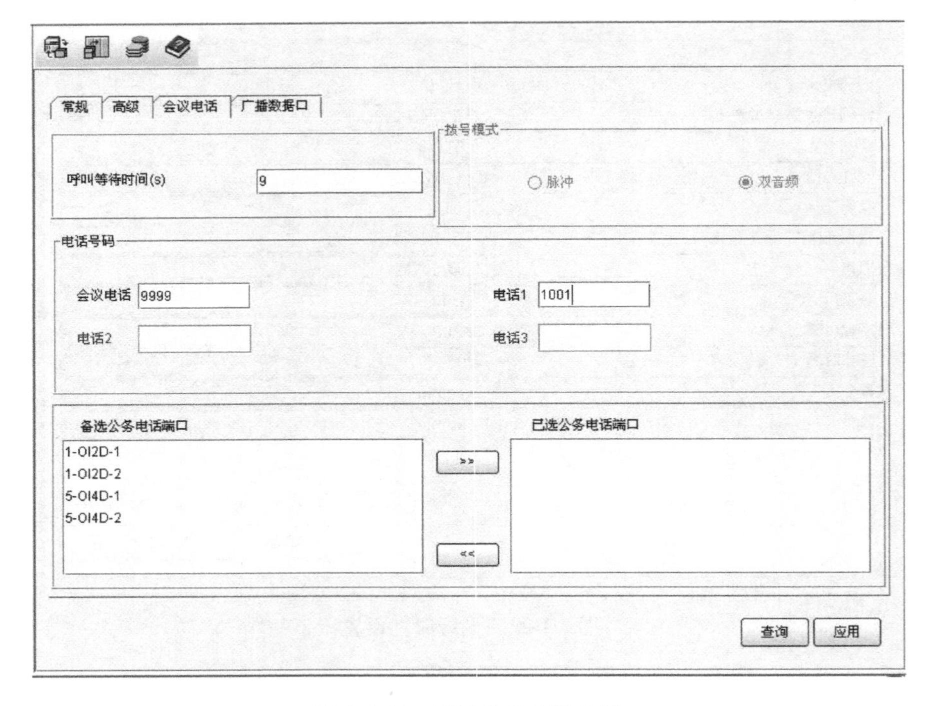

图 2-1-24　配置公务电话号码

说明：

- 互通公务电话的所有网元，“呼叫等待时间”应该一致。网元数量少于 30 个时，呼叫等待时间建议设置为 5s；网元数量大于等于 30 个时，建议设置为 9s。
- 公务电话号码在同一公务子网内不能重复。
- 公务电话号码长度需根据实际设备的要求设置，最长 8 位，最短 3 位。在同一公务子网内，号码长度必须相同。
- 公务电话的号码长度需要与会议电话号码长度相同。
- 子网号长度为 1 时，两路公务电话首位必须相同；子网号长度为 2 时，两路公务电话前两位必须相同。

5）在“备选公务电话端口”中选择需要开通会议电话的端口，单击 >> ，如图 2-1-25 所示。

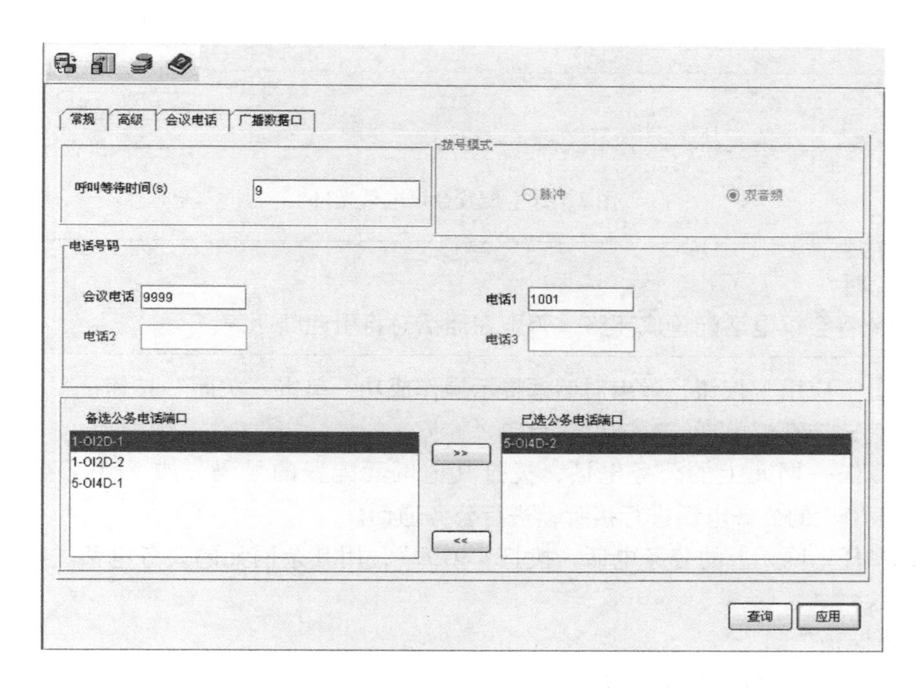

图 2-1-25　配置公务电话端口

6）单击“应用”按钮，弹出对话框提示操作成功，单击“关闭”按钮。

7）按照步骤 1）~ 步骤 6），设置 NE2 的公务电话。

7. 配置会议电话

1）在网元管理器中单击网元，在功能树中选择“配置→公务”，弹出如图 2-1-26 所示对话框，选择“会议电话”选项卡。

2）单击“查询”按钮，查询网元的会议电话配置。

3）选择本网元的通话权限为“可听可说”或“可听不可说”。

4）在“备选会议电话光口”中选择需要开通会议电话的光口，单击 >> ，如图 2-1-26 所示。

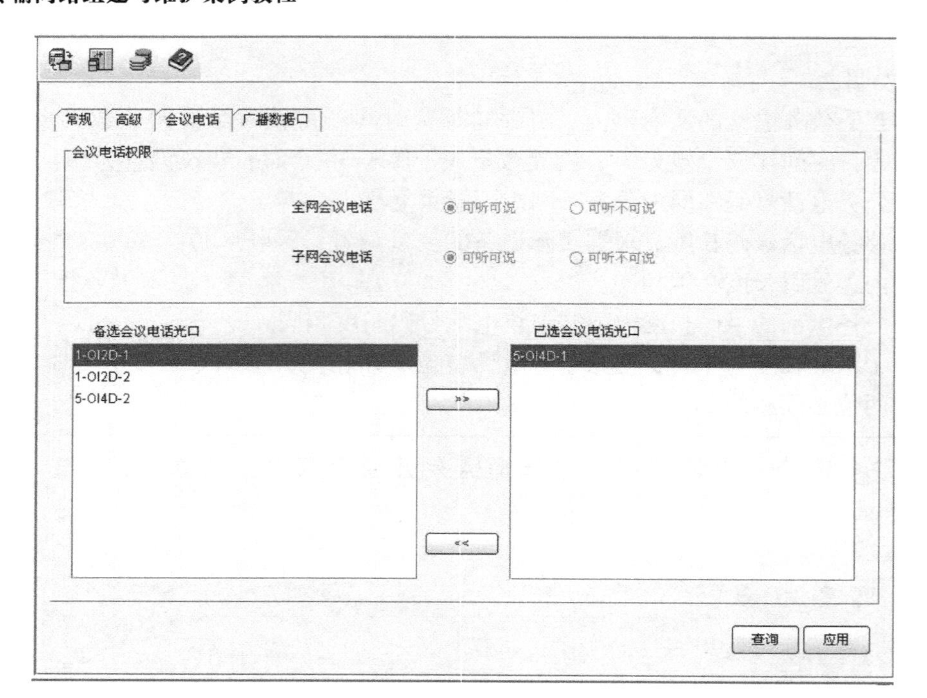

图 2-1-26　配置会议电话光口

说明：

应避免将会议电话配置成环路，否则在通话时将引起啸叫声。

5）单击“应用”按钮，弹出对话框提示操作成功，单击“关闭”按钮。

8. 拨打公务/会议电话，验证设备连通

1）选择任一网元上的公务电话，拨打其他网元配置的号码，如 NE1 公务电话拨打“1002”，用 NE2 的公务电话进行接听，进行公务通话。

2）选择任一网元上的公务电话，拨打“9999”，用其余网元的公务电话进行接听，进行会议通话。

9. 创建保护子网

本任务中保护路径为无保护链。

1）在主视图中选择“保护子网→SDH 保护子网创建”，进入保护视图。

2）在保护视图主菜单中，选择“无保护链”。在弹出的提示框中单击“确定”按钮，进入“创建 SDH 保护子网”视图。

3）在“创建 SDH 保护子网”视图中，如图 2-1-27 所示，设置以下参数。

■　名称：无保护链_1

■　容量级别：STM-4

4）在图 2-1-27 右边的拓扑图中依次双击 NE1 和 NE2 的图标，将其加入保护路径，单击“下一步”按钮，弹出如图 2-1-28 所示的对话框。

5）确认链路物理信息，单击“完成”按钮。界面弹出对话框显示保护子网创建成功。

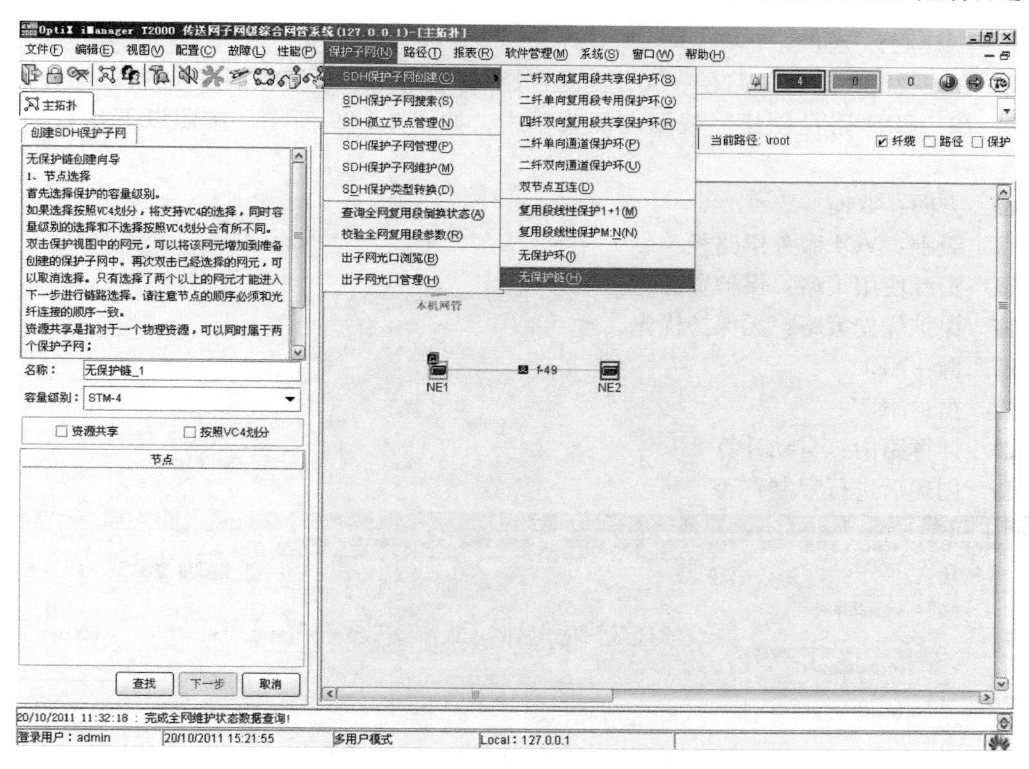

图 2-1-27　创建 SDH 保护子网步骤一

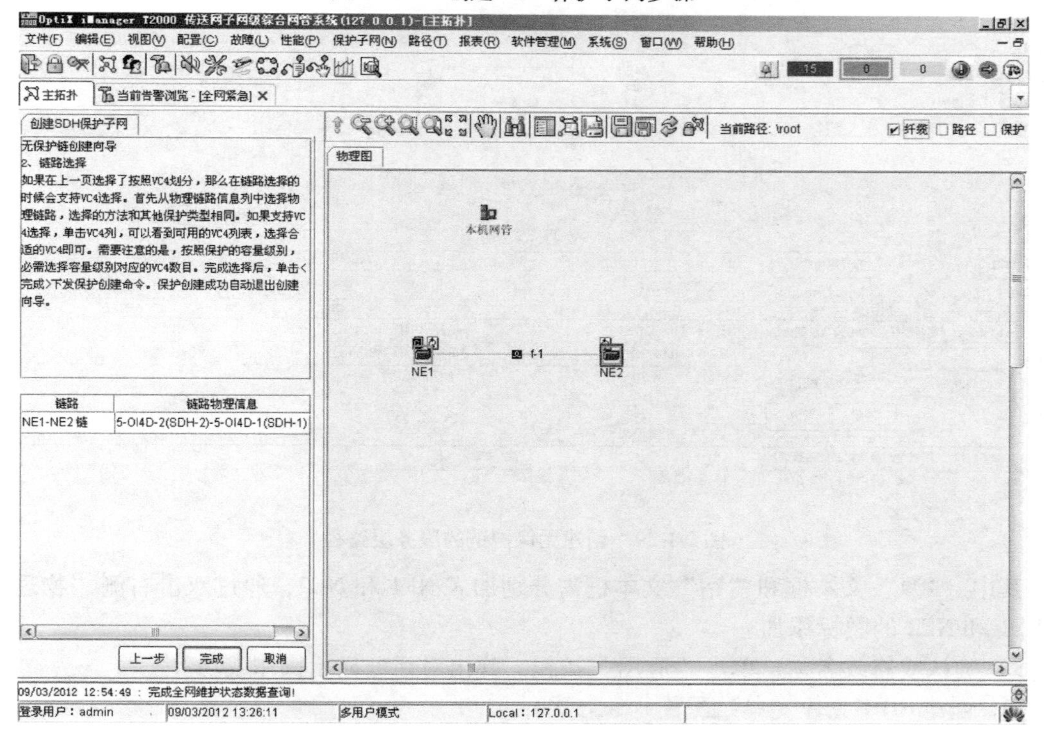

图 2-1-28　创建 SDH 保护子网步骤二

10. 创建服务层路径

1）在主视图中选择“路径→SDH路径创建”，进入“SDH路径创建”视图。

2）在“SDH路径创建”视图左侧菜单中，如图2-1-29所示，按照以下参数进行设置。

- 方向：双向
- 级别：VC4服务层路径
- 资源使用策略：保护资源
- 保护优先策略：无保护优先
- 源：NE1
- 宿：NE2
- 计算路由：自动计算
- 创建后进行复制：否

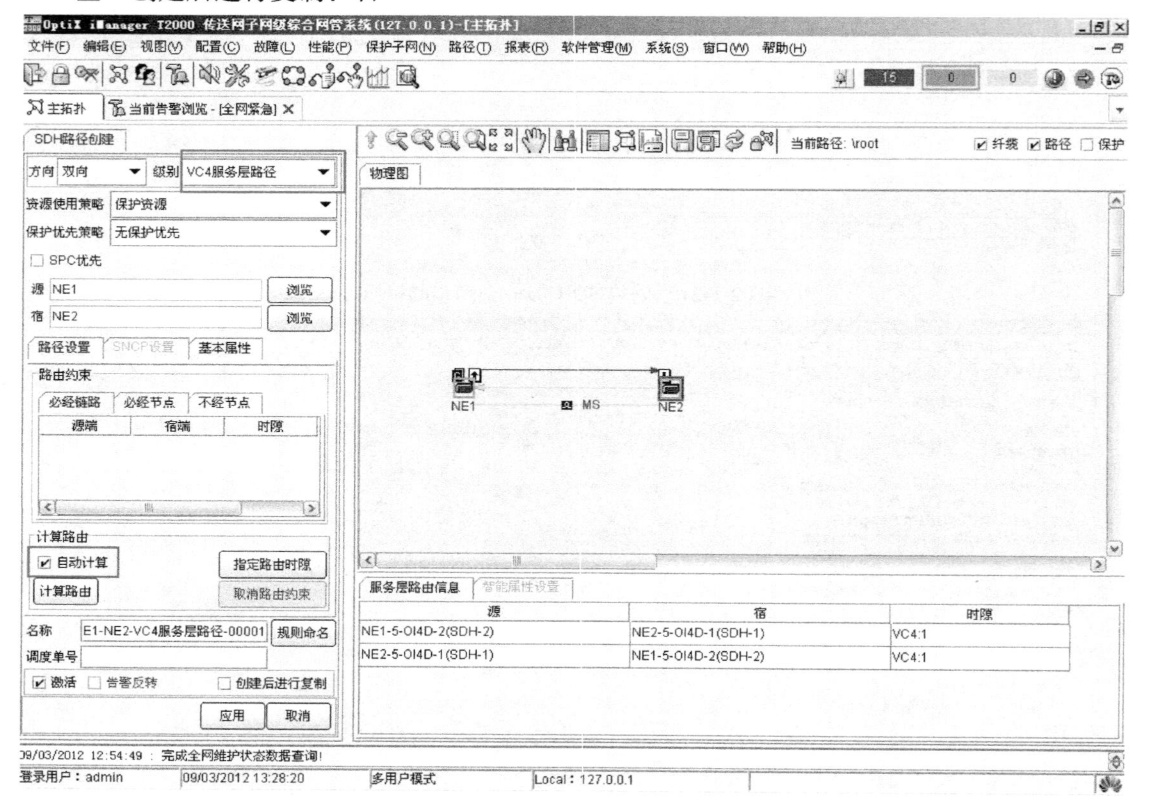

图2-1-29 创建无保护链的服务层路径

其中，“源”文本框和“宿”文本框需分别加入NE1和NE2，通过双击右侧“物理图”中NE1和NE2的图标添加。

3）确认或修改名称，单击“应用”按钮。弹出对话框显示操作成功。

11. 创建SDH业务（单站配置业务方法）

（1）在NE1上创建上/下业务

1）在主视图中选中NE1图标，在主菜单中选择“配置→网元管理器”，弹出“网元管

理器”视图。

2）在“网元管理器”视图左上方选择操作对象：NE1，并在其左边功能树中选择“配置→SDH 业务配置”，弹出“SDH 配置”对话框。

3）创建 NE1 到 NE2 的 E1 业务：从支路板 6-SP2D 的 1～8 端口，到光接口板 5-OI4D-2 的第 1 个 VC4 的 1～8 时隙。

在“SDH 业务配置”对话框中，单击“新建”，弹出“新建 SDH 业务”对话框，如图 2-1-30 所示，在该对话框中设置以下参数。

- 等级：VC12
- 方向：双向
- 源板位：6-SP2D
- 源时隙范围：1-8
- 宿板位：5-OI4D-2（SDH-2）
- 宿 VC4：VC4-1
- 宿时隙范围：1-8
- 立即激活：是

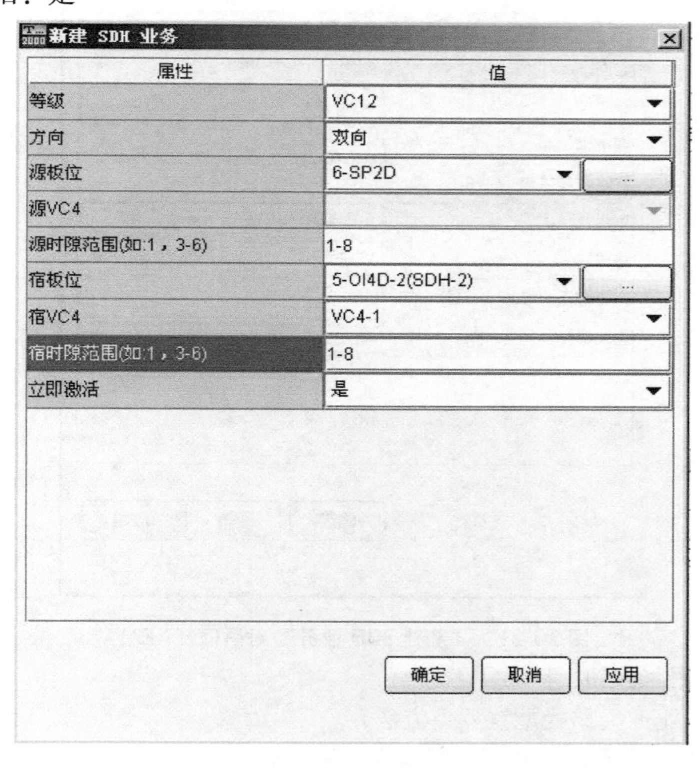

图 2-1-30　“新建 SDH 业务”对话框（NE1）

4）单击“应用”按钮。

（2）在 NE2 上创建上/下业务

1）在主视图中选中 NE2 图标，在主菜单中选择“配置→网元管理器”，弹出“网元管理器”视图。

2）在“网元管理器”视图左上方选择操作对象：NE2，并在其左边功能树中选择“配置→SDH 业务配置”，弹出“SDH 业务配置”对话框。

3）创建 NE2 到 NE1 的 E1 业务：从支路板 6-SP2D 的 1～8 端口，到光接口板 5-OI4D-1 的第 1 个 VC4 的 1～8 时隙。在“SDH 业务配置”对话框中，单击“新建”，弹出如图 2-1-31 所示的“新建 SDH 业务”对话框，在该对话框中设置以下参数。

- 等级：VC12
- 方向：双向
- 源板位：6-SP2D
- 源时隙范围：1-8
- 宿板位：5-OI4D-1（SDH-1）
- 宿 VC4：VC4-1
- 宿时隙范围：1-8
- 立即激活：是

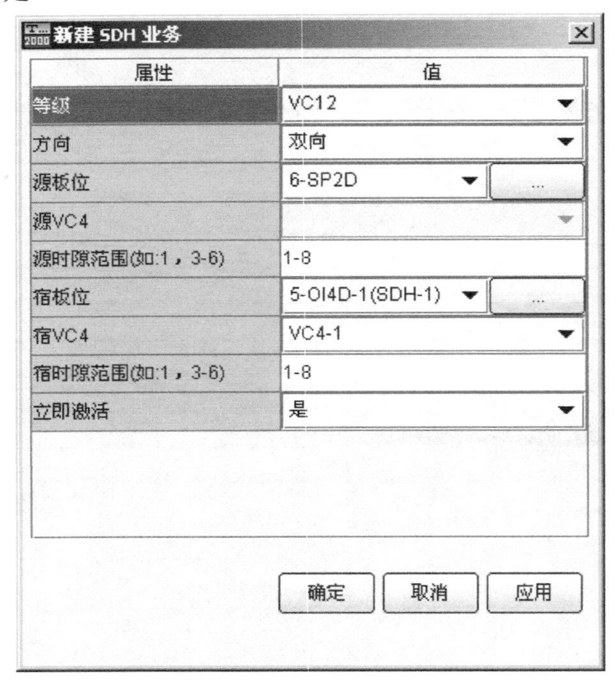

图 2-1-31 “新建 SDH 业务”对话框（NE2）

4）单击“应用”按钮。

12. 创建 SDH 业务（路径配置业务方法）

本步骤与步骤 11 实现功能相同，仅操作方法不同。

1）在主视图中选择“路径→SDH 路径创建”，进入“SDH 路径创建”视图。

2）在“SDH 路径创建”视图左侧菜单中，如图 2-1-32 所示，按照以下参数进行设置。

- 方向：双向
- 级别：VC12
- 资源使用策略：保护资源

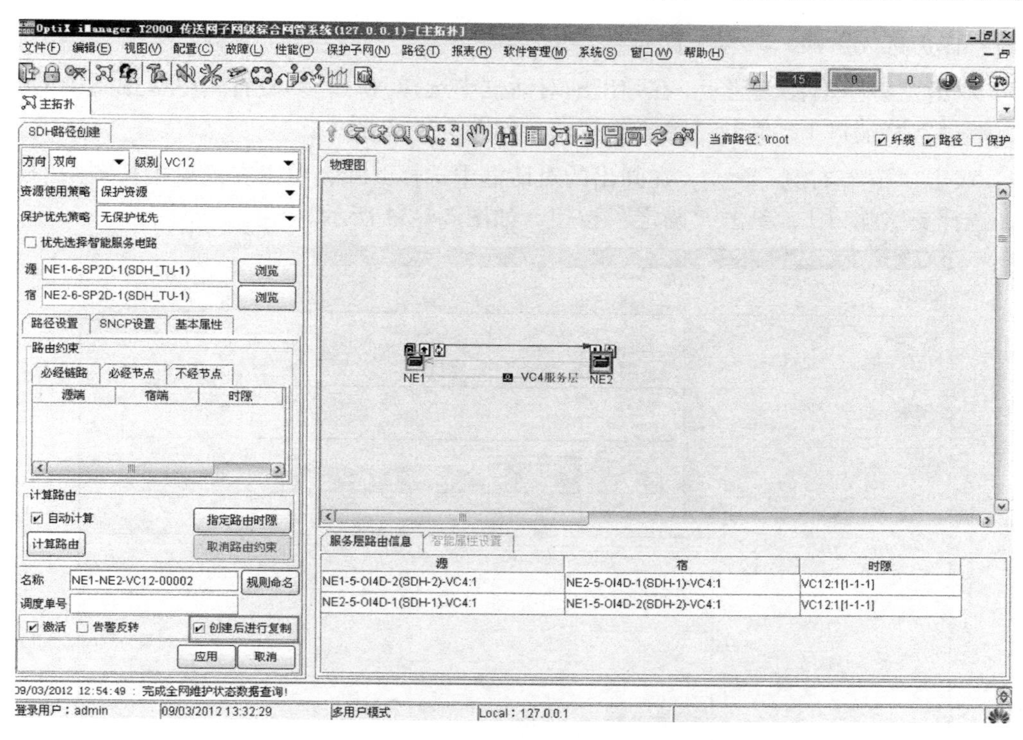

图 2-1-32　使用创建 SDH 路径方法创建 SDH 业务

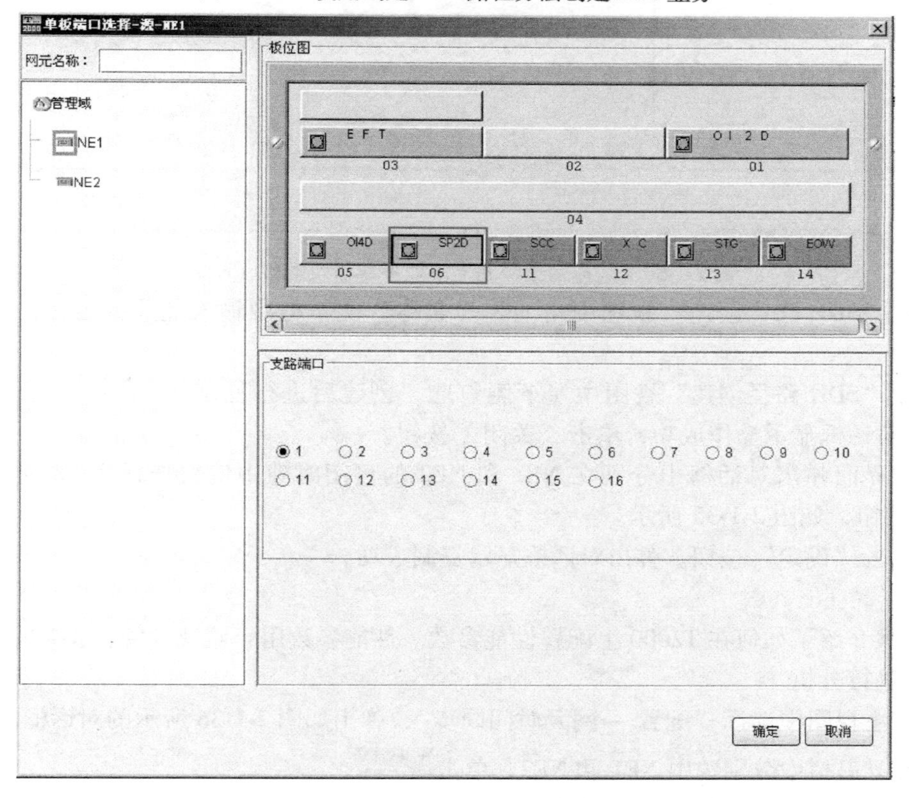

图 2-1-33　选择源端网元上下业务单板及端口（NE1）

■ 保护优先策略：无保护优先

3）双击“源”右侧 浏览 ，在弹出的对话框中选择 NE1，单击右侧单板视图中的 SP2D 单板，选择支路端口 1，单击“确定”按钮，如图 2-1-33 所示。

4）双击“宿”右侧 浏览 ，在弹出的对话框中选择 NE2，单击右侧单板视图中的 SP2D 单板，选择支路端口 1，单击“确定”按钮，如图 2-1-34 所示。

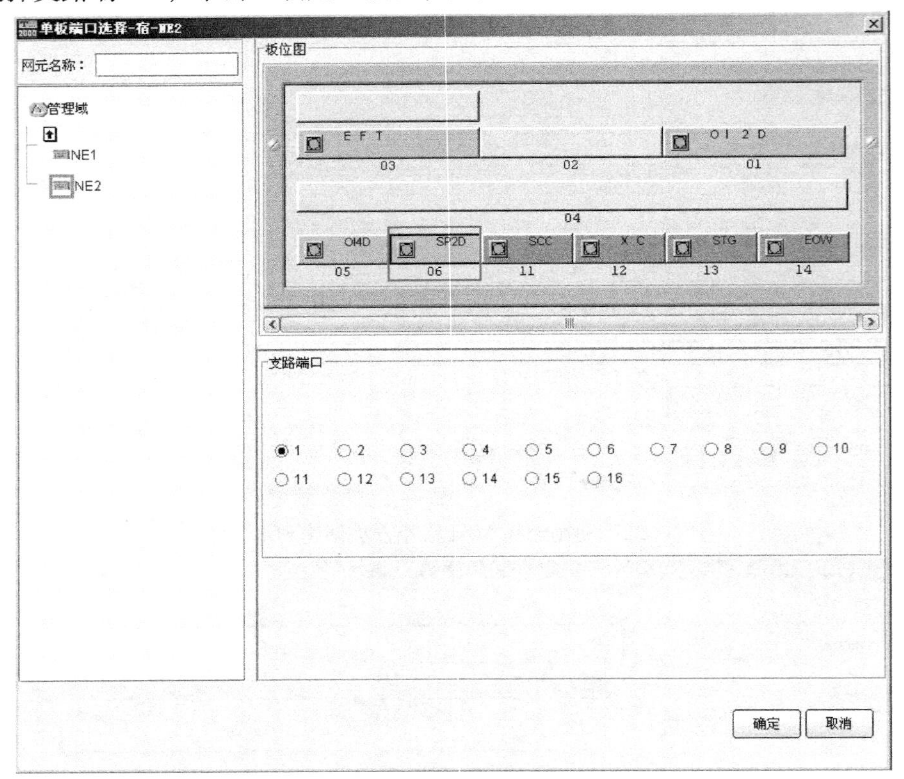

图 2-1-34 选择宿端网元上下业务单板及端口（NE2）

5）在“SDH 路径创建”视图中左下侧“名称”文本框中输入此业务名称，可以为默认。

6）在“SDH 路径创建”视图中左下侧勾选“创建后进行复制”，单击“应用”按钮，界面弹出对话框显示操作成功，单击“关闭”按钮。

7）在界面弹出对话框中分别在 NE1 和 NE2 的可用时隙中依次选择 2 ~ 8 时隙，单击“加入”按钮，如图 2-1-35 所示。

8）单击“确定”按钮。弹出对话框显示复制成功。

13. 配置性能参数

本步骤介绍了如何在 T2000 上配置性能参数。性能参数用于监视设备、业务的运行状态和对网络进行分析。

1）在主视图中选择“配置 →网元时间同步”，弹出如图 2-1-36 所示的对话框。

2）在导航树中分别选中 NE1 和 NE2，单击 >> 。

3）将每一个网元同步方式选择为“网管”，单击“应用”按钮。

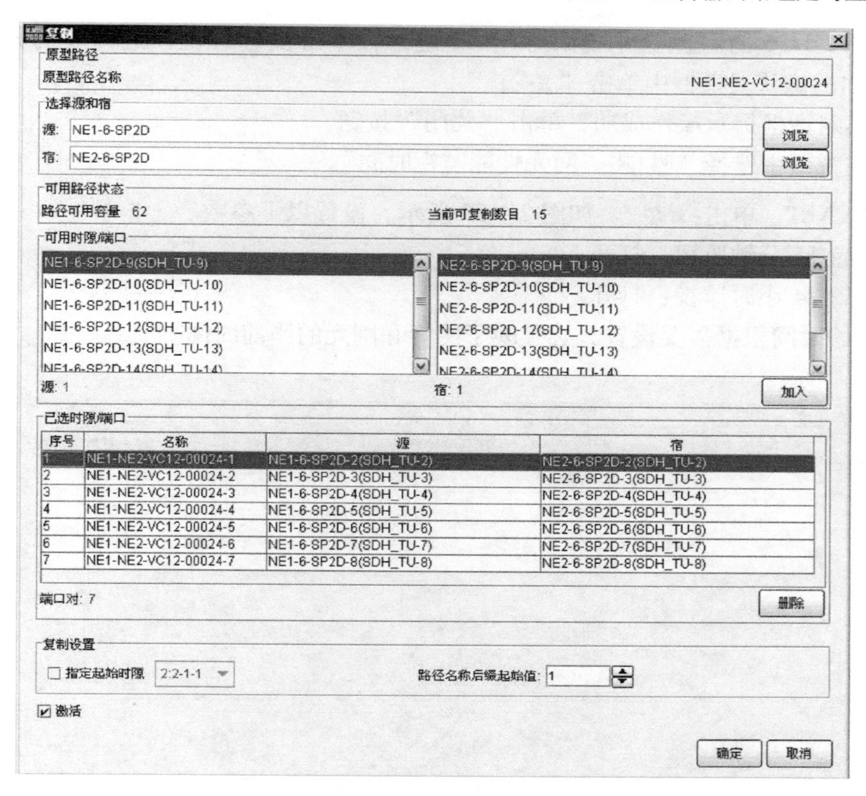

图 2-1-35　按照时隙规划复制路径

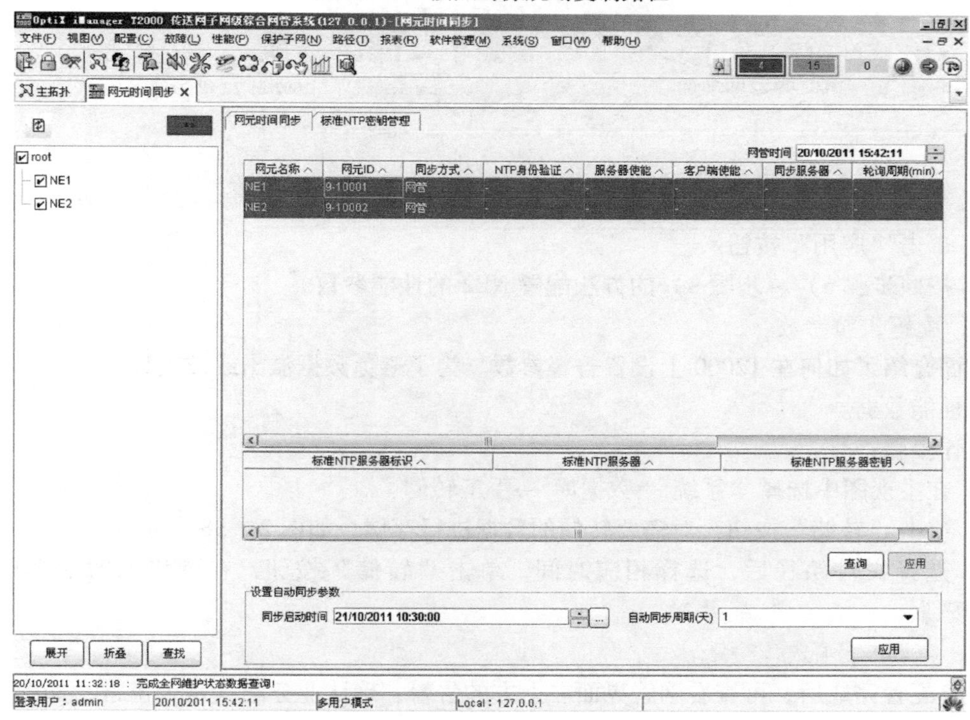

图 2-1-36　网元时间同步

4）在图 2-1-36 的右侧选中 NE1 和 NE2 记录，单击鼠标右键，选择“与网管时间同步”。在弹出的确认对话框中单击“是”。

5）弹出对话框提示操作成功，单击“关闭”按钮。

6）在主视图中选择“性能 →网元性能监视时间”。

7）选中 NE1，单击 >> 。如图 2-1-37 所示，设置以下参数。

■ 设置 15 分钟监视：打开

■ 设置 24 小时监视：打开

■ 开始时间根据需要设置，必须晚于网管和网元的当前时间。

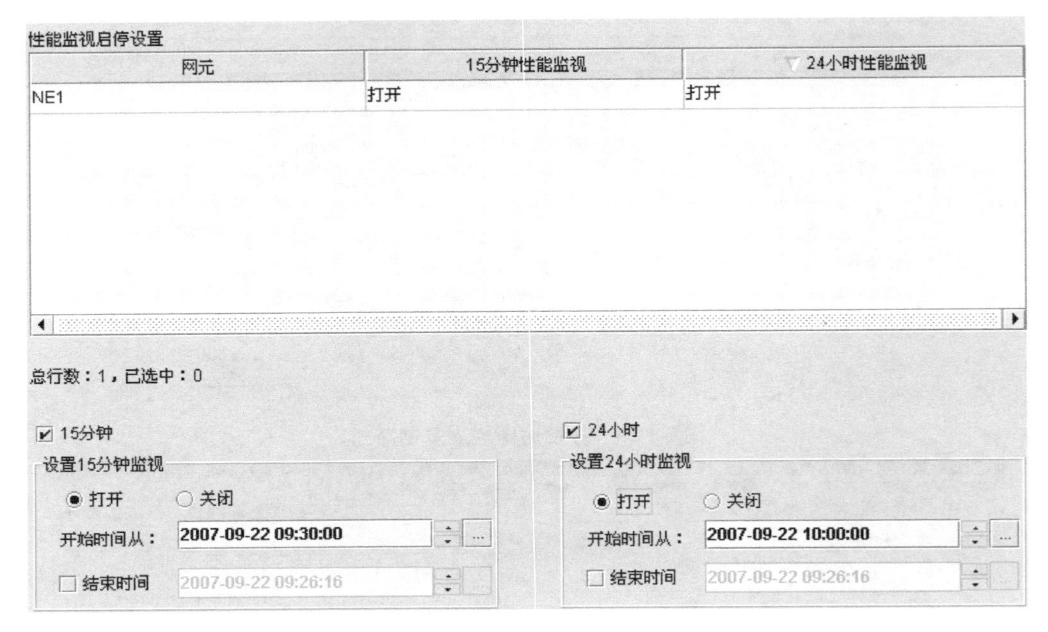

图 2-1-37　性能监视启停设置

8）单击“应用”按钮。

9）按照步骤 6）～步骤 8）的方法配置 NE2 的性能参数。

14. 配置告警参数

前面介绍了如何在 T2000 上设置告警参数。为了避免数据溢出或被损坏，应当及时地转储告警性能数据。

操作步骤：

1）在主视图中选择“系统 →数据库 →手工转储 ”。

2）单击“转储”按钮，对需要转储的数据进行存储，如图 2-1-38 所示。

3）选择文件路径后，选择相应时间，单击“转储”按钮，在弹出的对话框中单击“是”按钮。

15. 查询业务配置告警

业务配置完成后，可查看网管界面右上方的告警，确认业务配置是否正常，如图 2-1-39 所示。

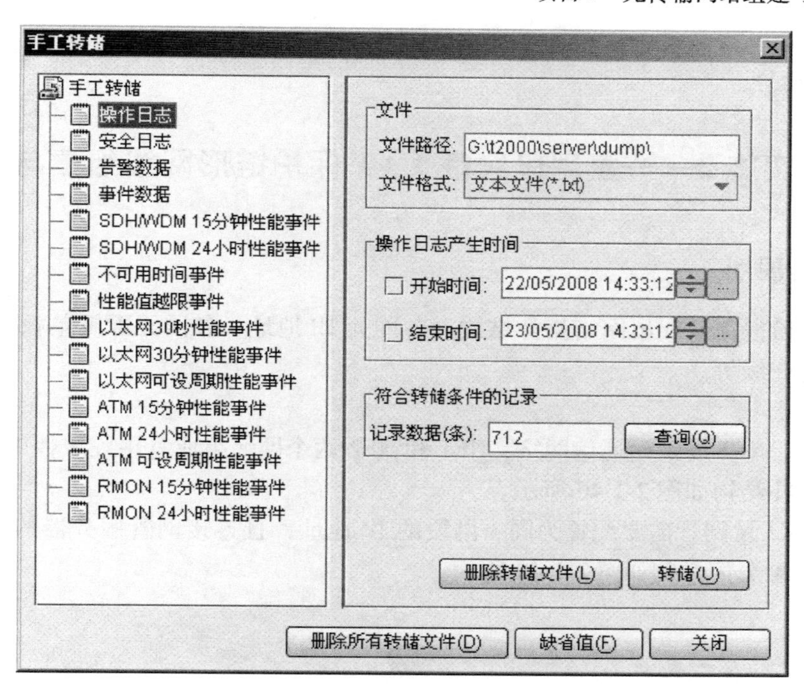

图 2-1-38　手工转储告警数据

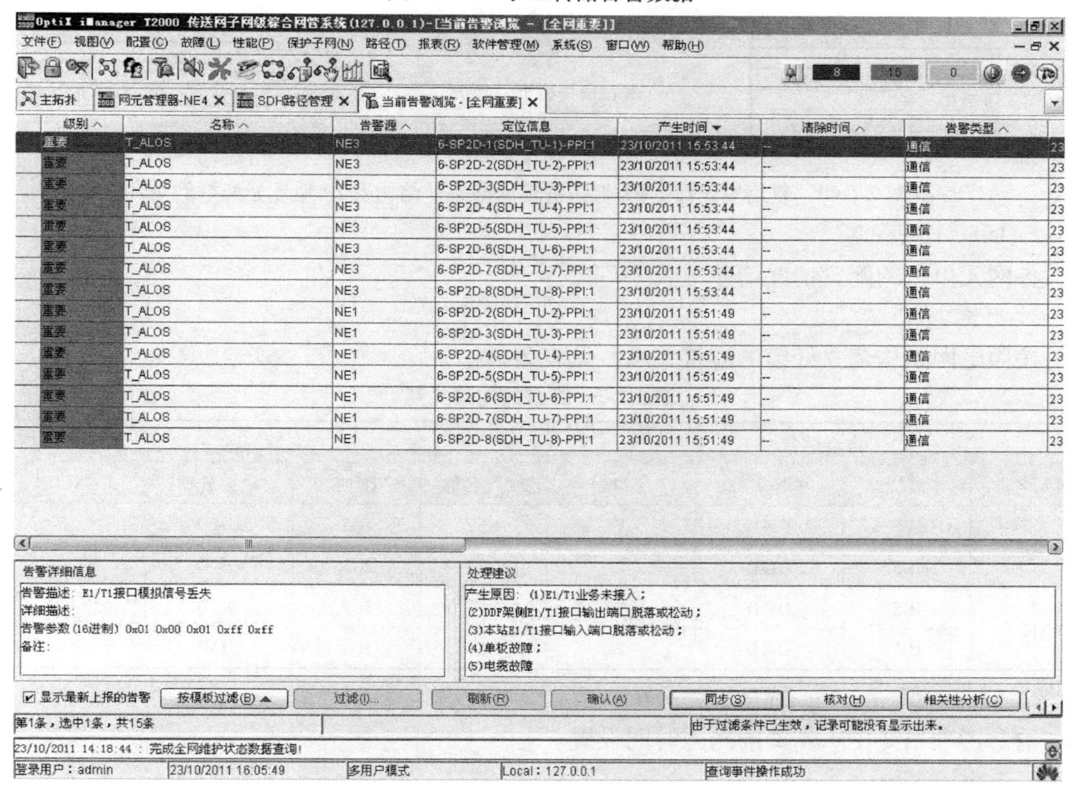

图 2-1-39　业务配置告警

正确配置业务后的告警应只包含 T_ALOS 的告警，即 E1/T1 业务未接入，而不应包含 TU_AIS 的告警。

1.5 任务实施 2——复用段线性 1 +1 保护链形网络组建与业务开通

1.5.1 工程规划

工程规划阶段需规划出网络拓扑结构、各网元 IP 地址、各网元配置单板、纤缆连接关系、时钟源优先级等。

1. 网络拓扑

网元 NE1、NE2 要组建通信网络，NE1 和 NE2 两个网元组成复用段线性 1 +1 保护链形网，其网络拓扑结构如图 2-1-40 所示。

NE1 和 NE2 及网管需要配置为同一网段的 IP 地址，且连接网管服务器的 NE 需要配置为网关。IP 地址分配举例如图 2-1-40 所示。

图 2-1-40 复用段线性 1 +1 保护链形网络拓扑结构及 IP 地址分配举例

2. 网元单板配置

各网元单板的配置情况请参考表 2-1-2。

3. 纤缆连接

按照组网结构建立纤缆的连接关系，见表 2-1-7。

表 2-1-7 纤缆的连接关系

本端信息				对端信息			
网元名称	槽位	单板名称	端口号	网元名称	槽位	单板名称	端口号
NE1	IU5	OI4D	1	NE2	IU5	OI4D	2
	IU5	OI4D	2	NE2	IU5	OI4D	1
NE2	IU5	OI4D	1	NE1	IU5	OI4D	2
	IU5	OI4D	2	NE1	IU5	OI4D	1

4. 网元时间

请参考项目 2 中 1.4.1 的网元时间设置。

5. 时钟分配

在本网络中，网元数量少于 6 个，没有外部时钟源，因此所有网元使用内部时钟源。时钟源优先级见表 2-1-8。

表 2-1-8　时钟源优先级

网元	时钟源
NE1	内部时钟源
NE2	5-OI4D-1/5-OI4D-2/内部时钟源

6. 公务电话

请参考项目 2 中 1. 4. 1 的公务电话配置。

7. 业务配置

NE1、NE2 节点间需要组建新的通信线路，各节点间的业务配置见表 2-1-9。

表 2-1-9　节点间业务配置

节点	NE1	NE2
NE1		8 * E1
NE2	8 * E1	

8. 时隙分配

根据网元单板配置和业务配置情况，为网络中各网元分配时隙，见表 2-1-10。

表 2-1-10　各网元业务时隙配置

网元名称	NE1		NE2	
接口板名称	6-SP2D	5-OI4D-2	5-OI4D-1	6-SP2D
时隙分配	1 ~ 8	1 ~ 8	1 ~ 8	1 ~ 8
VC4 端口		1#	1#	

1. 5. 2　复用段线性 1 +1 保护链形网组建及业务开通

1. 启动 T2000 网管

请参考项目 2 中 1. 4. 2 所述网管启动方法。

2. 创建网元

参照图 2-1-40 的网络拓扑结构进行硬件连接。

操作步骤请参考项目 2 中 1. 4. 2 所述创建网元方法。

3. 配置通信

请参考项目 2 中 1. 4. 2 所述配置通信方法。使用预配置功能忽略此步骤。

4. 创建单板

请参考项目 2 中 1. 4. 2 所述创建单板方法。

5. 创建光纤

复用段线性 1 +1 保护链形网需要使用 2 对单模光纤连接网元 OptiX Metro 1000 设备的 NE1 和 NE2 的线路板（OI4D）光模块接口，需同时占用线路板（OI4D）的 2 个接口。使用 Ethernet 线缆连接 T2000 服务器主机与作为网关网元的设备 Ethernet 接口，本实验使用 NE1 作为网关网元。纤缆连接关系如图 2-1-41 所示。

根据表 2-1-7 给出的纤缆连接关系依次创建各网元之间的光纤连接，操作步骤与无保护链网络相同，具体请参考项目 2 中 1. 4. 2 所述创建光纤方法。本任务需要在 NE1 和 NE2 间配置2 对光纤，配置好的光纤应显示为绿色，如图 2-1-42 所示。

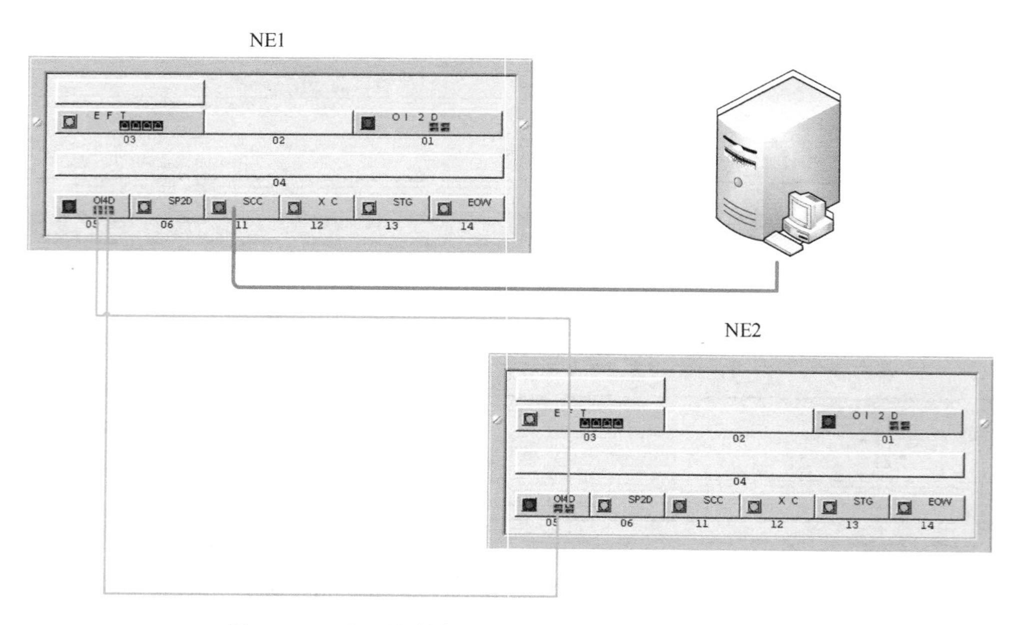

图 2-1-41　复用段线性 1 + 1 保护链网络纤缆连接关系

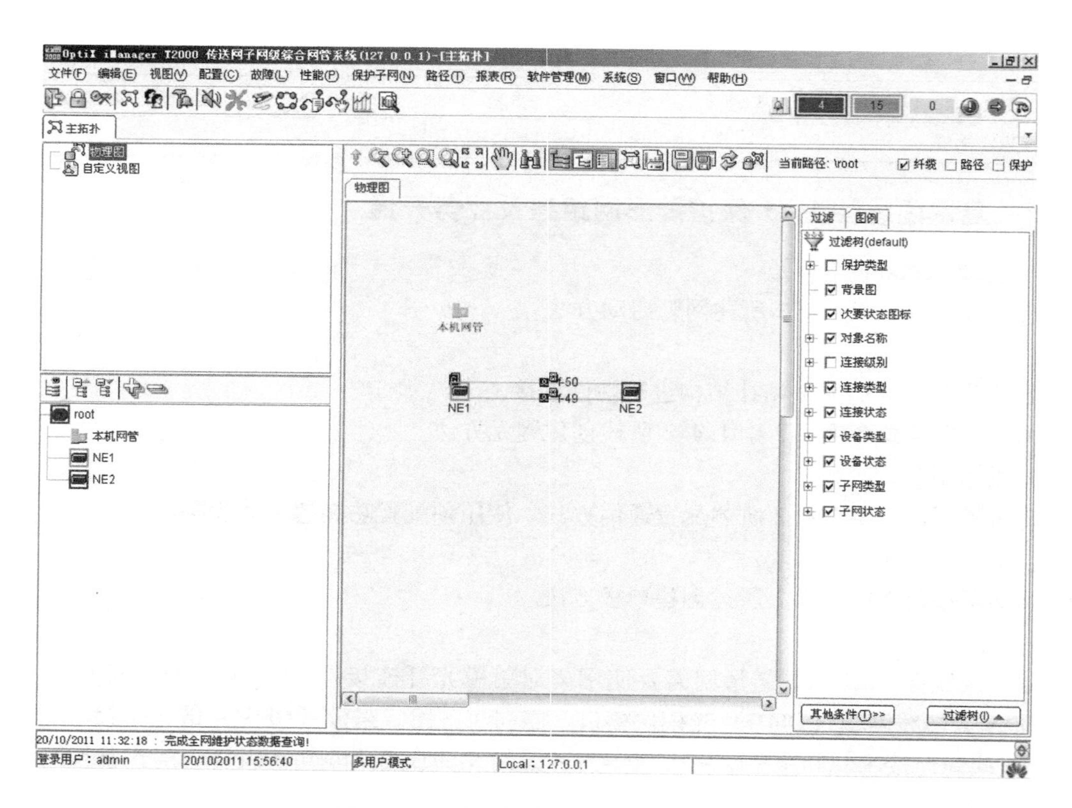

图 2-1-42　成功创建光纤的主界面视图

6. 配置及验证公务电话与会议电话

请参考项目 2 中 1. 4. 2 所述公务电话和会议电话配置方法。

7. 创建保护子网

本任务中保护路径为复用段线性 1 +1 保护。

1）在主视图中选择“保护子网 →SDH 保护子网创建 ”，进入保护视图。

2）在保护视图主菜单中，选择“复用段线性 1 +1 保护”。在弹出的提示框单击“确定”按钮，进入“创建 SDH 保护子网”视图。

3）在“创建 SDH 保护子网”视图中，如图 2-1-43 所示，设置以下参数：

■　名称：复用段线性保护 1 +1_1

■　容量级别：STM-4

■　恢复模式：非恢复式

■　倒换方式：单端倒换

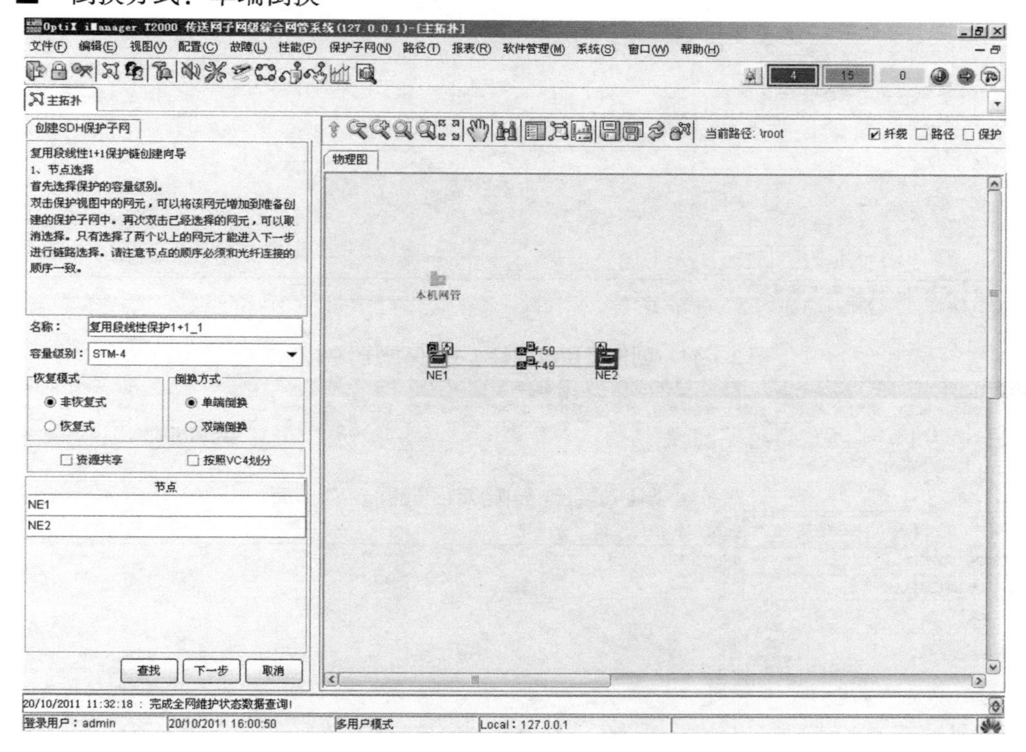

图 2-1-43　创建复用段线性 1 +1 保护子网步骤一

4）在右边的拓扑图中依次双击 NE1 和 NE2 的图标，将其加入保护路径。单击“下一步”按钮，弹出如图 2-1-44 所示的界面。

5）确认工作链路物理信息为“5-OI4D-2（SDH-2）- 5- OI4D-1（SDH-1）”，保护链路物理信息为“5-OI4D-1（SDH-1）- 5- OI4D-2（SDH-2）”，单击“完成”按钮。界面弹出对话框显示保护创建成功。

8. 创建服务层路径

1）在主视图中选择“路径→SDH 路径创建”，进入“SDH 路径创建”视图。

2）在“SDH 路径创建”视图左侧菜单中，如图 2-1-45 所示，按照以下参数进行设置：

■　方向：双向

■　级别：VC4 服务层路径

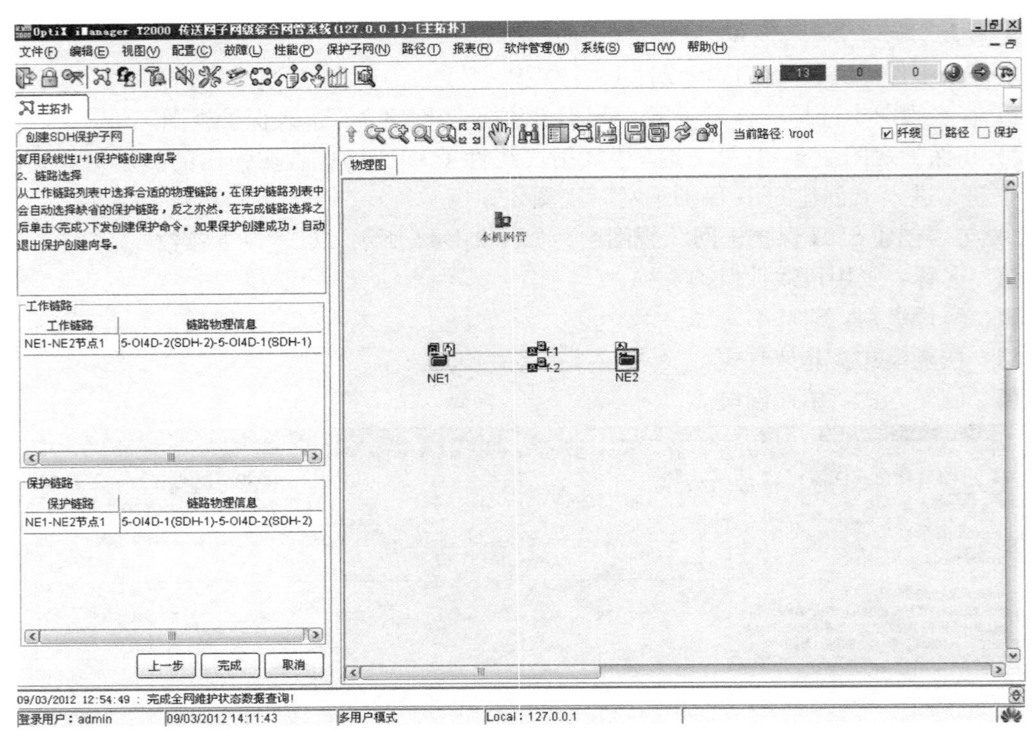

图 2-1-44　创建复用段线性 1 +1 保护子网步骤二

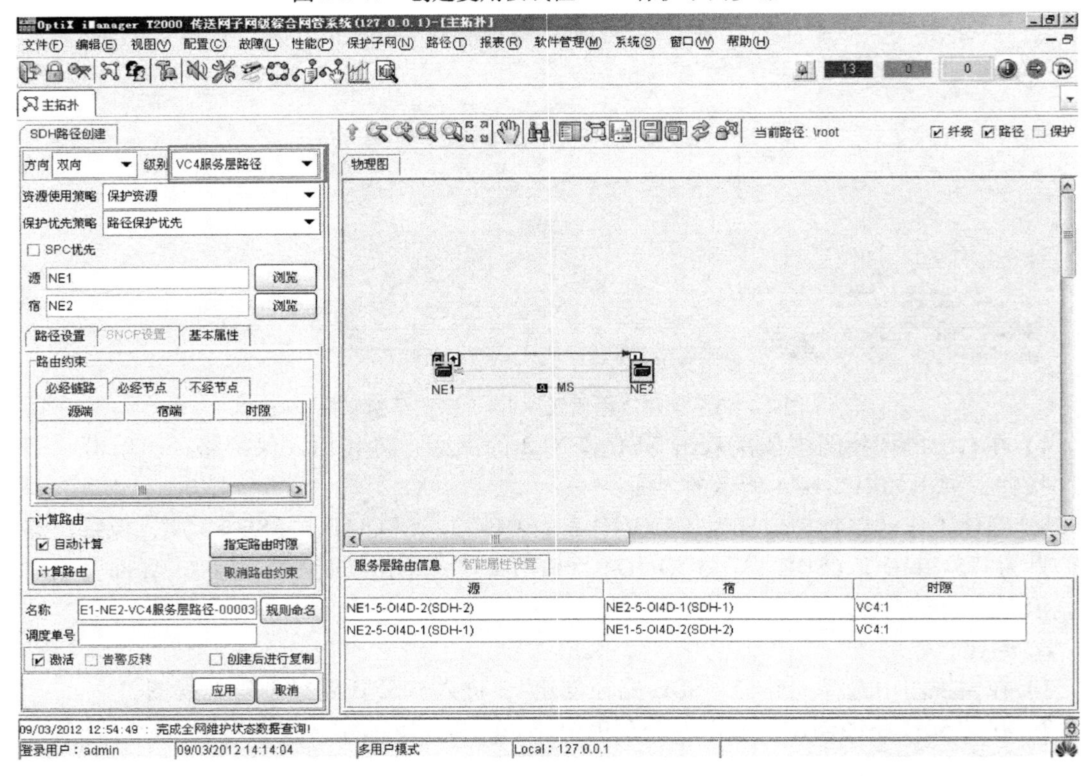

图 2-1-45　创建复用段线性 1 +1 保护链形网的服务层路径

■　资源使用策略：保护资源

■　保护优先策略：路径保护优先

■　源：NE1

■　宿：NE2

3）确认或修改名称，单击“应用”按钮。界面弹出对话框显示操作成功。

9. 创建SDH业务（单站配置业务方法）

复用段线性1+1保护的工作路径为双向双纤，保护业务在网管上不需要配置。因此配置复用段线性1+1保护链的业务与配置无保护链的方法相同，操作方法请参考项目2中1.4.2所述创建SDH业务方法。

10. 创建SDH业务（路径配置业务方法）

本步骤与步骤9实现功能相同，仅操作方法不同。

1）在主视图中选择“路径→SDH路径创建”，进入“SDH路径创建”视图。

2）在“SDH路径创建”视图左侧菜单中，如图2-1-46所示，按照以下参数进行设置：

■　方向：双向

■　级别：VC12

■　资源使用策略：所有资源

■　保护优先策略：路径保护优先

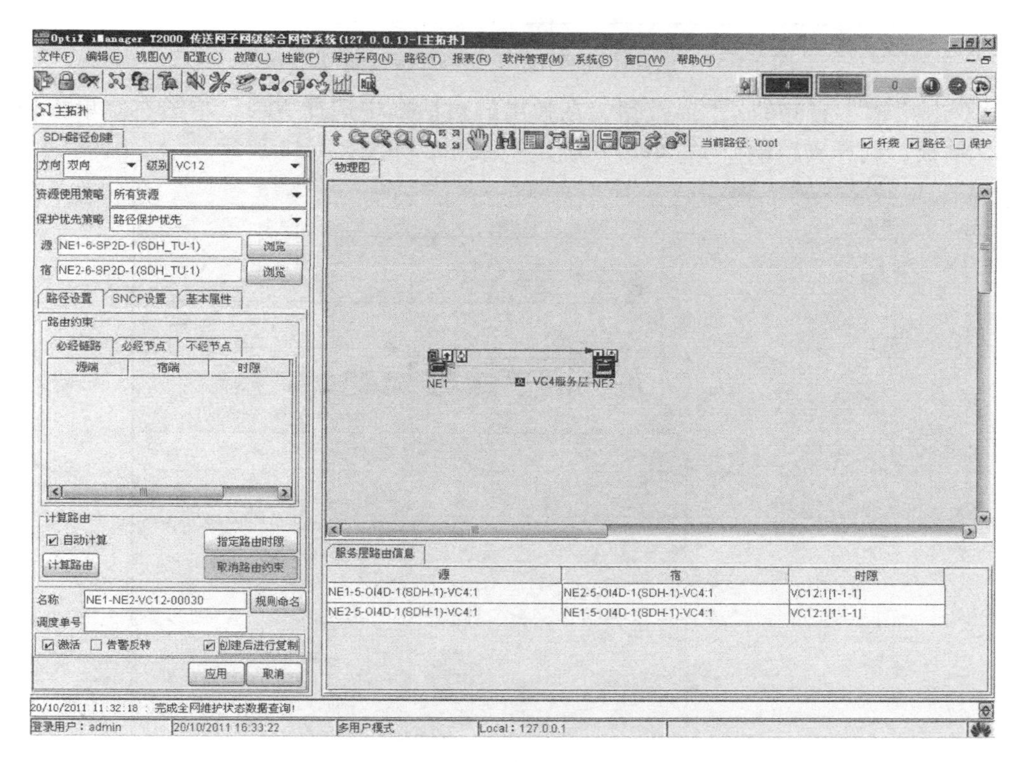

图2-1-46　使用创建SDH路径方法创建SDH业务

3）双击“源”右侧的［浏览］按钮，在弹出的对话框中选择NE1，单击右侧单板视图中的SP2D单板，选择支路端口1，单击“确定”按钮，如图2-1-47所示。

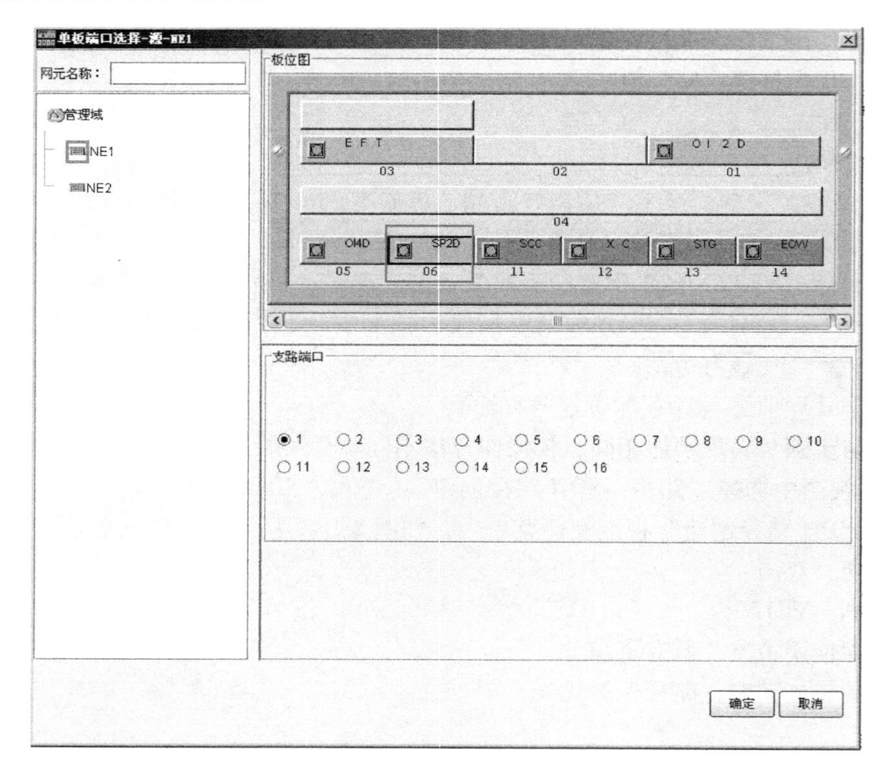

图 2-1-47　选择源端网元上下业务单板及端口（NE1）

4）双击“宿”右侧的［浏览］按钮，在弹出的对话框中选择 NE2，单击右侧单板视图中的 SP2D 单板，选择支路端口 1，单击“确定”按钮，如图 2-1-48 所示。

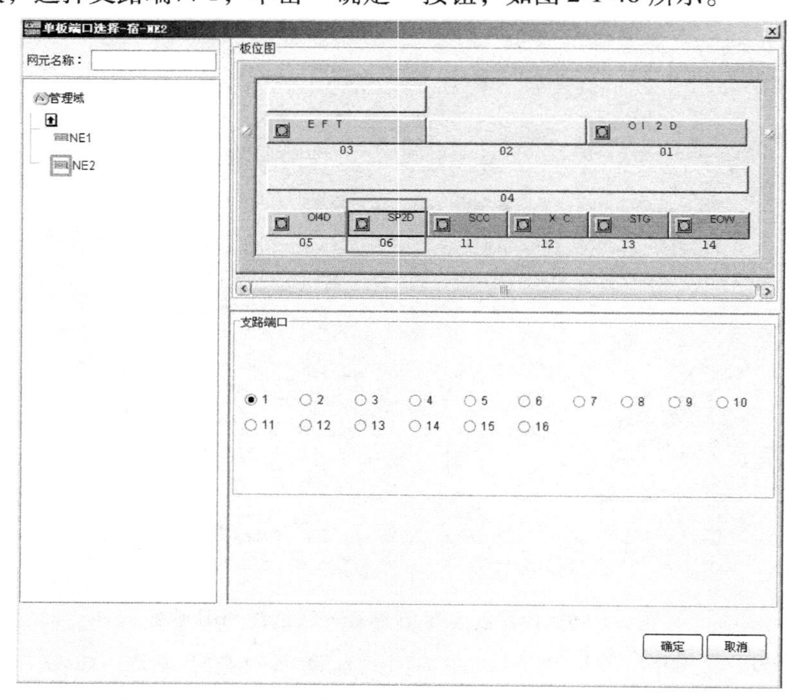

图 2-1-48　选择宿端网元上下业务单板及端口（NE2）

5）在“SDH路径创建”视图中左下侧“名称”文本框中输入此业务名称，可以为默认。

6）在“SDH路径创建”视图中左下侧勾选“创建后进行复制”。单击“应用”按钮，弹出对话框显示操作成功，单击“关闭”按钮。

7）在界面弹出对话框中分别在NE1和NE2的可用时隙中依次选择2～8时隙，单击“加入”按钮，如图2-1-49所示。

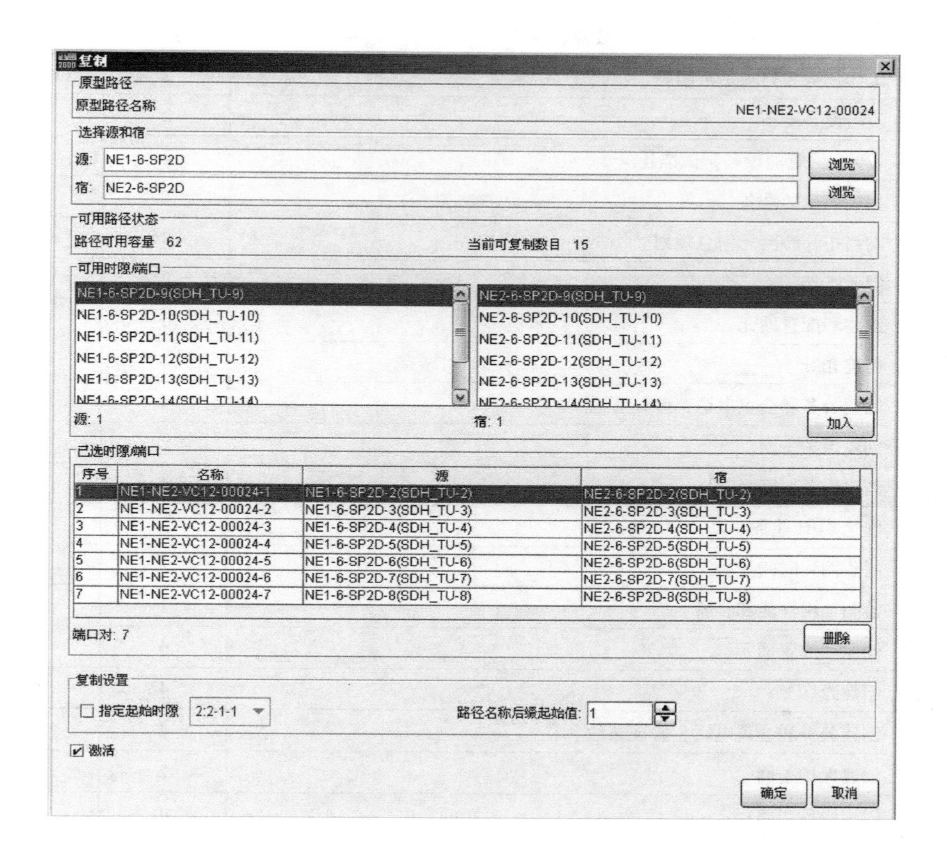

图2-1-49　按照时隙规划复制路径

8）单击“确定”按钮，界面弹出对话框显示复制成功。

11. 配置性能参数

请参考项目2中1.4.2所述配置性能参数方法。

12. 查询业务配置告警

请参考项目2中1.4.2所述查询业务配置告警方法。

1.6 任务评价

<table>
<tr><td colspan="6">任务评价表</td></tr>
<tr><td>任务名称</td><td colspan="5">链形网络组建与业务开通</td></tr>
<tr><td>班 级</td><td colspan="2"></td><td>小组编号</td><td colspan="2"></td></tr>
<tr><td>成员名单</td><td colspan="2"></td><td>时 间</td><td colspan="2"></td></tr>
<tr><td>评价要点</td><td colspan="2">要点说明</td><td>分 值</td><td>得分</td><td>备注</td></tr>
<tr><td rowspan="6">准备工作
（20 分）</td><td colspan="2">工作任务和要求是否明确</td><td>2</td><td></td><td></td></tr>
<tr><td colspan="2">实验设备准备</td><td>2</td><td></td><td></td></tr>
<tr><td colspan="2">T2000 网管的设备调试准备</td><td>2</td><td></td><td></td></tr>
<tr><td colspan="2">相关知识的准备</td><td>4</td><td></td><td></td></tr>
<tr><td colspan="2">网络拓扑和网元信息规划</td><td>8</td><td></td><td></td></tr>
<tr><td colspan="2">网元连接</td><td>2</td><td></td><td></td></tr>
<tr><td rowspan="16">任务
实施
（60 分）</td><td rowspan="8">无保护链</td><td>创建和配置网元</td><td>6</td><td></td><td></td></tr>
<tr><td>创建光纤</td><td>4</td><td></td><td></td></tr>
<tr><td>创建公务和会议电话，验证通话</td><td>4</td><td></td><td></td></tr>
<tr><td>创建保护子网</td><td>2</td><td></td><td></td></tr>
<tr><td>创建服务层路径</td><td>4</td><td></td><td></td></tr>
<tr><td>创建 SDH 业务</td><td>6</td><td></td><td></td></tr>
<tr><td>同步网元时间</td><td>2</td><td></td><td></td></tr>
<tr><td>监测全网性能和告警</td><td>2</td><td></td><td></td></tr>
<tr><td rowspan="8">复用段 1+1 线性保护链</td><td>创建和配置网元</td><td>6</td><td></td><td></td></tr>
<tr><td>创建光纤</td><td>4</td><td></td><td></td></tr>
<tr><td>创建公务和会议电话，验证通话</td><td>4</td><td></td><td></td></tr>
<tr><td>创建保护子网</td><td>2</td><td></td><td></td></tr>
<tr><td>创建服务层路径</td><td>4</td><td></td><td></td></tr>
<tr><td>创建 SDH 业务</td><td>6</td><td></td><td></td></tr>
<tr><td>同步网元时间</td><td>2</td><td></td><td></td></tr>
<tr><td>监测全网性能和告警</td><td>2</td><td></td><td></td></tr>
<tr><td rowspan="4">操作规范
（20 分）</td><td colspan="2">遵守机房工作和管理制度</td><td>4</td><td></td><td></td></tr>
<tr><td colspan="2">各小组固定位置，按任务顺序展开工作</td><td>4</td><td></td><td></td></tr>
<tr><td colspan="2">按规范操作，防止损坏仪器仪表</td><td>6</td><td></td><td></td></tr>
<tr><td colspan="2">保持环境卫生，不乱扔废弃物</td><td>6</td><td></td><td></td></tr>
</table>

任务2　环形网络组建与业务开通（复用段保护）

2.1　任务描述

本任务主要完成光传输复用段保护类环形网络组建和业务开通，介绍了以OptiX 155/622H设备搭建二纤单向复用段保护环形网络、二纤双向复用段保护环形网络的配置过程。通过任务实施过程了解环形光传输网络的结构与业务配置流程。

本任务主要适用于以下岗位的工作环节和操作技能的训练：

■　数据配置工程师

■　系统维护工程师

本任务的练习使学生基本掌握如下知识和技能：

■　学会以OptiX 155/622H设备组建复用段保护环形传输网络

■　学会环形网络上配置保护子网的方法

■　学会环形网络上配置业务的方法

■　学会环形网络上配置公务的方法

2.2　任务单

<table>
<tr><td>工作任务</td><td colspan="3">环形网络组建与业务开通（复用段保护）</td><td>学时</td><td>4</td></tr>
<tr><td>班级</td><td></td><td>小组编号</td><td></td><td>成员名单</td><td></td></tr>
<tr><td>任务描述</td><td colspan="5">学生分组，根据要求搭建二纤单向复用段保护环形网络以及二纤双向复用段保护环形网络，并进行环形网配置操作、业务和公务电话配置开通等</td></tr>
<tr><td>所需设备及工具</td><td colspan="5">4部OptiX 155/622H设备、ODF架、信号电缆、光纤、T2000网管软件</td></tr>
<tr><td>工作内容</td><td colspan="5">● 环形网组网规划
● OptiX 155/622H设备连接操作
● OptiX 155/622H设备配置操作
● 环形网公务配置操作
● 环形网复用段保护配置操作
● 环形网业务配置操作</td></tr>
<tr><td>注意事项</td><td colspan="5">● 遵守机房工作和管理制度
● 注意用电安全、谨防触电
● 按规范使用操作，防止损坏仪器仪表
● 爱护工具仪器</td></tr>
</table>

2.3 知识准备

2.3.1 环形拓扑组网

环形的拓扑结构实际上就是将线形拓扑结构的首尾之间相互连接。这种环形拓扑结构在SDH网中应用比较普遍，主要是因为它具有一个很大的优点，即很强的生存性，这在当今网络设计、维护中尤为重要。图2-2-1所示为简单的环形网应用。

2.3.2 环形网复用段保护原理

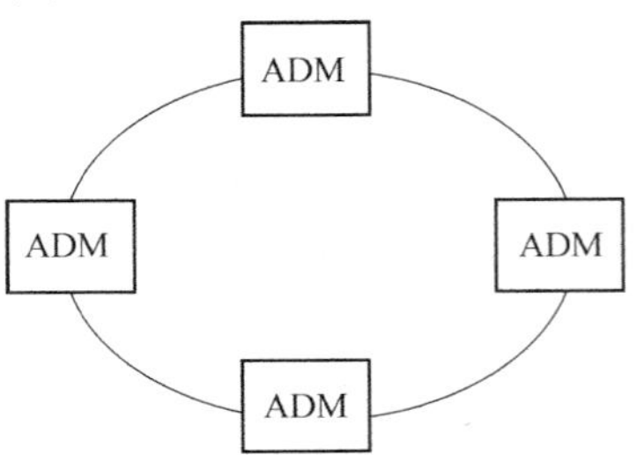

图2-2-1 简单的环形网应用

环形网复用段保护包含二纤单向复用段保护、二纤双向复用段共享保护和四纤双向复用段共享保护。本任务分别配置二纤单向复用段保护环形网和二纤双向复用段共享保护环形网。

二纤单向复用段保护环形网络结构中节点在支路信号分插功能前的线路上都有一保护倒换开关，如图2-2-2a所示。正常情况下，低速支路信号仅仅从S1光纤进行分插，保护光纤P1是空闲的。

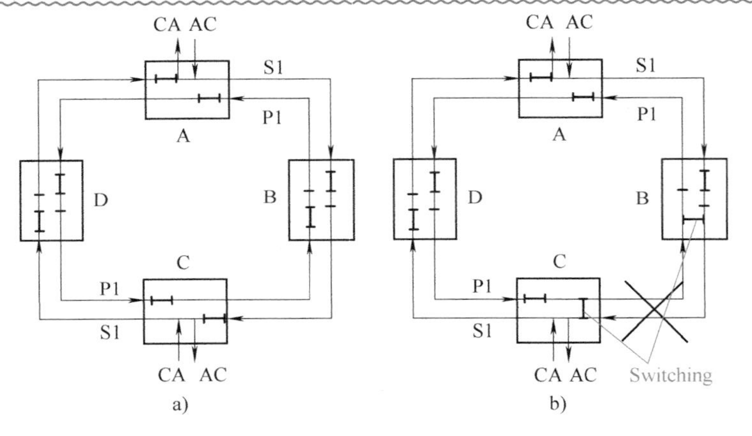

图2-2-2 二纤单向复用段保护环示意图

若BC节点间光缆被切断，则两根光纤同时被切断，与光缆切断点相邻的两个节点B和C的保护倒换开关将利用APS协议转向环回功能，如图2-2-2b所示。对于AC间的业务：在B节点，S1光纤上的业务信号（AC）经倒换开关从P1光纤返回，沿逆时针方向经A节点和D节点仍然可以到达C节点，并经C节点倒换开关环回到S1光纤并落地分路。其他节点（A和D）的作用是确保P1光纤上传的业务信号在本节点完成正常的桥接功能，畅通无阻地传向分路节点。这种环回倒换功能可保证在故障状况下仍维持环的连续性，使低速支路上的业务信号不会中断。故障排除后，倒换开关返回其原来位置。对于CA间的业务：由于业务是经过D点在S1光纤上进行传输的，不受断纤的影响，与正常时传输情况相同。

二纤双向复用段保护环工作通道和保护通道的安排如图2-2-3a所示。利用时隙交换技术，一条光纤同时载送工作通路（S1）和保护通路（P2），另一条光纤上同时载送工作通路

（S2）和保护通路（P1）。每条光纤上一半通路规定载送工作通路（S），另一半通路载送保护通路（P）。在一条光纤上的工作通路（S1），由沿环的相反方向的另一条光纤上的保护通路（P1）来保护，反之亦然。这就允许业务双向传送，每条光纤上只有一套开销通路。

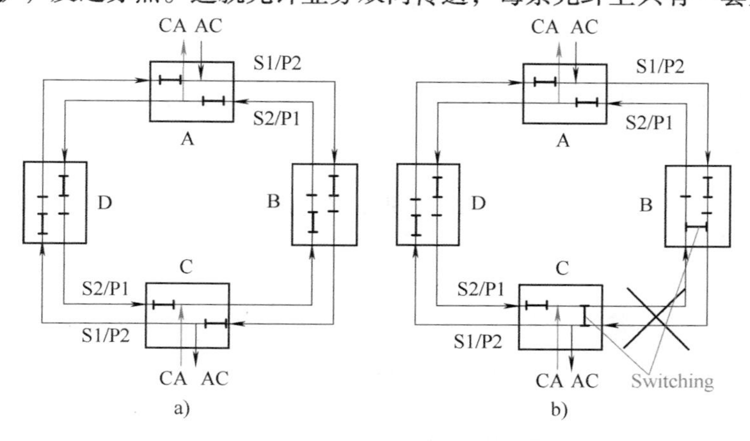

图2-2-3　二纤双向复用段倒换示意图

当BC节点间光缆被切断后，如图2-2-3b所示，则两根光纤也会被切断，与切断点相邻的B节点和C节点中的倒换开关将S1/P2光纤和S2/P1光纤沟通。利用时隙交换技术，可以将S1/P2光纤和S2/P1光纤上的业务信号时隙移到另一根光纤上的保护信号时隙，从而完成保护倒换作用。例如，S1/P2光纤的业务信号时隙1到m可以转移到S2/P1光纤上的保护信号时隙（N/2+1）到（N/2+m）。当故障排除后，倒换开关通常将返回其原来的位置。

2.4　任务实施1——二纤单向复用段保护环形网络组建与业务开通

2.4.1　工程规划

工程规划阶段需规划出网络拓扑结构、各网元IP地址、各网元配置单板、纤缆连接关系、时钟源优先级等。

1. 网络拓扑

本实验NE1、NE2、NE3和NE4要组建通信网络，组成二纤单向复用段保护环形网，其网络拓扑结构如图2-2-4所示。

NE1、NE2、NE3和NE4及网管需要配置为同一网段的IP地址，且连接网管服务器的节点需要配置为网关。IP地址分配举例如图2-2-4所示。

在本任务中NE1～NE4的设备参数对应关系见表2-2-1。

表2-2-1　网元设备参数对应关系

设备标志	设备名称	设备ID	设备扩展ID	地址分配
NE9-10001	NE1	10001	9	129.9.11.101
NE9-10002	NE2	10002	9	129.9.11.102
NE9-10003	NE3	10003	9	129.9.11.103
NE9-10004	NE4	10004	9	129.9.11.104

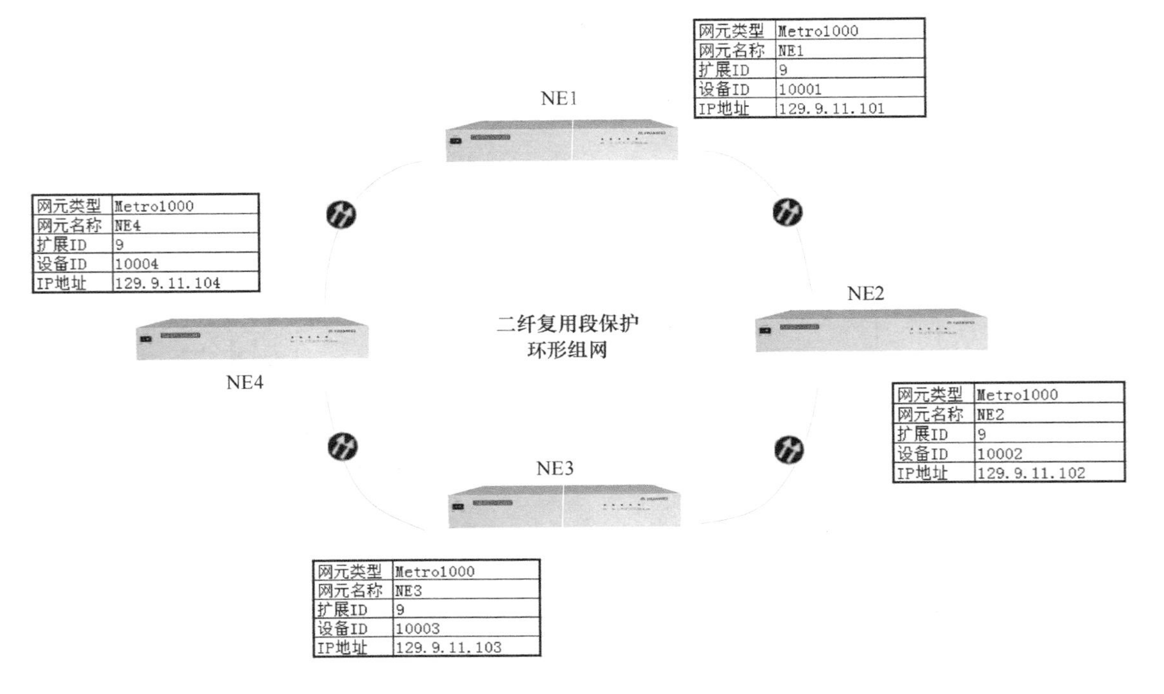

图 2-2-4　复用段保护环形网络拓扑结构及 IP 地址分配举例

2. 网元单板配置

请参考项目 2 中 1. 4. 1 的网元单板配置。

3. 纤缆连接

按照组网结构建立纤缆的连接关系，见表 2-2-2。

表 2-2-2　复用段保护环形网纤缆的连接关系

本端信息				对端信息			
网元名称	槽位	单板名称	端口号	网元名称	槽位	单板名称	端口号
NE1	IU5	OI4D	2	NE2	IU5	OI4D	1
	IU5	OI4D	1	NE4	IU5	OI4D	2
NE2	IU5	OI4D	1	NE1	IU5	OI4D	2
	IU5	OI4D	2	NE3	IU5	OI4D	1
NE3	IU5	OI4D	1	NE2	IU5	OI4D	2
	IU5	OI4D	2	NE4	IU5	OI4D	1
NE4	IU5	OI4D	1	NE3	IU5	OI4D	2
	IU5	OI4D	2	NE1	IU5	OI4D	1

4. 网元时间

请参考项目 2 中 1. 4. 1 的网元时间配置。

5. 时钟分配

在本网络中，没有外部时钟源，因此所有网元可以使用内部时钟源。为了了解时钟源跟踪方式，配置 NE1 的内部时钟源为最高优先时钟源，NE2、NE3、NE4 跟踪 NE1 的内部时钟源并将其作为外部时钟源。时钟源优先级见表 2-2-3。

表 2-2-3　时钟源优先级

网元	时钟源
NE1	内部时钟源
NE2	5-OI4D-1/5-OI4D-2/内部时钟源
NE3	5-OI4D-2/5-OI4D-1/内部时钟源
NE4	5-OI4D-2/5-OI4D-1/内部时钟源

6. 公务电话

配置公务电话的网络结构，各网元公务电话和会议电话的设置如图 2-2-5 所示。

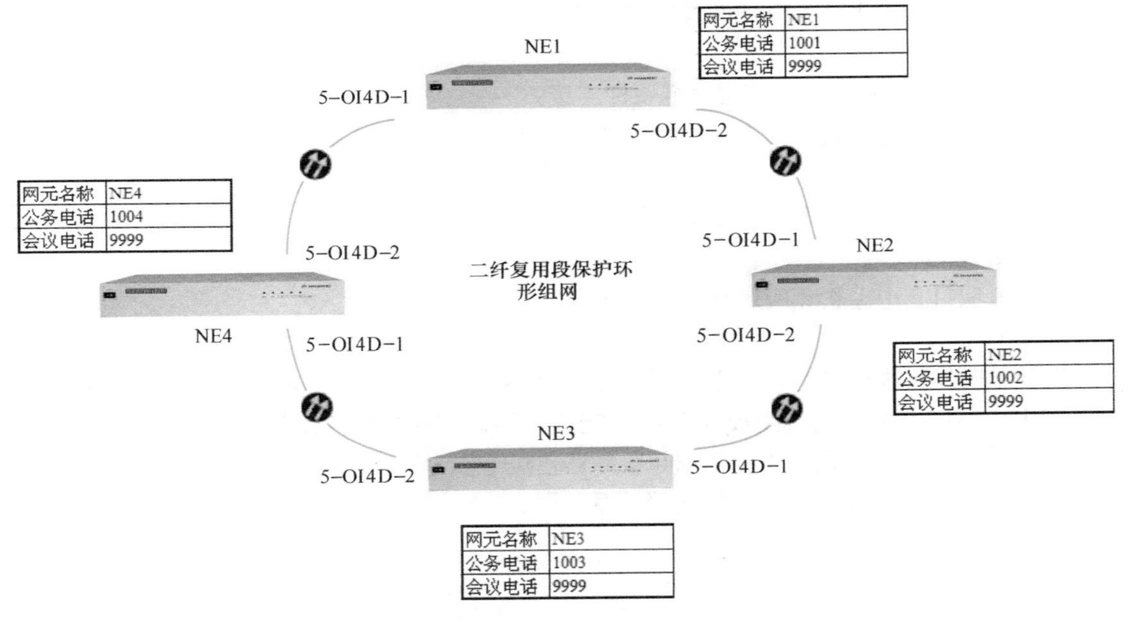

图 2-2-5　各网元公务电话和会议电话设置

7. 业务配置

NE1、NE3 节点间需要组建新的通信线路，各节点间的业务配置见表 2-2-4。

表 2-2-4　节点间业务配置

节点	NE1	NE2	NE3	NE4
NE1			8 * E1	
NE2				
NE3	8 * E1			
NE4				

8. 时隙分配

根据网元单板配置和业务配置情况，为网络中各网元分配时隙，见表 2-2-5。业务需配置为单向业务。

表 2-2-5　各网元业务时隙配置

网元名称	NE1		NE2		NE3		NE4	
支路板		6-SP2D	6-SP2D		6-SP2D		6-SP2D	
时隙分配		1～8			1～8			
线路板	5-OI4D-1	5-OI4D-2	5-OI4D-1	5-OI4D-2	5-OI4D-1	5-OI4D-2	5-OI4D-1	5-OI4D-2
VC4 端口	1#	1#	1#	1#	1#	1#	1#	1#
方向	西向	东向	西向	东向	西向	东向	西向	东向

2.4.2　二纤单向复用段保护环组建与业务开通

1. 启动 T2000 网管

请参考项目 2 中 1.4.2 所述网管启动方法。

2. 创建网元

参照图 2-2-4 的网络拓扑结构进行硬件连接。

操作步骤请参考项目 2 中 1.4.2 所述创建网元方法。

3. 配置通信

请参考项目 2 中 1.4.2 所述配置通信方法。

4. 创建单板

请参考项目 2 中 1.4.2 所述创建单板方法。

5. 创建光纤

二纤单向复用段保护环形网需要使用 1 对单模光纤连接网元 OptiX Metro 1000 设备的 NE1、NE2、NE3、NE4 的线路板（OI4D）光模块接口，纤缆连接关系和使用接口单板详见表 2-2-2。使用 Ethernet 线缆连接 T2000 服务器主机与作为网关网元的设备 Ethernet 接口，本任务使用 NE1 作为网关网元。纤缆连接关系如图 2-2-6 所示。

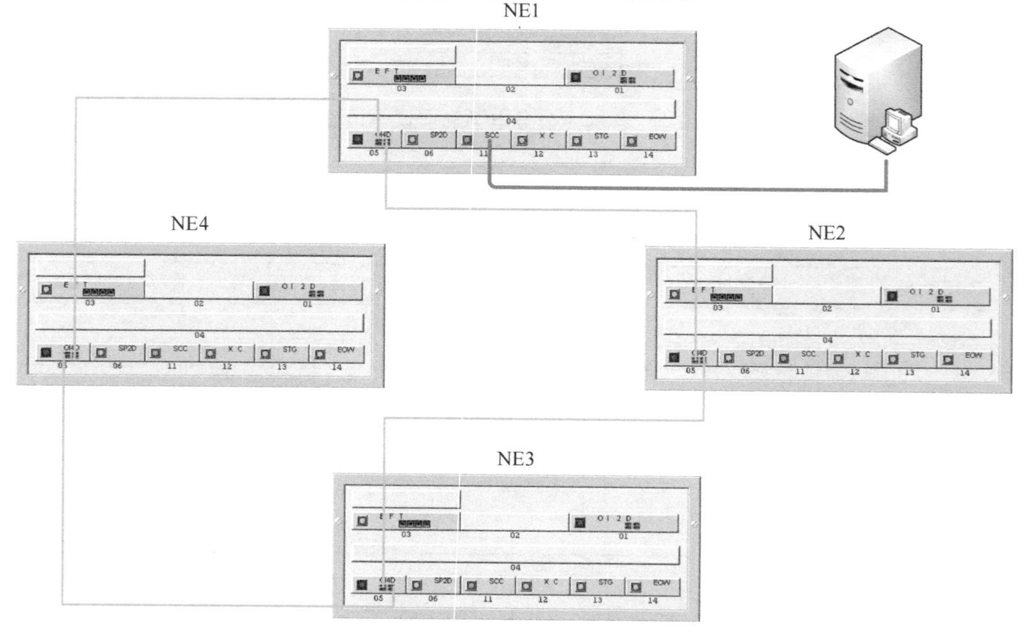

图 2-2-6　纤缆连接关系

依照项目 2 中 1.4.2 创建光纤所列方法，根据表 2-2-2 的纤缆连接关系依次创建各网元之间的光纤连接。本实验需要在 NE1、NE2、NE3、NE4 两两之间配置 1 对光纤，配置好的光纤应显示为绿色，如图 2-2-7 所示。

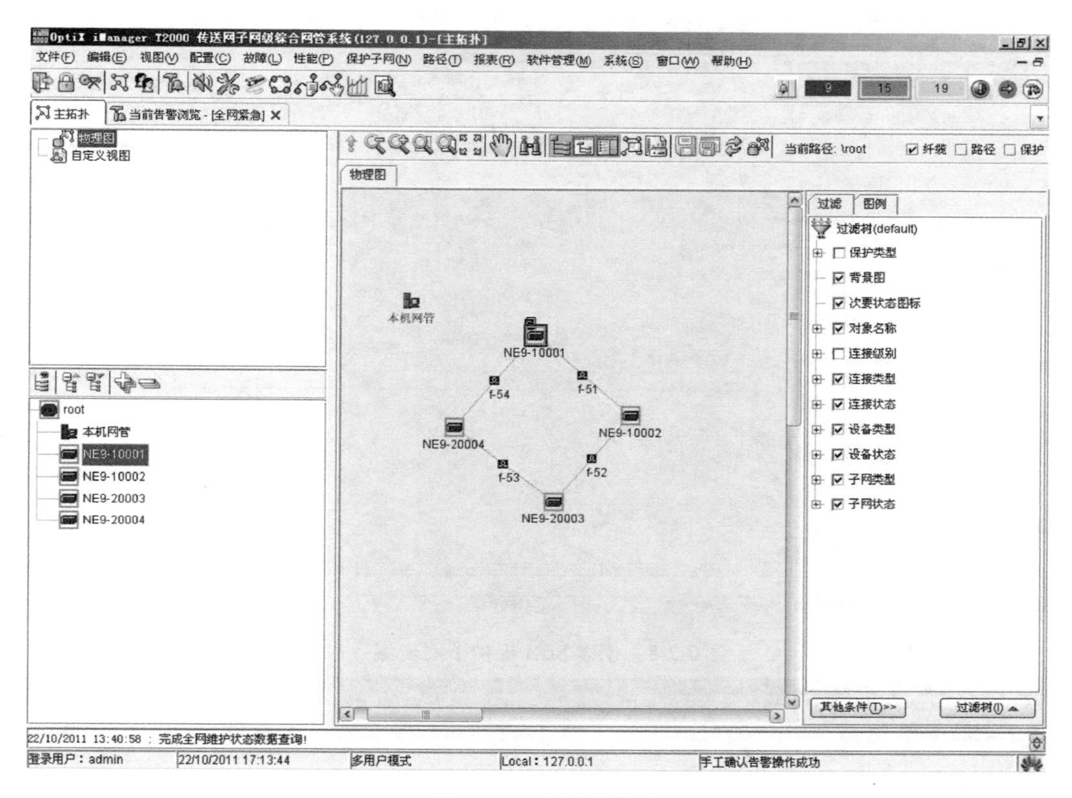

图 2-2-7　创建光纤

6. 配置及验证公务电话与会议电话

请参考项目 2 中 1.4.2 所述公务电话和会议电话配置及验证方法。

7. 创建保护子网

本任务中保护方式为二纤单向复用段保护环。

1）在主视图中选择“保护子网 →SDH 保护子网创建”，进入保护视图。

2）在保护视图主菜单中，选择“二纤单向复用段专用保护环”，在弹出的提示框中单击“确定”按钮，进入“创建 SDH 保护子网”视图，如图 2-2-8 所示。

3）在“创建 SDH 保护子网”视图中，设置以下参数：

➢ 名称：二纤单向复用段专用保护环_1

➢ 容量级别：STM-4

4）在图 2-2-8 右边的拓扑图中依次双击 NE1 ~ NE4 的图标，将其加入到左侧的保护环节点中，节点属性选择“MSP 节点”。单击“下一步”按钮，弹出如图 2-2-9 所示的窗口。

5）确认链路物理信息，单击“完成”按钮，界面弹出对话框显示保护子网创建成功。

8. 创建服务层路径

1）在主视图中选择“路径→SDH 路径创建”，进入“SDH 路径创建”视图。

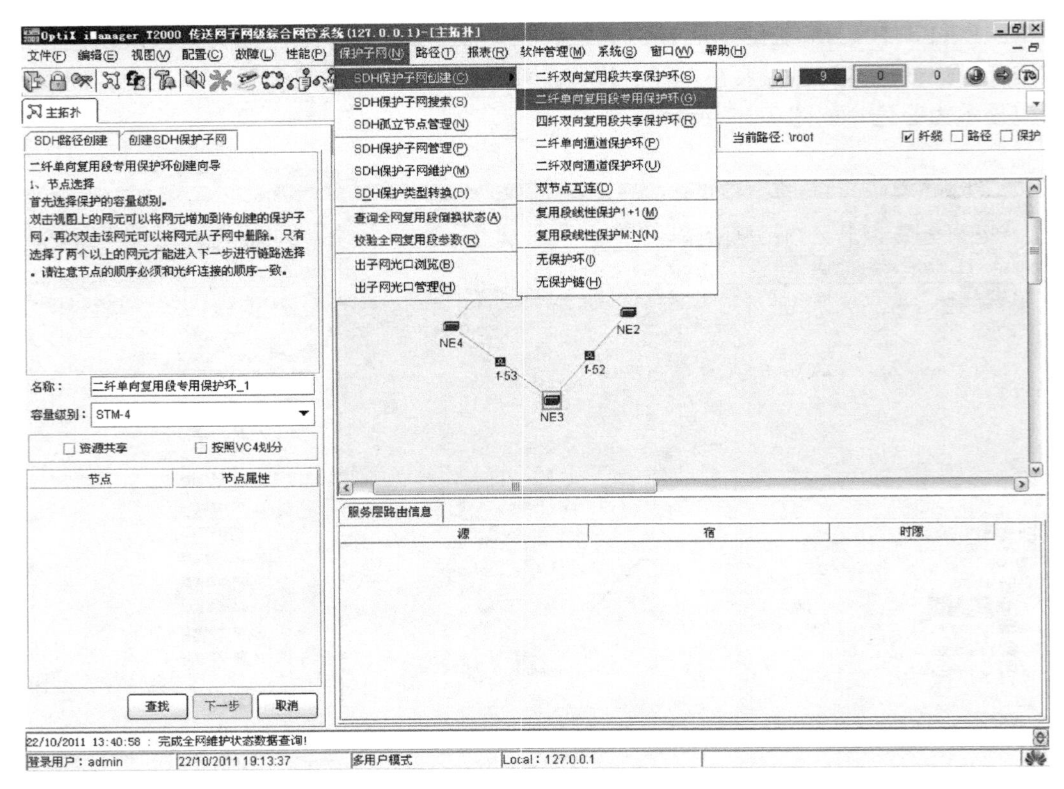

图 2-2-8　创建 SDH 保护子网步骤一

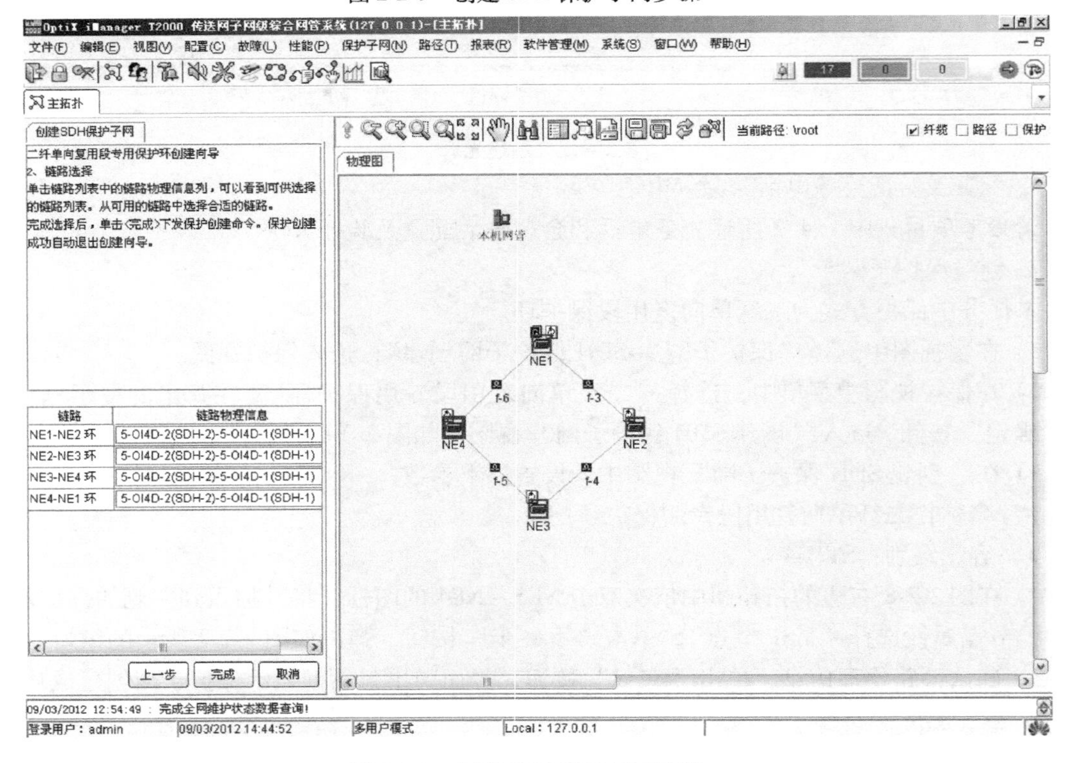

图 2-2-9　创建 SDH 保护子网步骤二

2）如图 2-2-10 所示，在“SDH 路径创建”视图左侧菜单中，按照以下参数进行设置：

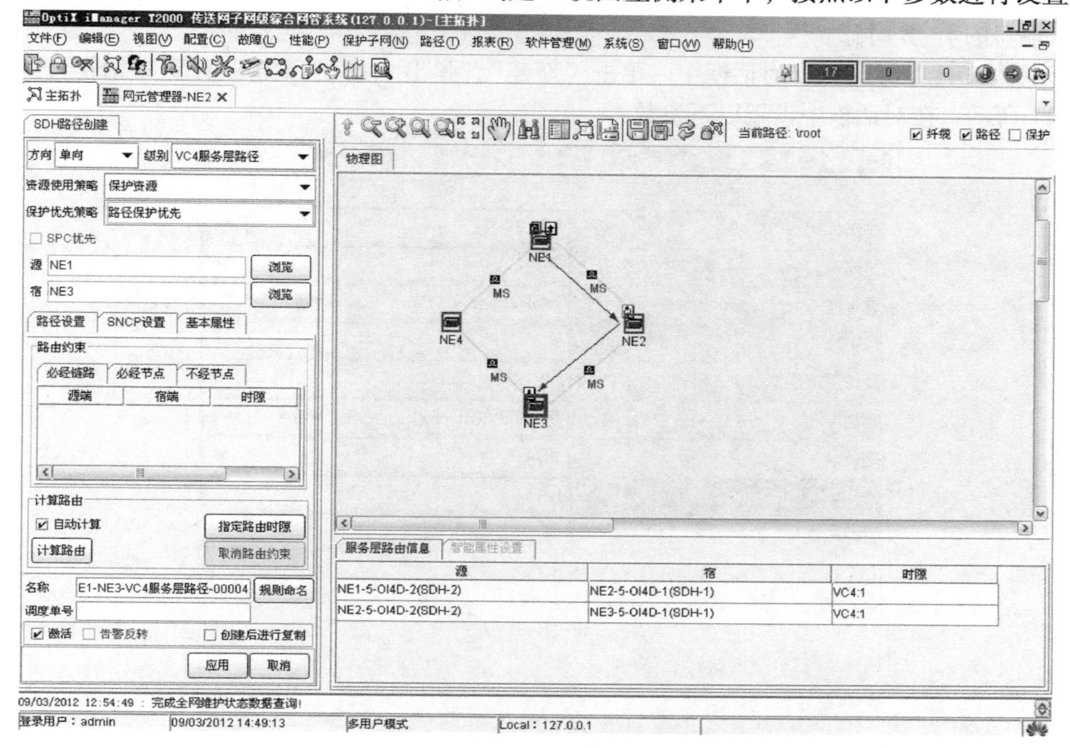

图 2-2-10　创建环形网单向 SDH 服务层路径

- 方向：单向
- 级别：VC4 服务层路径
- 资源使用策略：保护资源
- 保护优先策略：路径保护优先
- 源：NE1
- 宿：NE3
- 计算路由：自动计算
- 创建后进行复制：否

其中，“源”文本框和“宿”文本框分别加入 NE1 和 NE3，可通过双击右侧网元视图中 NE1 和 NE3 的图标实现。

3）确认或修改服务层路径名称，确认服务层路由信息，单击“应用”按钮，界面弹出对话框显示操作成功。

4）按照步骤 2）～3）创建 NE3 至 NE1 的单向服务层路径。

9. 创建 SDH 业务（单站配置业务方法）

（1）在 NE1 上创建上/下业务

1）在主视图中选中 NE1 图标，在主菜单中选择“配置→网元管理器”，弹出“网元管理器”视图。

2）在“网元管理器”视图左上方选择操作对象：NE1，并在其左边功能树中选择“配置→SDH 业务配置”。

3）创建NE1的上业务：从支路板6-SP2D的1～8时隙，到光接口板5-OI4D-2的第1个VC4端口的1～8时隙。

在“SDH业务配置”对话框中，单击“新建”，弹出“新建SDH业务”对话框，如图2-2-11所示，在对话框中设置以下参数：

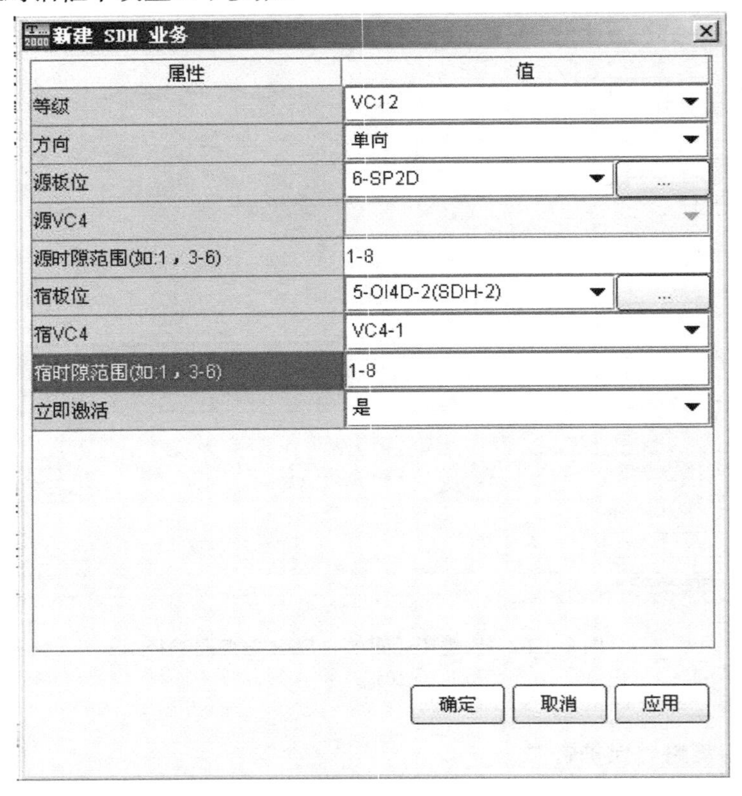

图2-2-11　创建网元的上/下业务（NE1-下行）

- 等级：VC12
- 方向：单向
- 源板位：6-SP2D
- 源时隙范围：1-8
- 宿板位：5-OI4D-2（SDH-2）
- 宿VC4：VC4-1
- 宿时隙范围：1-8
- 立即激活：是

4）单击“应用”按钮，关闭弹出的操作成功对话框。

5）创建NE1的下业务：从光接口板5-OI4D-1的第1个VC4端口的1～8时隙，到支路板6-SP2D的1～8时隙。如图2-2-12所示，在“新建SDH业务”对话框中设置以下参数：

- 等级：VC12
- 方向：单向
- 源板位：5-OI4D-1（SDH-1）

- 源 VC4：VC4-1
- 源时隙范围：1-8
- 宿板位：6-SP2D
- 宿时隙范围：1-8
- 立即激活：是

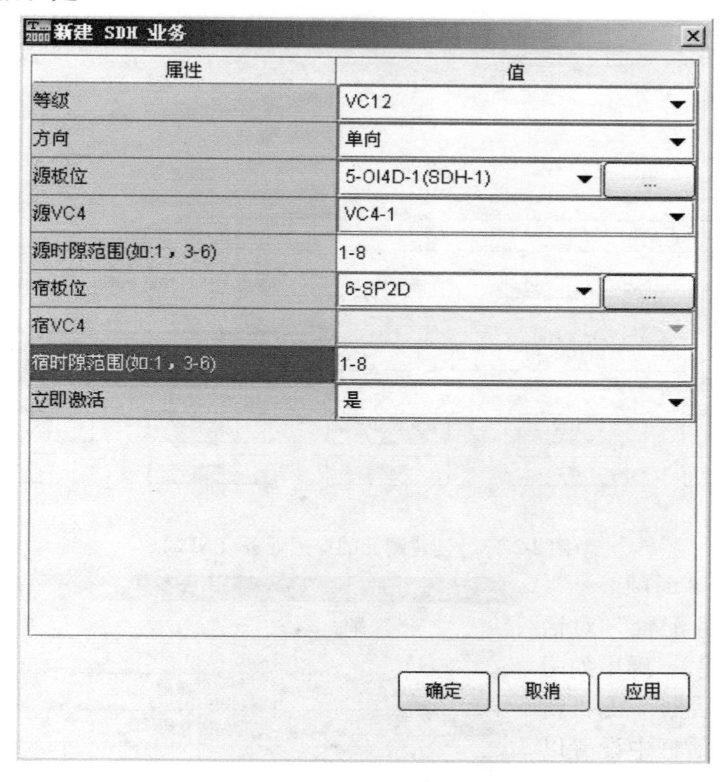

图 2-2-12　创建网元的上/下业务（NE1-上行）

6）单击“应用”按钮，关闭弹出的操作成功对话框。

（2）在 NE2 上创建穿通业务

1）在主视图中选中 NE2 图标，在主菜单中选择“配置 →网元管理器”，弹出“网元管理器”视图。

2）在“网元管理器”左上方选择操作对象：NE2，并在其左边功能树中选择“配置 →SDH 业务配置”。

3）创建 NE2 的 E1 穿通业务：从光口板 5-OI4D-1 的第一个 VC4 端口，到光接口板 5-OI4D-2的第 1 个 VC4 端口。本步骤系统自动完成，如图 2-2-13 所示。

（3）在 NE3 上创建上/下业务

1）在主视图中选中 NE3 图标，在主菜单中选择“配置 →网元管理器”，弹出“网元管理器”视图。

2）在“网元管理器”视图左上方选择操作对象：NE3，并在其左边功能树中选择“配置 →SDH 业务配置”，弹出“SDH 业务配置”对话框。

3）创建 NE3 的上 E1 业务：从支路板 6-SP2D 的 1～8 时隙，到光接口板 5-OI4D-2 的第 1

VC12时隙编号策略：顺序方式(ITU-T)

交叉连接

等级	类型	源板位	源时隙/通道	宿板位	宿时隙/通道	激活状
VC4	→	5-OI4D-1(SDH-1)	VC4:1	5-OI4D-2(SDH-2)	VC4:1	是

总共已创建的业务:1　其中已激活:1　残缺业务:0　未被路径占用的业务:0

自动生成的交叉连接

等级	类型	源板位	源时隙/通道	宿板位	宿时隙/通道	锁定状态

查询　新建　新建SNCP业务　删除　显示

打印　激活　去激活　过滤　选项

图 2-2-13　创建网元的穿通业务（NE2）

个 VC4 端口的 1～8 时隙。

在“SDH 业务配置”对话框中，单击“新建”，弹出如图 2-2-14 所示的对话框，在“新建 SDH 业务”对话框中设置以下参数：

- 等级：VC12
- 方向：单向
- 源板位：6-SP2D
- 源时隙范围：1-8
- 宿板位：5-OI4D-2(SDH-2)
- 宿 VC4：VC4-1
- 宿时隙范围：1-8
- 立即激活：是

4）单击“应用”按钮，关闭弹出的操作成功对话框。

5）创建 NE3 的下业务：从光接口板 5-OI4D-1 的第 1 个 VC4 端口的 1～8 时隙，到支路

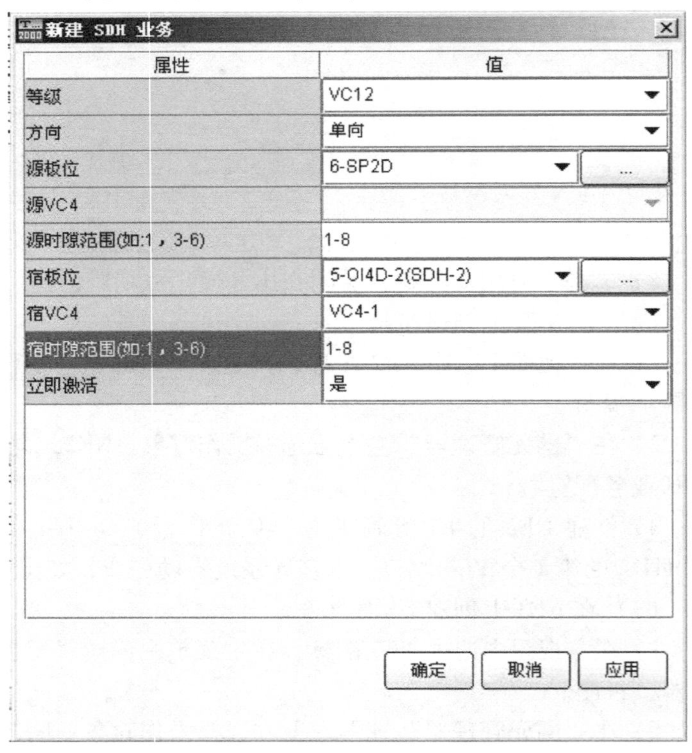

图 2-2-14　创建网元的上/下业务（NE3-上行）

板 6-SP2D 的 1 ~ 8 时隙。如图 2-2-15 所示，在“新建 SDH 业务”对话框中设置以下参数：

- 等级：VC12
- 方向：单向
- 源板位：5-OI4D-1（SDH-1）
- 源 VC4：VC4-1
- 源时隙范围：1-8
- 宿板位：6-SP2D
- 宿时隙范围：1-8
- 立即激活：是

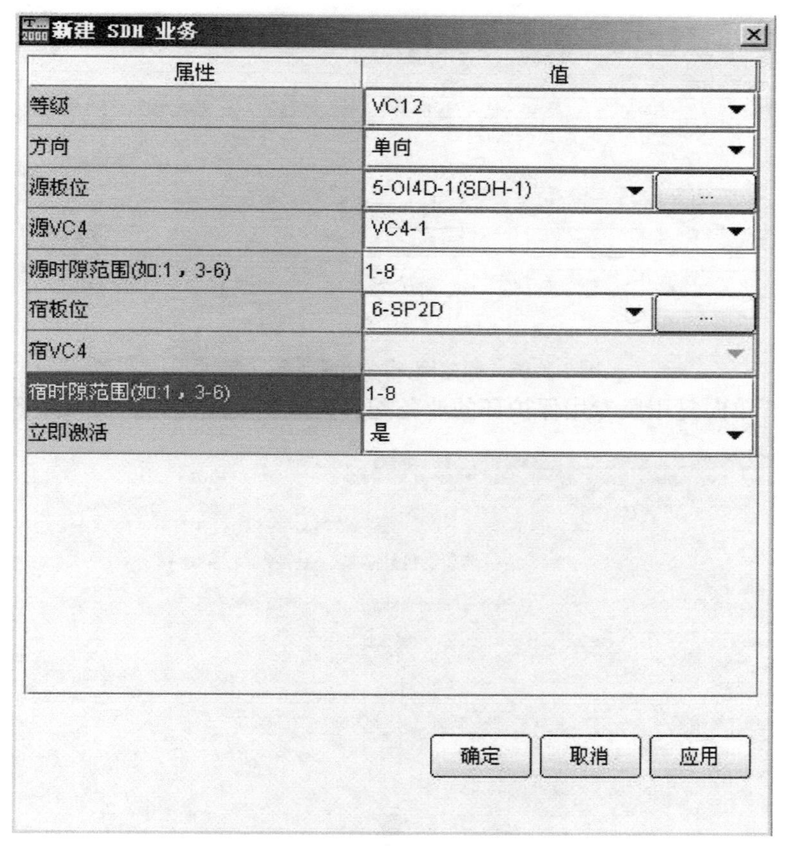

图 2-2-15　创建网元的上/下业务（NE3-下行）

6）单击“应用”按钮，关闭弹出的操作成功对话框。

（4）在 NE4 上创建穿通业务

1）在主视图中选中 NE4 图标，在主菜单中选择“配置 →网元管理器”，弹出“网元管理器”视图。

2）在“网元管理器”视图左上方选择操作对象：NE4，并在其左边功能树中选择“配置 →SDH 业务配置”。

3）创建 NE4 的 E1 穿通业务：从光口板 5-OI4D-1 的第一个 VC4 端口，到光接口板 5-OI4D-2 的第 1 个 VC4 端口。本步骤系统自动完成，如图 2-2-16 所示。

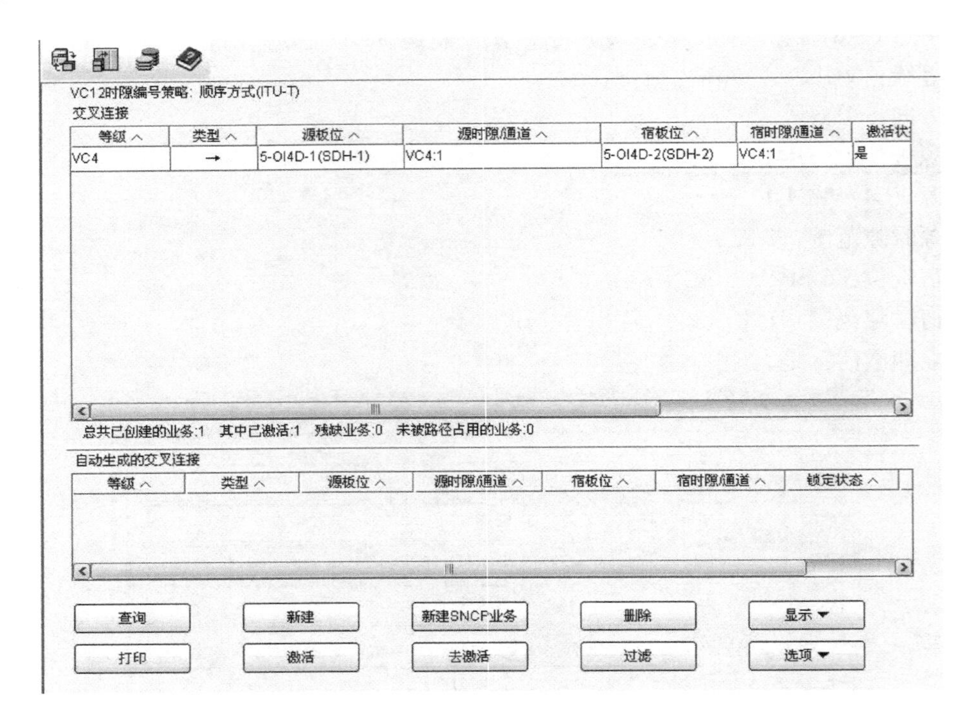

图 2-2-16 创建网元的穿通业务（NE4）

至此，二纤单向复用段专用保护环的业务配置完成。复用段保护协议系统自动启动。

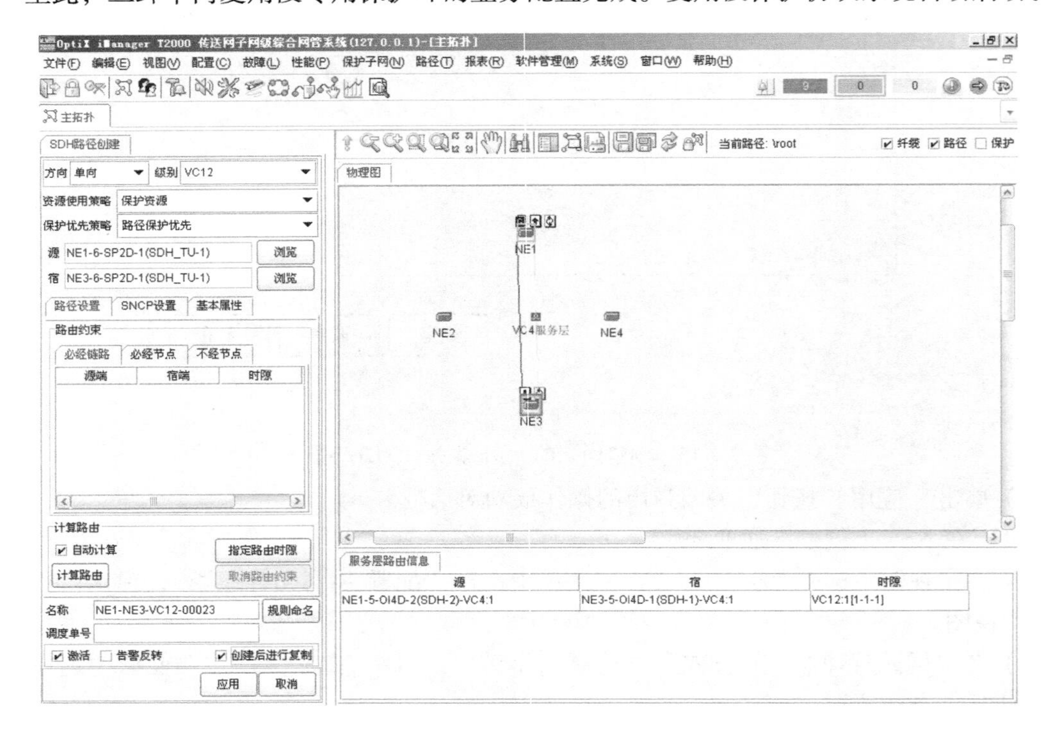

图 2-2-17 自动创建单向业务（NE1→NE3）

10. 创建 SDH 业务（路径配置业务方法）

本步骤与步骤 9 实现功能相同，仅操作方法不同。

1）在主视图中选择“路径→SDH 路径创建”，进入“SDH 路径创建”视图，如图 2-2-17 所示。

2）在“SDH 路径创建”视图左侧菜单中，按照以下参数进行设置：

- 方向：单向
- 级别：VC12
- 资源使用策略：保护资源
- 保护优先策略：路径保护优先

3）双击“源”右侧 浏览 ，在弹出的对话框中选择NE1，如图 2-2-18 所示，单击右侧单板视图中的 SP2D 单板，选择支路端口 1，单击“确定”按钮。

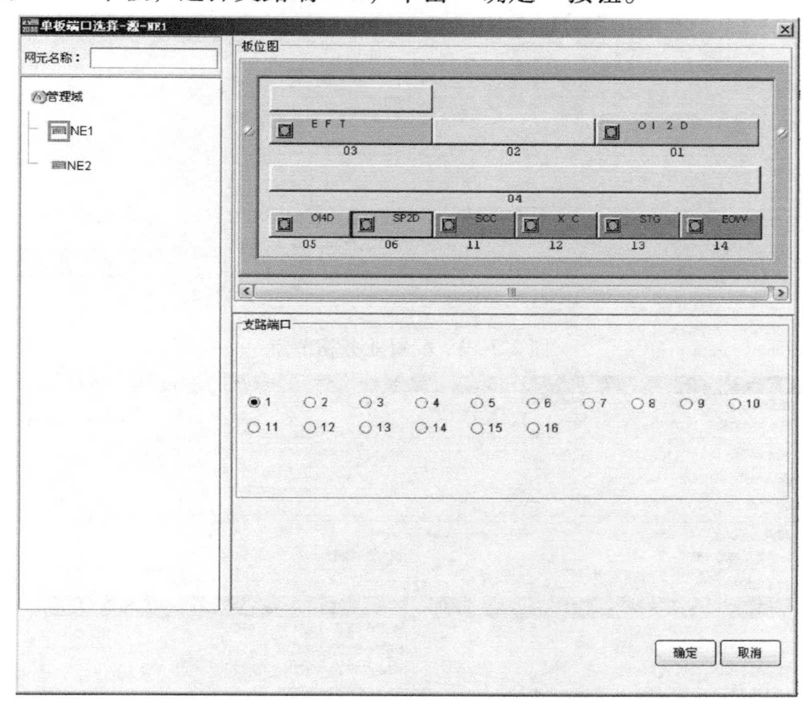

图 2-2-18　配置业务源节点

4）双击“宿”右侧 浏览 ，在弹出的对话框中选择NE3，如图 2-2-19 所示，单击右侧单板视图中的 SP2D 单板，选择支路端口 1，单击“确定”按钮。

5）在“SDH 路径创建”视图中左下侧“名称”文本框中输入此业务名称，可以为默认。

6）在“SDH 路径创建”视图中左下侧勾选“创建后进行复制”。单击“应用”按钮，界面弹出对话框，如图 2-2-20 所示。

7）在图 2-2-20 中分别在 NE1 和 NE3 的可用时隙中依次选择 2-8 时隙，单击“加入”按钮。

然后单击“确定”按钮，界面弹出对话框显示复制成功。

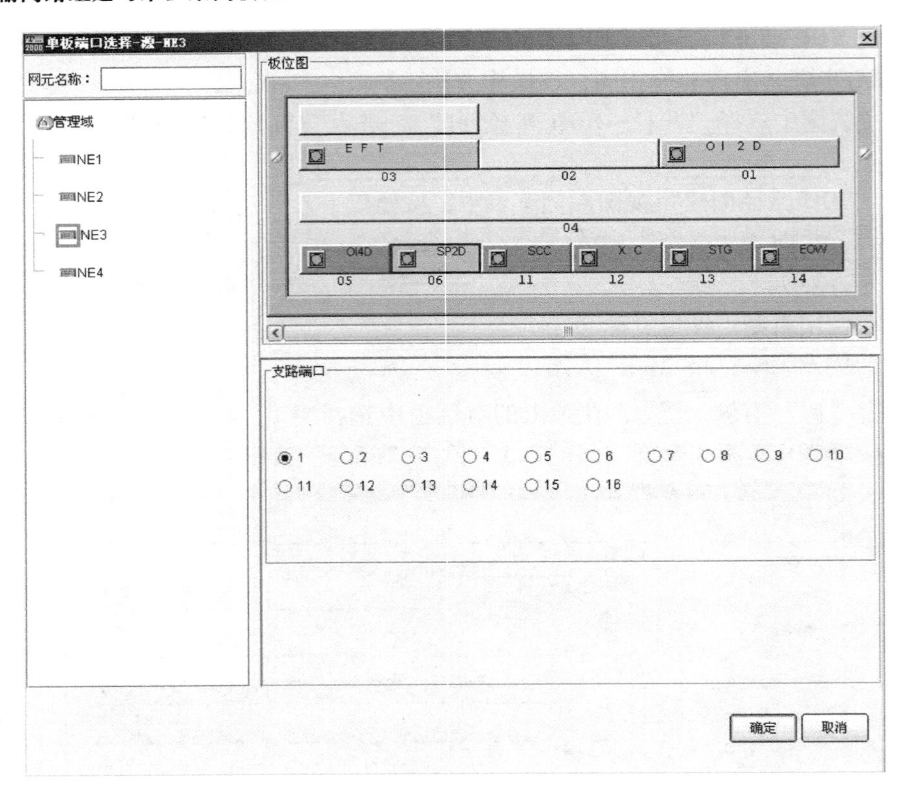

图 2-2-19　配置业务宿节点

图 2-2-20　按时隙复制业务配置

8）回到“SDH路径创建”视图左侧菜单中，如图2-2-21所示，按照以下参数进行设置：

- 方向：单向
- 级别：VC12
- 资源使用策略：保护资源
- 保护优先策略：子网连接保护优先

9）双击“源”右侧［浏览］，如图2-2-22所示，在弹出的对话框中选择NE3，单击右侧单板视图中的SP2D单板，选择支路端口1，单击“确定”按钮。

10）双击“宿”右侧［浏览］，如图2-2-23所示，在弹出的对话框中选择NE1，单击右侧单板视图中的SP2D单板，选择支路端口1，单击“确定”按钮。

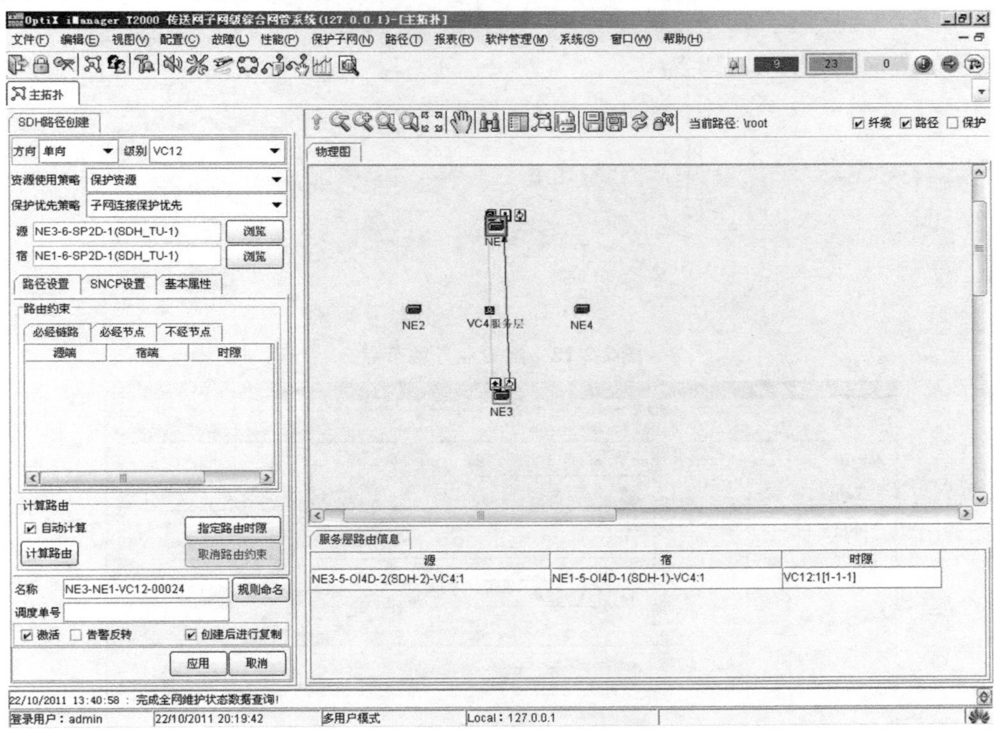

图2-2-21　自动创建单向业务（NE3→NE1）

11）在“SDH路径创建”视图中左下侧“名称”文本框中输入此业务名称，可以为默认。

12）在“SDH路径创建”视图中左下侧勾选“创建后进行复制”。单击“应用”按钮，界面弹出对话框，如图2-2-24所示。

13）在图2-2-24所示的界面中分别在NE1和NE3的可用时隙中依次选择2～8时隙，单击“加入”按钮，然后单击“确定”按钮，弹出对话框显示复制成功。

14）单击“取消”按钮，关闭“SDH路径创建”视图。

11. 配置性能参数

请参考项目2中1.4.2所述性能参数配置方法。

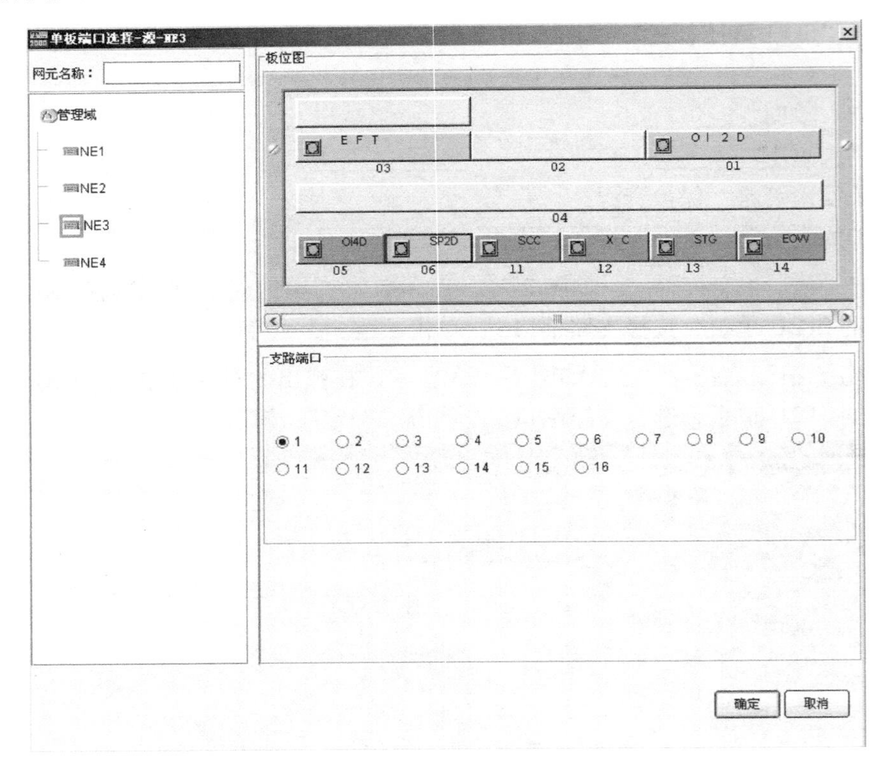

图 2-2-22　配置业务源节点

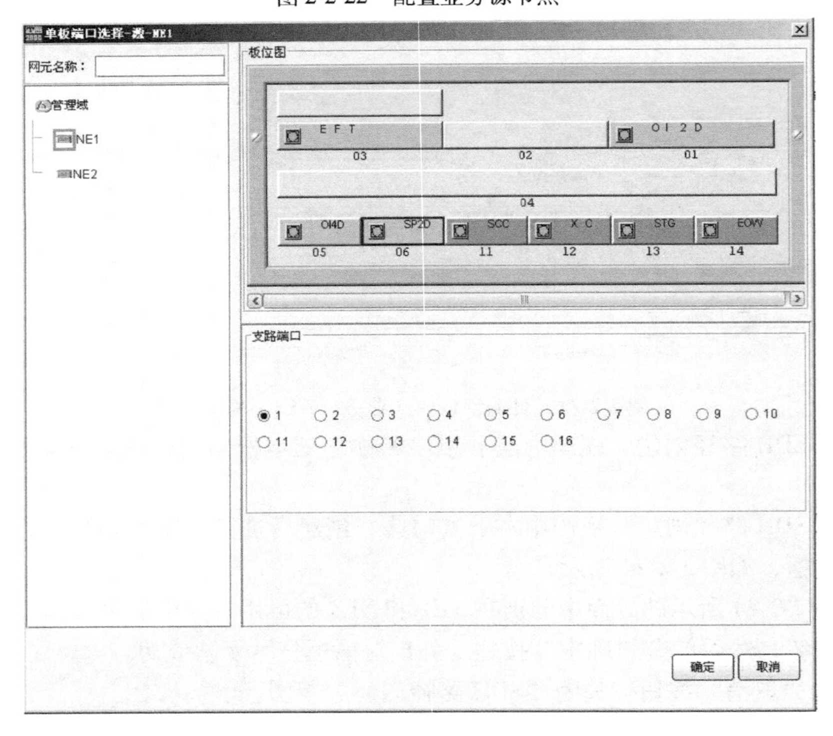

图 2-2-23　配置业务宿节点

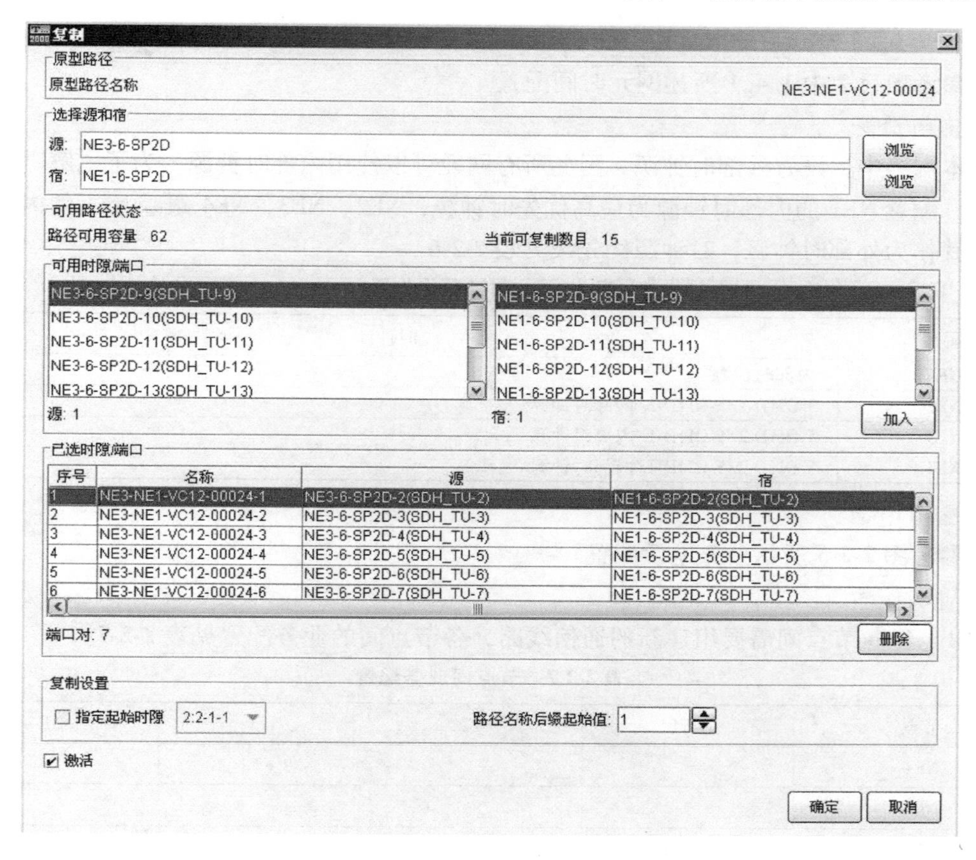

图 2-2-24　按时隙复制业务配置

12. 查询业务配置告警

请参考项目 2 中 1. 4. 2 所述查询业务配置告警方法。

2.5　任务实施 2——二纤双向复用段保护环网络组建与业务开通

2.5.1　工程规划

工程规划阶段需规划出网络拓扑结构、各网元 IP 地址、各网元配置单板、纤缆连接关系、时钟源优先级。

1. 网络拓扑

二纤双向复用段保护环与二纤单向复用段保护环之间只是保护方式不同，网络结构都相同，所以二纤双向复用段保护环的网络拓扑结构请参考图 2-2-4。

2. 网元单板配置

各网元单板的配置请参考表 2-1-2。

3. 纤缆连接

因为二纤双向复用段保护环形网和二纤单向复用段保护环形网这两种类型的网络仅保护方式不同，组网结构和纤缆的连接关系都相同，故纤缆的连接关系可参考表 2-2-2。

4. 网元时间

请参考项目 2 中 1. 4. 1 所述网元时间配置。

5. 时钟分配

在本网络中，没有外部时钟源，因此所有网元可以使用内部时钟源。为了了解时钟源跟踪方式，配置 NE1 的内部时钟源为最高优先时钟源，NE2、NE3、NE4 跟踪 NE1 的内部时钟源并将其作为外部时钟源，时钟源优先级见表 2-2-6。

表 2-2-6　时钟源优先级

网元	时钟源
NE1	内部时钟源
NE2	5-OI4D-1/5-OI4D-2/内部时钟源
NE3	5-OI4D-2/5-OI4D-1/内部时钟源
NE4	5-OI4D-2/5-OI4D-1/内部时钟源

6. 公务电话

请参考图 2-2-5 所示公务电话配置。

7. 业务配置

NE1、NE3 节点间需要组建新的通信线路，各节点间的业务配置见表 2-2-7。

表 2-2-7　节点间业务配置

节点	NE1	NE2	NE3	NE4
NE1			8 * E1	
NE2				
NE3	8 * E1			
NE4				

8. 时隙分配

根据网元单板配置和业务配置情况，为网络中各网元分配时隙，见表 2-2-8。

表 2-2-8　各网元业务时隙配置

网元名称	NE1		NE2		NE3		NE4	
支路板		6-SP2D			6-SP2D			
时隙分配		1 ~ 8			1 ~ 8			
线路板	5-OI4D-1	5-OI4D-2	5-OI4D-1	5-OI4D-2	5-OI4D-1	5-OI4D-2	5-OI4D-1	5-OI4D-2
VC4 端口	1#	1#	1#	1#	1#	1#	1#	1#
方向		东/西向	东/西向	东/西向	东/西向			

2. 5. 2　二纤双向复用段保护环形网络组建及业务开通

1. 启动 T2000 网管

请参考项目 2 中 1. 4. 2 所述网管启动方法。

2. 创建网元

参照图 2-2-4 的网络拓扑结构进行硬件连接。

操作步骤请参考项目 2 中 1. 4. 2 所述创建网元方法。

3. 配置通信

请参考项目 2 中 1. 4. 2 所述配置通信方法。使用预配置功能忽略此步骤。

4. 创建单板

请参考项目 2 中 1. 4. 2 所述创建单板方法。

5. 创建光纤

二纤双向复用段保护环形网需要使用 1 对单模光纤连接网元 OptiX Metro 1000 设备的 NE1、NE2、NE3、NE4 的线路板（OI4D）光模块接口，纤缆连接关系和使用接口单板详见表 2-2-2。使用 Ethernet 线缆连接 T2000 服务器主机与作为网关网元的设备 Ethernet 接口，本实验使用 NE1 作为网关网元。纤缆连接关系如图 2-2-25 所示。

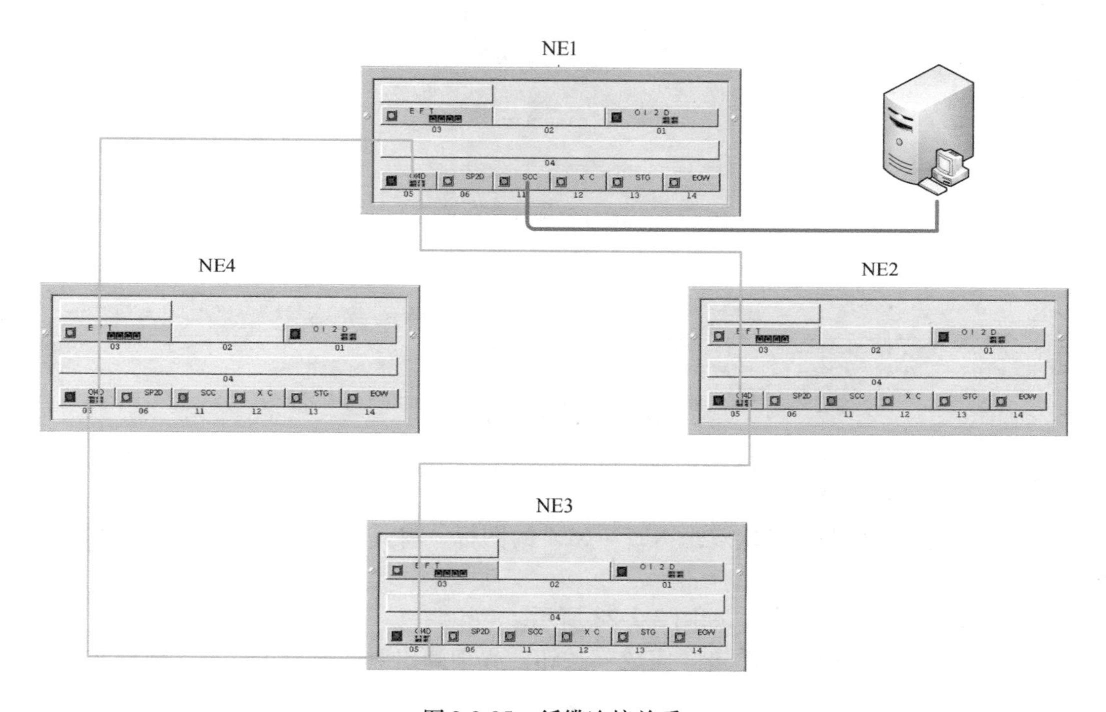

图 2-2-25　纤缆连接关系

依照项目 2 中 1. 4. 2 所述创建光纤方法，根据表 2-2-2 的纤缆连接关系依次创建各网元之间的光纤连接。本任务需要在 NE1、NE2、NE3、NE4 两两之间配置 1 对光纤，配置好的光纤应显示为绿色，如图 2-2-26 所示。

6. 配置及验证公务电话与会议电话

请参考项目 2 中 1. 4. 2 所述公务电话和会议电话配置方法。

7. 创建保护子网

本任务中保护方式为二纤双向复用段保护环。

1）在主视图中选择“保护子网→SDH 保护子网创建 ”，进入保护视图。

2）在保护视图主菜单中，选择“二纤双向复用段共享保护环”。在弹出的提示框中单击“确定”按钮，进入“创建 SDH 保护子网”视图，如图 2-2-27 所示。

3）在“创建 SDH 保护子网”视图中，设置以下参数：

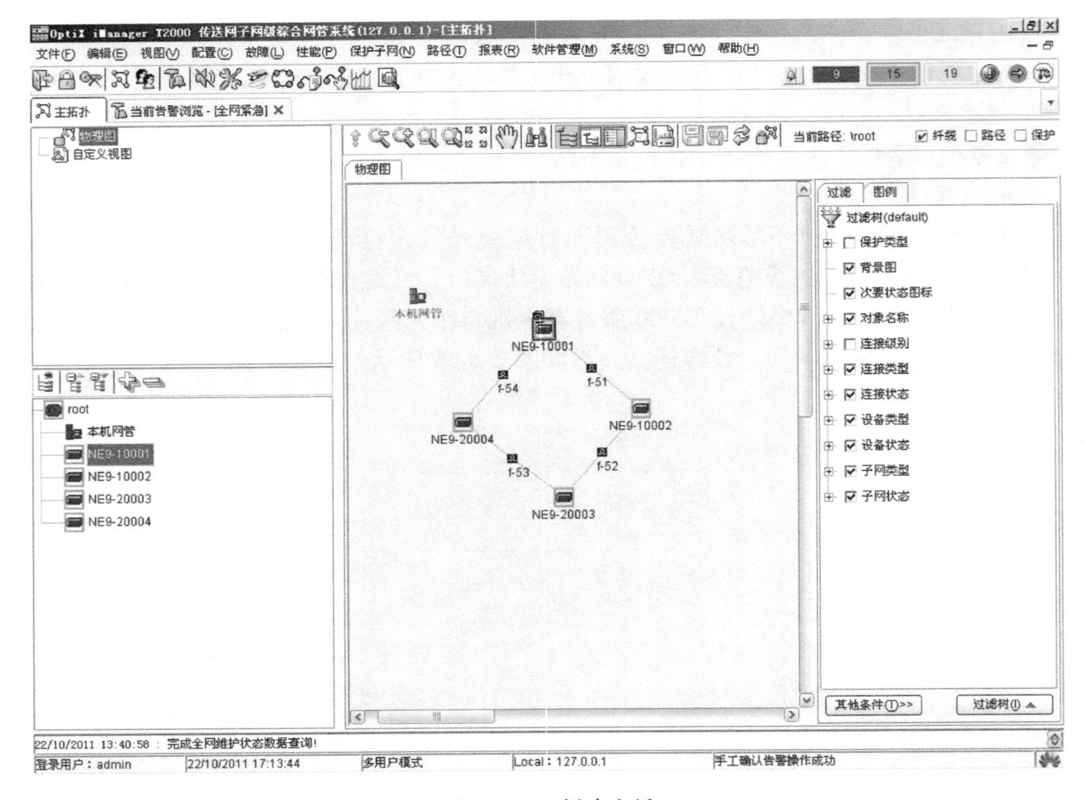

图 2-2-26　创建光纤

➢ 名称：二纤双向复用段共享保护环_1
➢ 容量级别：STM-4

4）在右边的拓扑图中依次双击 NE1 ~ NE4 的图标，将其加入保护通道，节点属性选择“MSP 节点”。

5）单击“下一步”按钮，如图 2-2-28 所示。

6）确认链路物理信息，单击“完成”按钮。界面弹出对话框显示保护子网创建成功。

8. 创建服务层路径

1）在主视图中选择“路径→SDH 路径创建”，进入“SDH 路径创建”视图。

2）如图 2-2-29 所示，在“SDH 路径创建”视图左侧菜单中，按照以下参数进行设置：

➢ 方向：双向
➢ 级别：VC4 服务层路径
➢ 资源使用策略：保护资源
➢ 保护优先策略：路径保护优先
➢ 源：NE1
➢ 宿：NE3
➢ 计算路由：自动计算
➢ 创建后进行复制：否

其中，“源”文本框和“宿”文本框分别加入 NE1 和 NE3，可通过双击右侧网元视图中 NE1 和 NE3 的图标添加。

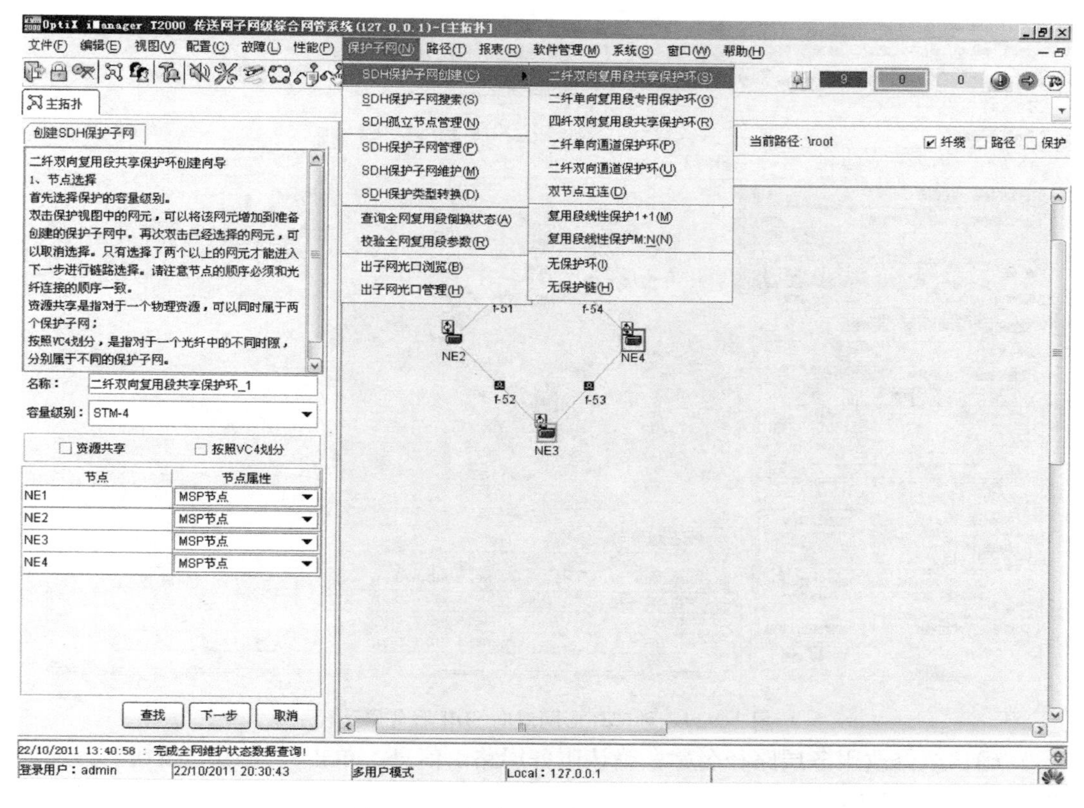

图 2-2-27　创建 SDH 保护子网步骤一

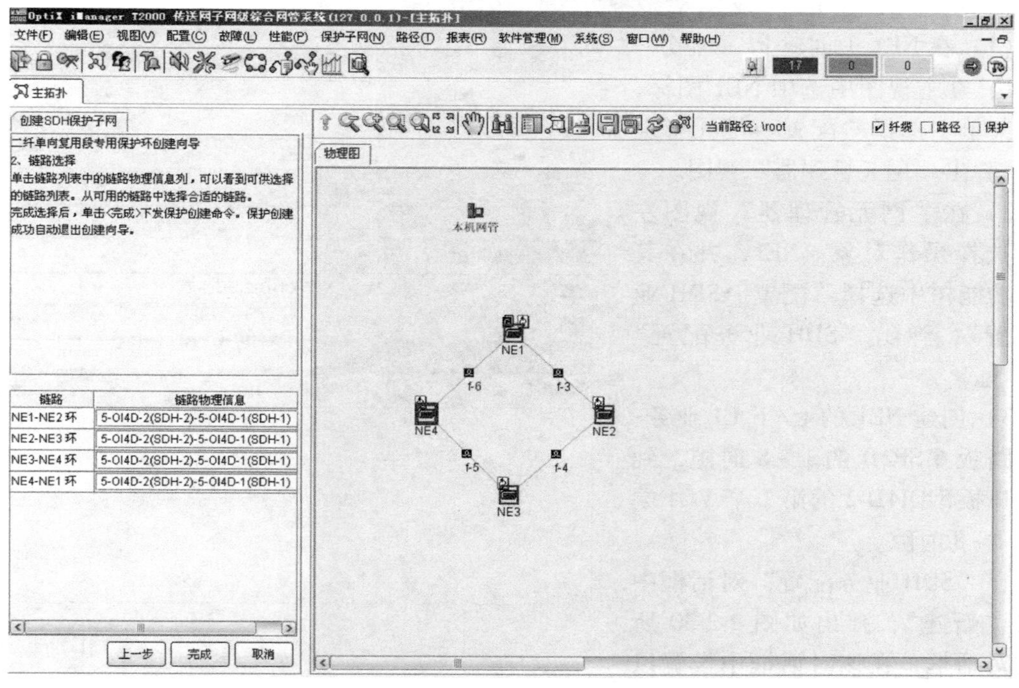

图 2-2-28　创建 SDH 保护子网步骤二

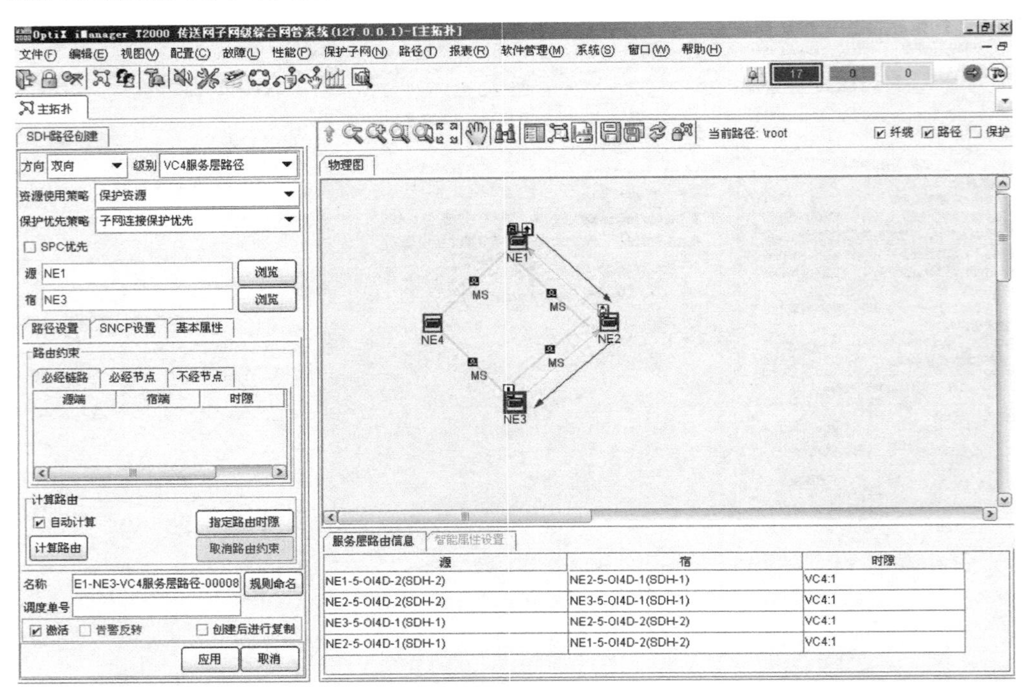

图 2-2-29　创建环形网双向 SDH 服务层路径

3）确认或修改服务层路径名称，确认服务层路由信息，单击“应用”按钮。界面弹出对话框显示操作成功。

9. 创建 SDH 业务（单站配置业务方法）

（1）在 NE1 上创建上/下业务

1）在主视图中选中 NE1 图标，在主菜单中选择“配置→网元管理器”，弹出“网元管理器”视图。

2）在“网元管理器”视图左上方选择操作对象：NE1，并在其左边功能树中选择“配置→SDH 业务配置”，弹出“SDH 业务配置”对话框。

3）创建 NE1 的上/下 E1 业务：从支路板 6-SP2D 的 1～8 时隙，到光接口板 5-OI4D-2 的第 1 个 VC4 端口的 1～8 时隙。

在“SDH 业务配置”对话框中单击“新建”，弹出如图 2-2-30 所示的对话框，在该对话框中设置以下参数：

➢ 等级：VC12

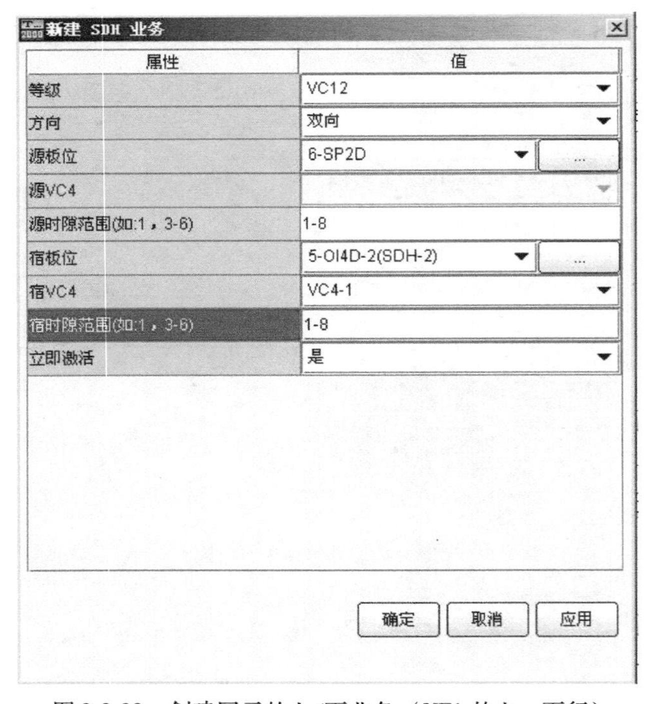

图 2-2-30　创建网元的上/下业务（NE1 的上、下行）

➢ 方向：双向
➢ 源板位：6-SP2D
➢ 源时隙范围：1-8
➢ 宿板位：5-OI4D-2（SDH-2）
➢ 宿 VC4：VC4-1
➢ 宿时隙范围：1-8
➢ 立即激活：是

4）单击“应用”按钮，关闭弹出的操作成功对话框。

（2）在 NE2 上创建穿通业务

1）在主视图中选中 NE2 图标，在主菜单中选择“配置→网元管理器”，弹出“网元管理器”视图。

2）在“网元管理器”视图左上方选择操作对象：NE2，并在其左边功能树中选择“配置→SDH 业务配置”。

3）创建 NE2 的 E1 穿通业务：从光接口板 5-OI4D-1 的第一个 VC4 端口的 1 ~ 8 时隙，到光接口板 5-OI4D-2 的第 1 个 VC4 端口的 1 ~ 8 时隙，建立双向穿通业务，本步骤系统自动完成。

创建网元的穿通业务（NE2）如图 2-2-31 所示。

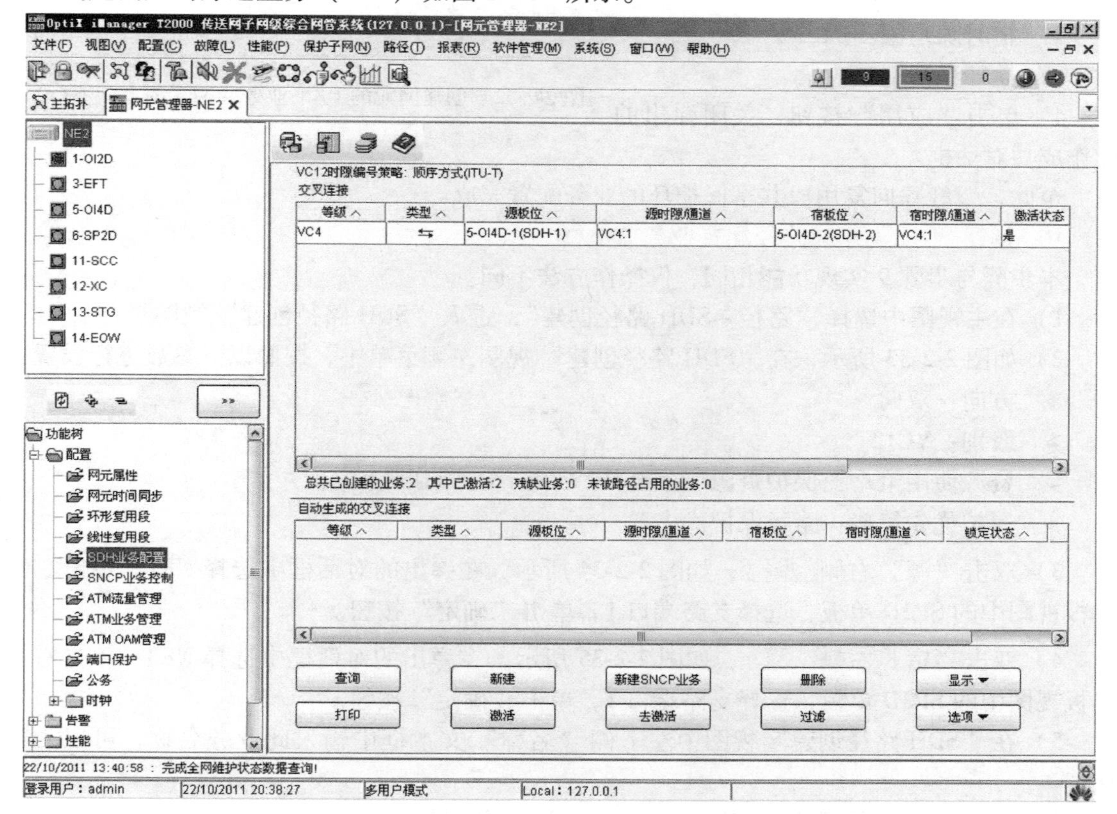

图 2-2-31　创建网元的穿通业务（NE2）

（3）在 NE3 上创建上/下业务

1）在主视图中选中 NE3 图标，在主菜单中选择“配置→网元管理器”，弹出“网元管理器”视图。

2）在“网元管理器”视图左上方选择操作对象：NE3，并在其左边功能树中选择“配置→SDH 业务配置”，弹出“SDH 业务配置”对话框。

3）创建 NE3 的上/下业务：从支路板 6-SP2D 的 1～8 时隙，到光接口板 5-OI4D-1 的第 1 个 VC4 端口的 1～8 时隙。

在“SDH 业务配置”对话框中，单击“新建”，弹出如图 2-2-32 所示的对话框，在该对话框中设置以下参数：

- 等级：VC12
- 方向：双向
- 源板位：6-SP2D
- 源时隙范围：1-8
- 宿板位：5-OI4D-1（SDH-1）
- 宿 VC4：VC4-1
- 宿时隙范围：1-8
- 立即激活：是

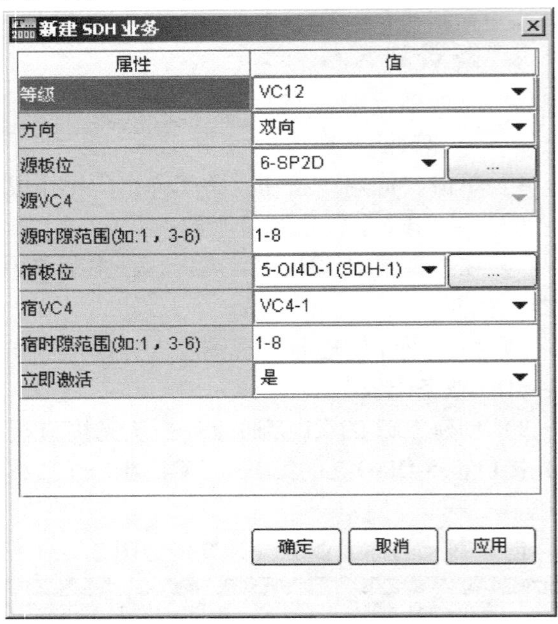

图 2-2-32　创建网元的上/下业务（NE3 的上、下行）

4）单击“应用”按钮，关闭弹出的操作成功对话框。

至此，二纤双向复用段共享保护环的业务配置完成。

10. 创建 SDH 业务（路径配置业务方法）

本步骤与步骤 9 实现功能相同，仅操作方法不同。

1）在主视图中选择“路径→SDH 路径创建”，进入“SDH 路径创建”视图。

2）如图 2-2-33 所示，在“SDH 路径创建”视图左侧菜单中，按照以下参数进行设置：

- 方向：双向
- 级别：VC12
- 资源使用策略：保护资源
- 保护优先策略：路径保护优先

3）双击“源”右侧［浏览］，如图 2-2-34 所示，在弹出的对话框中选择 NE1，单击右侧单板视图中的 SP2D 单板，选择支路端口 1，单击“确定”按钮。

4）双击“宿”右侧［浏览］，如图 2-2-35 所示，在弹出的对话框中选择 NE3，单击右侧单板视图中的 SP2D 单板，选择支路端口 1，单击“确定”按钮。

5）在“SDH 路径创建”视图中左下侧“名称”文本框中输入此业务名称，可以为默认。

6）在“SDH 路径创建”视图中左下侧勾选“创建后进行复制”。单击“应用”按钮，界面弹出对话框显示操作成功，单击“关闭”按钮。

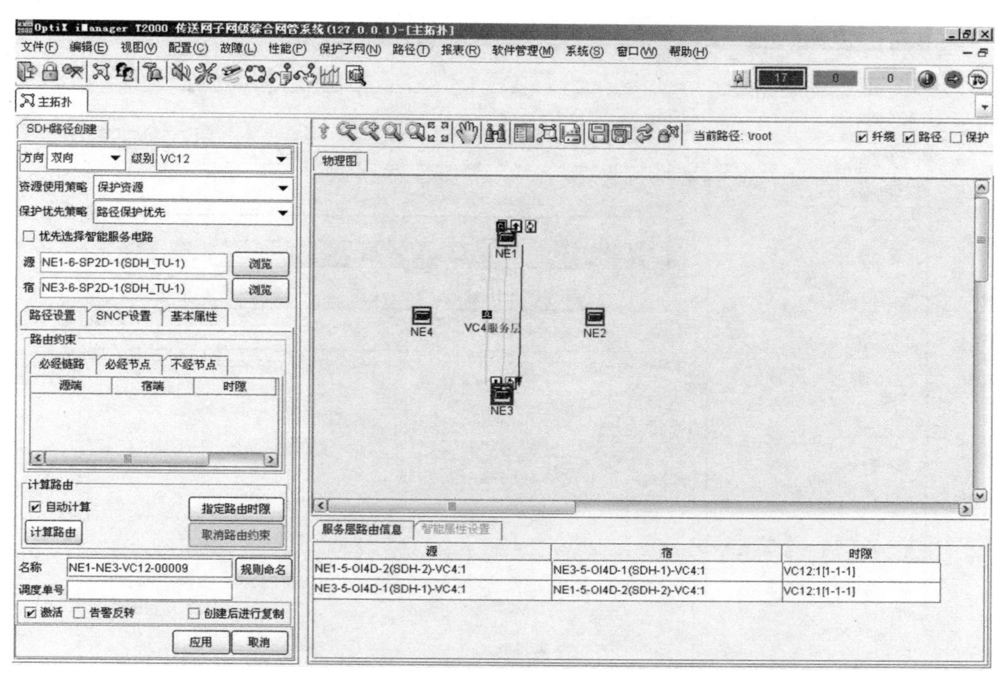

图 2-2-33　自动创建双向业务（NE1↔NE3）

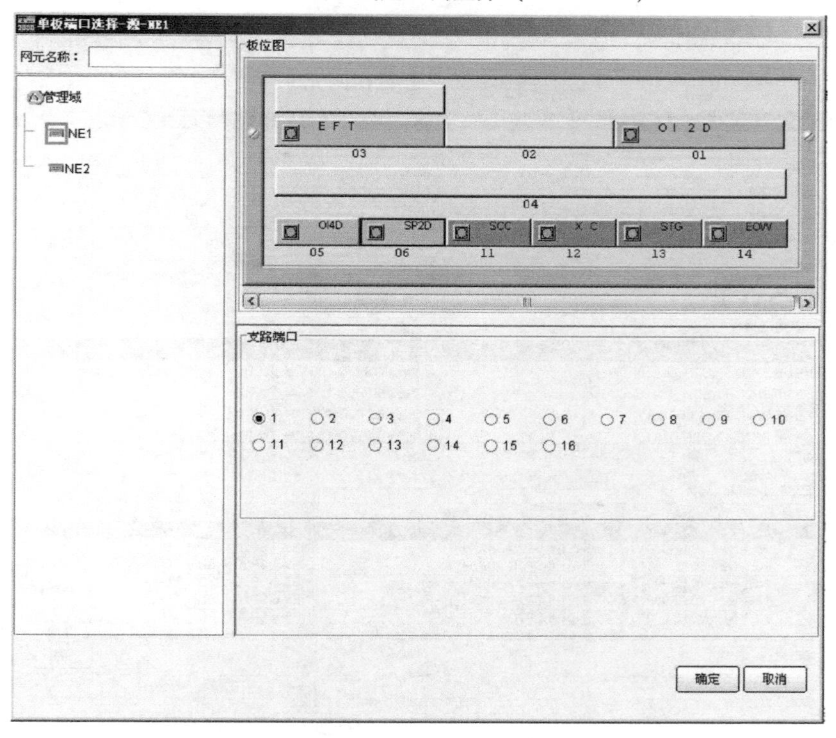

图 2-2-34　配置源网元

7）在图 2-2-36 所示的界面中，分别在 NE1 和 NE3 的可用时隙中依次选择 2～8 时隙，单击“加入”按钮。

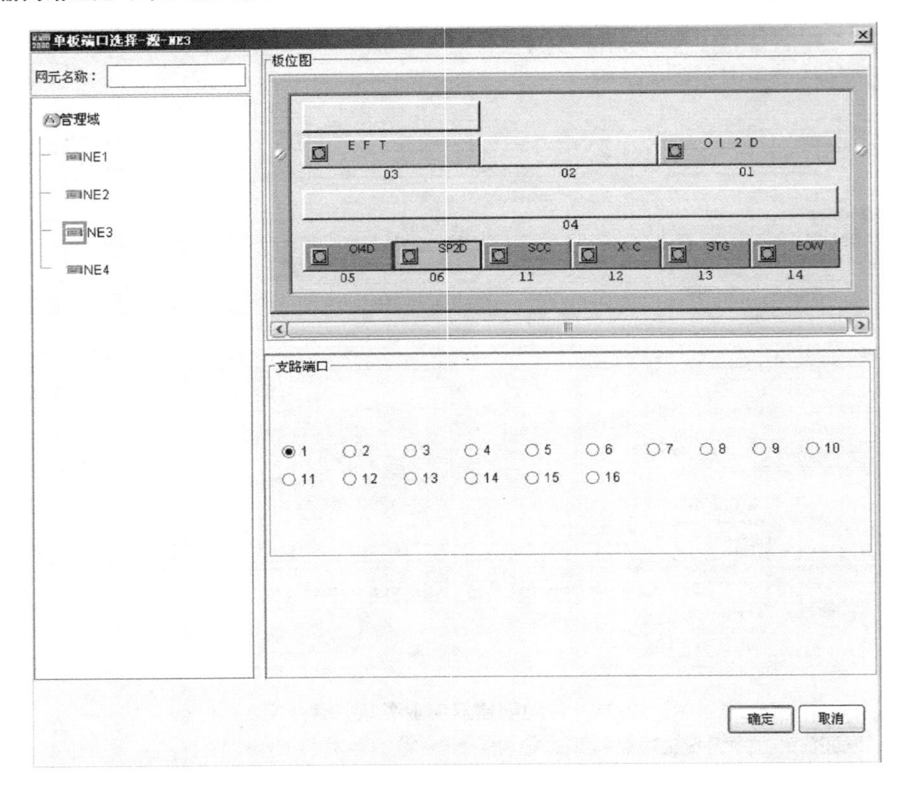

图 2-2-35　配置宿网元

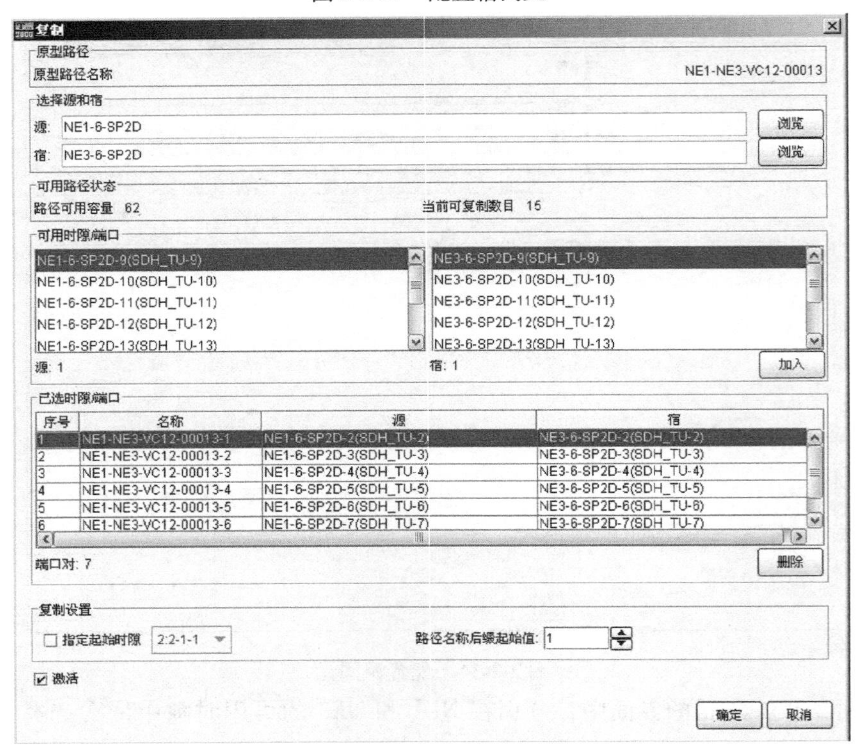

图 2-2-36　按时隙复制业务配置

8）单击“确定”按钮。界面弹出对话框显示复制成功。

11. 配置性能参数

请参考项目 2 中 1.4.2 所述性能参数配置方法。

12. 查询业务配置告警

请参考项目 2 中 1.4.2 所述查询业务配置告警方法。

2.6　任务评价

任务评价表					
任务名称	环形网络组建与业务开通（复用段保护）				
班 级			小组编号		
成员名单			时 间		
评价要点		要点说明	分 值	得分	备注
准备工作（20 分）		工作任务和要求是否明确	2		
		实验设备准备	2		
		T2000 网管的安装调试准备	2		
		相关知识的准备	6		
		网络拓扑和网元信息规划	8		
任务实施（60 分）	单向复用段保护环	创建和配置网元	6		
		创建光纤	4		
		创建公务和会议电话，验证通话	4		
		创建保护子网	2		
		创建服务层路径	4		
		创建 SDH 业务	6		
		同步网元时间	2		
		监测全网性能和告警	2		
	双向复用段保护环	创建和配置网元	6		
		创建光纤	4		
		创建公务和会议电话，验证通话	4		
		创建保护子网	2		
		创建服务层路径	4		
		创建 SDH 业务	6		
		同步网元时间	2		
		监测全网性能和告警	2		
操作规范（20 分）		遵守机房工作和管理制度	4		
		各小组固定位置，按任务顺序展开工作	4		
		按规范操作，防止损坏仪器仪表	6		
		保持环境卫生，不乱扔废弃物	6		

任务3　环形网络组建与业务开通（通道保护）

3.1　任务描述

本任务主要完成光传输通道保护环形网络组建和业务开通，介绍了以 OptiX 155/622H 设备搭建二纤单向通道保护环形网络、二纤双向通道保护环形网络的配置过程。通过项目实施过程了解光传输通道保护环形网络的结构与业务配置流程。

本任务主要适用于以下岗位的工作环节和操作技能的训练：

- 数据配置工程师
- 系统维护工程师

本任务的练习使学生基本掌握如下知识和技能：

- 学会以 OptiX 155/622H 设备组建光传输通道保护环形网络
- 学会环形网络上配置保护子网的方法
- 学会环形网络上配置业务的方法
- 学会环形网络上配置公务的方法

3.2　任务单

<table>
<tr><td>工作任务</td><td colspan="3">环形网络组建与业务开通（通道保护）</td><td>学时</td><td>4</td></tr>
<tr><td>班级</td><td></td><td>小组编号</td><td></td><td>成员名单</td><td></td></tr>
<tr><td>任务描述</td><td colspan="5">学生分组，根据要求搭建二纤单向通道保护环形网络以及二纤双向通道保护环形网络，并进行环形网配置操作、业务和公务电话配置开通等</td></tr>
<tr><td>所需设备及工具</td><td colspan="5">4 部 OptiX 155/622H 设备、ODF 架、信号电缆、光纤、T2000 网管软件</td></tr>
<tr><td>工作内容</td><td colspan="5">● 环形网组网规划
● OptiX 155/622H 设备连接操作
● OptiX 155/622H 设备配置操作
● 环形网公务配置操作
● 环形网通道保护配置操作
● 环形网业务配置操作</td></tr>
<tr><td>注意事项</td><td colspan="5">● 遵守机房工作和管理制度
● 注意用电安全、谨防触电
● 按规范使用操作，防止损坏仪器仪表
● 爱护工具仪器
● 各小组固定位置，按任务顺序展开工作
● 保持环境卫生，不乱扔废弃物</td></tr>
</table>

3.3　知识准备

3.3.1　环形拓扑组网

通道保护环形网与复用段保护环形网只是保护方式不同，都属于环形网络拓扑，所以其拓扑结构可参考项目2中2.3.1节所述环形网拓扑结构。

3.3.2　环形网通道保护原理

环形网通道保护包含二纤单向通道保护、二纤双向通道保护。

二纤单向通道保护环采用1+1保护方式，“首端桥接、末端倒换”结构。一根光纤用于传送业务信号，称S光纤；另一根光纤用于保护，称P光纤。两根光纤传送相同的业务信号，但方向相反；在接收端根据信号优劣选择从工作或保护光纤上接收业务信号。如图2-3-1a所示，在节点A处，以节点C为目的地的支路信号（AC）同时馈入发送方向光纤S1和P1。其中S1光纤按顺时针方向将业务信号送至分路节点C，P1光纤按逆时针方向将同样的信号作为保护信号送至分路节点C。接收端分路节点C同时收到两个方向的支路信号，按照分路通道信号的优劣在两路信号中选其中一路作为主用信号。正常情况下，以S1光纤送来信号为主用信号。同样，从节点C插入以节点A为目的地的支路信号（CA）将按上述同样过程传送至节点A。

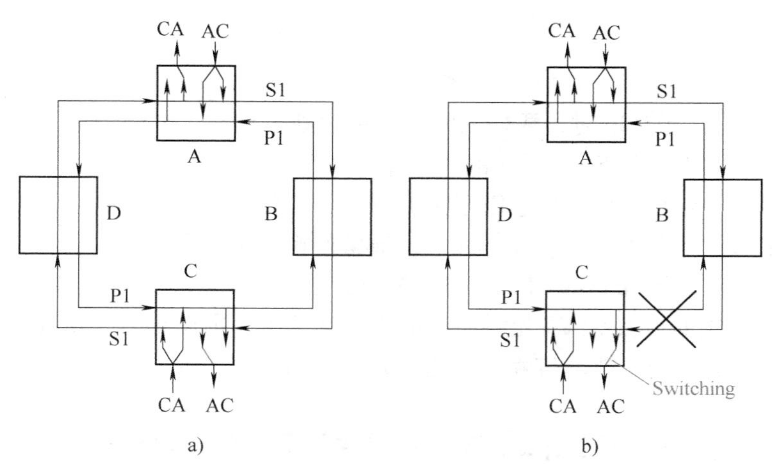

图2-3-1　二纤单向通道保护环示意图

当BC节点间光缆被切断时，两根光纤同时被切断，如图2-3-1b所示。对于AC间的业务：在节点C，由于从A经S1光纤来的AC信号丢失，按通道选优准则，倒换开关将由S1光纤转向P1光纤，接收由A节点经P1光纤传送而来的AC信号，从而使AC间业务信号仍得以维持，不会丢失。故障排除后，倒换开关恢复至原来位置。对于CA间的业务：由于业务是经过D点在S1光纤上进行传输的，不受断纤的影响，与正常传输情况相同。

二纤双向通道保护环的1+1保护方式与单向通道保护环基本相同，只是返回信号沿相反方向返回，其主要优点是在无保护环的场合或将同样的ADM设备应用于线性传输的场合有通道再利用功能，从而使总的分插业务量增加，另外，该种保护方式可以保证双向业务的一致路由，这一点对于时延敏感的业务（如视频）很重要。如图 2-3-2a 所示，在节点 A 进入环并以节点 C 为目的地的支路信号（AC）同时馈入发送方向光纤 S1 和 P1，即所谓双馈方式（1 +1 保护）。其中 S1 光纤按顺时针方向将业务信号送至分路节点 C，P1 光纤按逆时针方向将同样的信号作为保护信号送至分路节点 C。接收端分路节点 C 同时收到来自两个方向的支路信号，按照两分路通道信号的优劣选其中一路作为主用信号。正常情况下，以 S1 光纤送来信号为主用信号。同时，从 C 点进入环并以节点 A 为目的地的支路信号（CA）按上述同样方法送至节点 A，即 S2 光纤所携带的 CA 信号（信号传送方向与 AC 信号相反）为主用信号经过节点 B 在节点 A 分路。

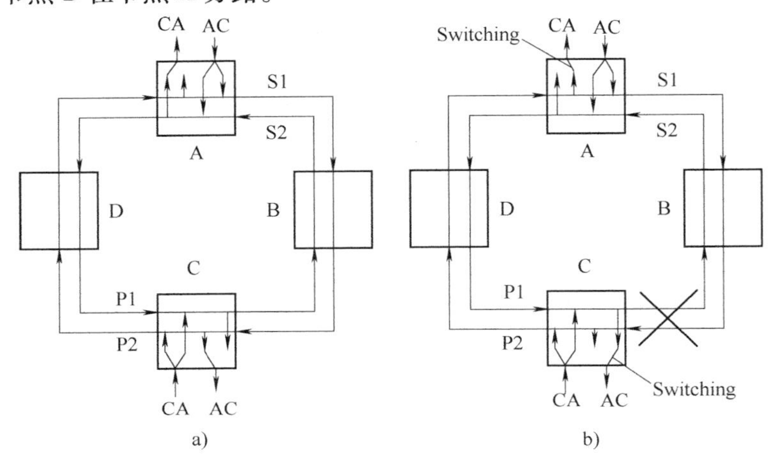

图 2-3-2　二纤双向通道保护环示意图

当 BC 节点间光缆被切断时，两根光纤同时被切断，如图 2-3-2b 所示。对于 AC 间的业务：在节点 C，由于从 A 经 S1 光纤来的 AC 信号丢失，按通道选优准则，倒换开关将由 S1 光纤转向 P1 光纤，接收由 A 节点经 P1 光纤而来的 AC 信号作为分路信号，从而使 AC 间业务信号仍得以维持，不会丢失。故障排除后，通常倒换开关返回原来位置。对于 CA 间的业务：由于从 C 经 S2 光纤来的 CA 信号丢失，按通道选优准则，倒换开关将由 S2 光纤转向 P2 光纤，节点 A 接收由 C 节点经 P2 光纤而来的 CA 信号作为主用信号，从而使 CA 间业务信号仍得以维持，不会丢失。故障排除后，通常开关返回原来位置。

3.4　任务实施 1——二纤单向通道保护环网络组建与业务开通

3.4.1　工程规划

工程规划阶段需规划出网络拓扑结构、各网元 IP 地址、各网元单板配置、纤缆连接关系、时钟源优先级、公务图等。

1. 网络拓扑

本任务中 NE1、NE2、NE3 和 NE4 要组建通信网络，组成二纤单向通道保护环形网，同时，整个网络需要配置公务电话。二纤单向通道保护环形网的网络拓扑结构如图 2-3-3 所示。

NE1、NE2、NE3和NE4及网管需要配置为同一网段的IP地址，且连接网管服务器的NE需要配置为网关。IP地址分配举例如图2-3-3所示。

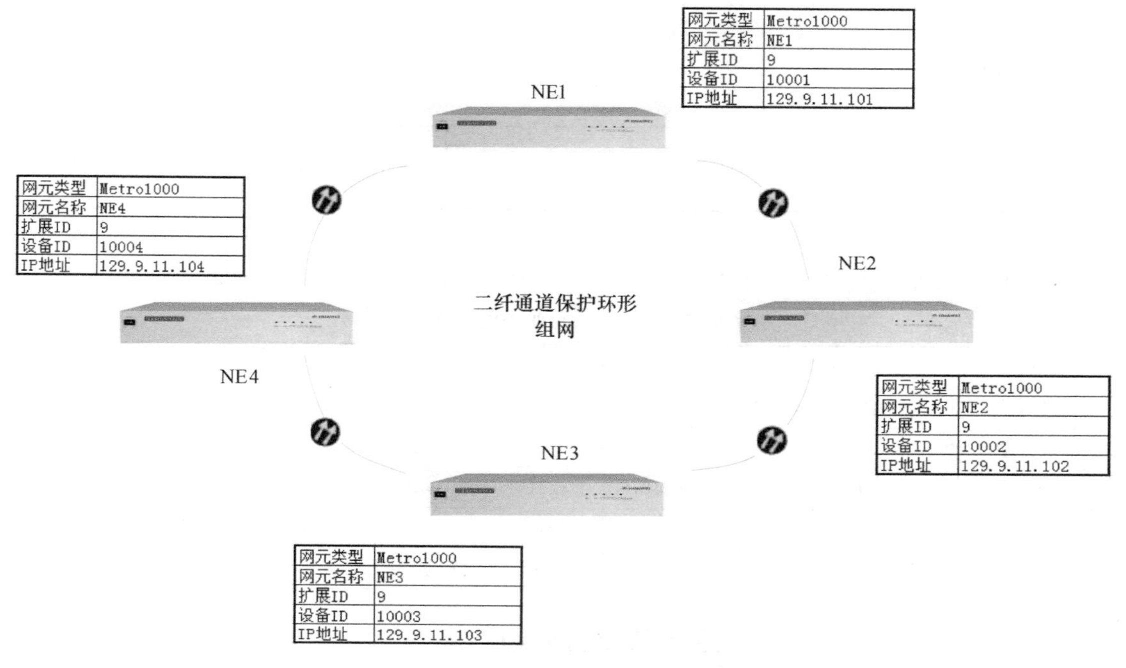

图2-3-3　二纤单向通道保护环形网的网络拓扑及IP地址分配举例

2. 网元单板配置

各网元单板的配置请参考表2-1-2。

3. 纤缆连接

因为二纤单向通道保护环形网和二纤单向复用段保护环形网之间仅保护方式不同，组网结构和纤缆的连接关系都相同，故纤缆的连接关系可参考表2-2-2。

4. 网元时间

请参考项目2中1.4.1的网元时间配置。

5. 时钟分配

在本网络中，没有外部时钟源，因此所有网元均使用内部时钟源。为了了解时钟源跟踪方式，配置NE1的内部时钟源为最高优先时钟源，NE2、NE3、NE4跟踪NE1的内部时钟源并将其作为外部时钟源，时钟源优先级见表2-3-1。

表2-3-1　时钟源优先级

网元	时钟源
NE1	内部时钟源
NE2	5-OI4D-1/5-OI4D-2/内部时钟源
NE3	5-OI4D-2/5-OI4D-1/内部时钟源
NE4	5-OI4D-2/5-OI4D-1/内部时钟源

6. 公务电话

公务电话配置请参考图2-2-5。

7. 业务配置

NE1、NE3 节点间需要组建新的通信线路，各节点间的配置需求见表 2-3-2。

表 2-3-2　节点间业务配置

节点	NE1	NE2	NE3	NE4
NE1			8 * E1	
NE2				
NE3	8 * E1			
NE4				

8. 时隙分配

根据网元单板配置和业务配置情况，为网络中各网元分配时隙，见表 2-3-3。

表 2-3-3　各网元业务时隙配置

网元名称	NE1		NE2		NE3		NE4	
支路板	6-SP2D	6-SP2D			6-SP2D	6-SP2D		
时隙分配	1 ~ 8	1 ~ 8			1 ~ 8	1 ~ 8		
线路板	5-OI4D-1	5-OI4D-2	5-OI4D-1	5-OI4D-2	5-OI4D-1	5-OI4D-2	5-OI4D-1	5-OI4D-2
VC4 端口	1#	1#	1#	1#	1#	1#	1#	1#
方向	东/西向	东向	西向	东向	东/西向	东向	西向	东向

3.4.2　二纤单向通道保护环组建与业务开通

1. 启动 T2000 网管

请参考项目 2 中 1.4.2 所述网管启动方法。

2. 创建网元

请参考项目 2 中 1.4.2 所述创建网元方法。

3. 配置通信

请参考项目 2 中 1.4.2 所述配置通信方法。使用预配置功能忽略此步骤。

4. 创建单板

请参考项目 2 中 1.4.2 所述创建单板方法。

5. 创建光纤

请参照项目 2 中 1.4.2 创建光纤所列方法，根据表 2-2-2 的纤缆连接关系依次创建各网元之间的光纤连接。本任务需要在 NE1、NE2、NE3、NE4 两两之间配置 1 对光纤，配置好的光纤应显示为绿色。

6. 配置及验证公务电话与会议电话

请参考项目 2 中 1.4.2 所述公务电话和会议电话配置及验证方法。

7. 创建保护子网

本任务中保护方式为二纤单向通道保护环。

1）在主视图中选择“保护子网→SDH 保护子网创建”，进入保护视图。

2）在保护视图主菜单中，选择“二纤单向通道保护环”。在弹出的提示框中单击“确定”按钮，进入“创建 SDH 保护子网”视图，如图 2-3-4 所示。

3）在“创建 SDH 保护子网”视图中，设置以下参数：

➢ 名称：二纤单向通道保护环_1

➢ 容量级别：STM-4

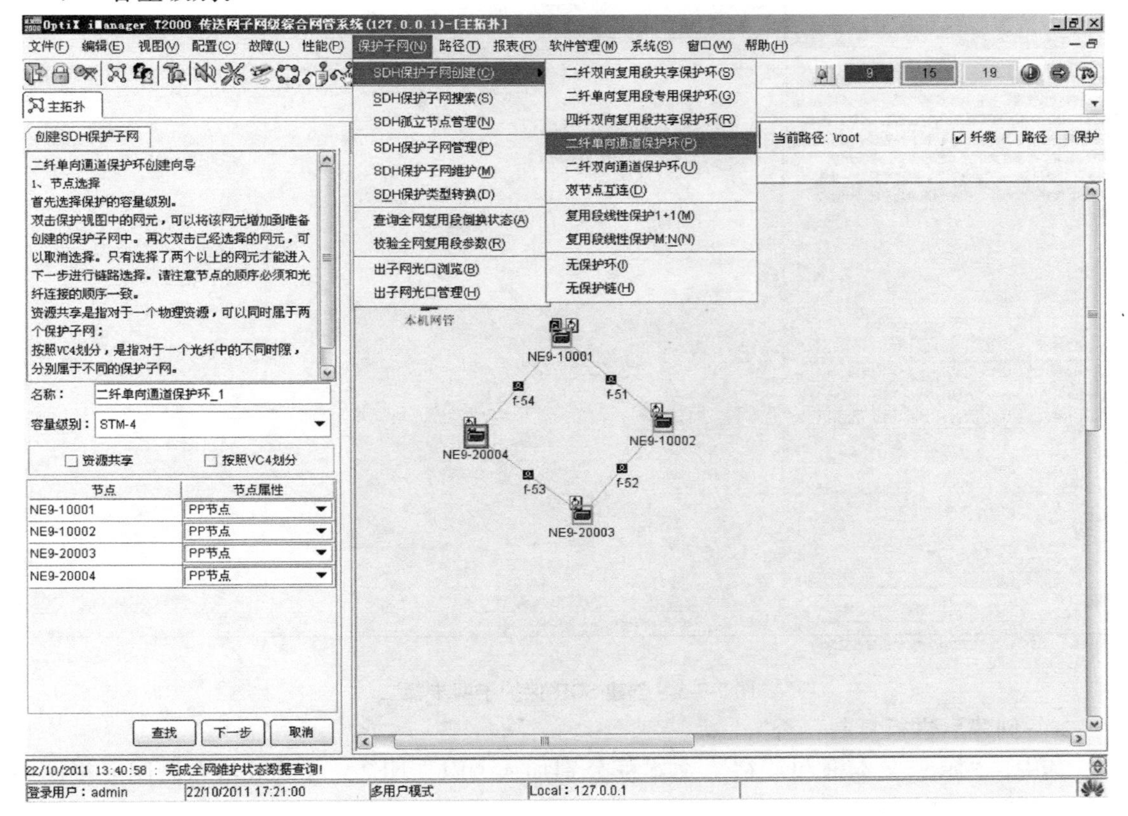

图 2-3-4　创建 SDH 保护子网步骤一

4）在图 2-3-4 右边的拓扑图中依次双击 NE1 ~ NE4 的图标，分别将其加入保护通道，节点属性选择“PP 节点”。

5）单击“下一步”按钮，弹出如图 2-3-5 所示的窗口。

6）在图 2-3-5 所示的窗口中确认链路物理信息，单击“完成”按钮。界面弹出对话框显示保护子网创建成功。

8. 创建服务层路径

1）在主视图中选择“路径→SDH 路径创建”，进入“SDH 路径创建”视图。

2）如图 2-3-6 所示，在“SDH 路径创建”视图左侧菜单中，按照以下参数进行设置：

➢ 方向：双向

➢ 级别：VC4 服务层路径

➢ 资源使用策略：保护资源

➢ 保护优先策略：路径保护优先

➢ 源：NE1

➢ 宿：NE2

➢ 计算路由：自动计算

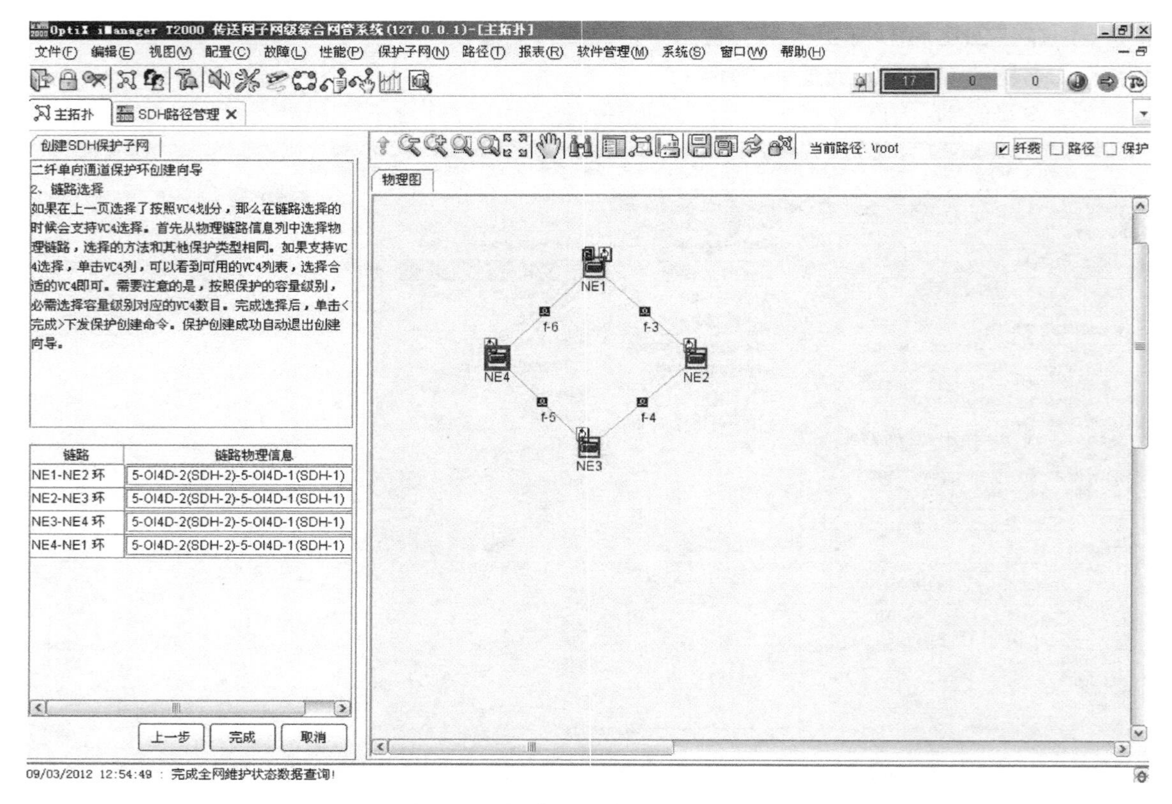

图 2-3-5　创建 SDH 保护子网步骤二

➢　创建后进行复制：否

其中，“源”文本框和“宿”文本框分别加入 NE1、NE2，可以双击右侧网元视图中 NE1 和 NE2 的图标添加。

3）确认或修改服务层路径名称，确认服务层路由信息，单击“应用”按钮。界面弹出对话框显示操作成功。

4）按照步骤 2）、3）依次创建 NE2 至 NE3、NE3 至 NE4、NE4 至 NE1 的双向服务层路径。

9. 创建 SDH 业务（单站配置业务方法）

（1）在 NE1 上创建上/下 SNCP 业务

1）在主视图中选中 NE1 图标，在主菜单中选择“配置→网元管理器”，弹出“网元管理器”视图。

2）在视图左上方选择操作对象：NE1，并在其左边功能树中选择“配置→SDH 业务配置”，弹出“SDH 业务配置”对话框。

3）根据工程规划中表 2-3-3 创建 NE1 的上/下业务：从光接口板 5-OI4D-2（接 NE2）及光接口板 5-OI4D-1（接 NE4）的第 1 个 VC4 端口的 1～8 时隙到支路板 6-SP2D 的 1～8 时隙，建立双向业务。

在“SDH 业务配置”对话框中，单击“新建 SNCP 业务”，弹出如图 2-3-7 所示的对话框，在该对话框中设置以下参数：

➢　等级：VC12

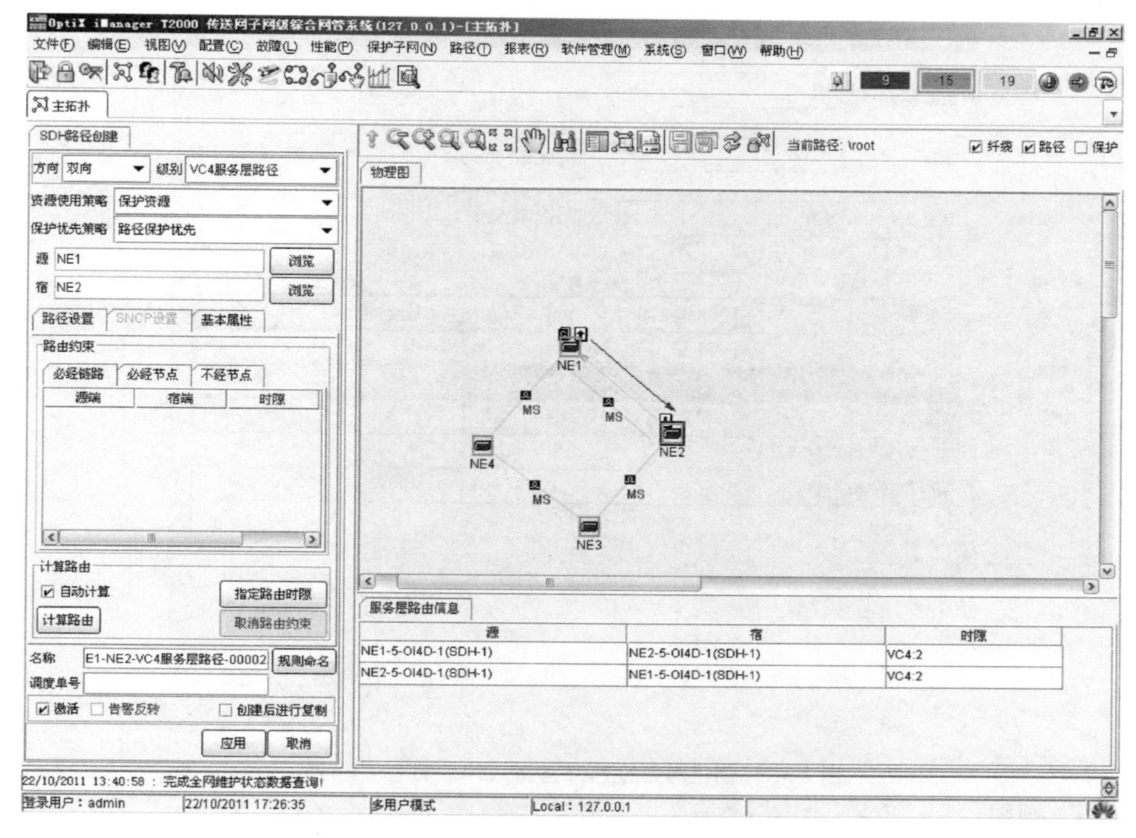

图 2-3-6　创建环形网双向 SDH 服务层路径

- 方向：双向
- 业务类型：SNCP
- 恢复方式：恢复
- 等待恢复时间（s）：600

工作业务：

- 源板位：5-OI4D-1（SDH-1）
- 源 VC4：VC4-1
- 源时隙范围：1-8
- 宿板位：6-SP2D
- 宿时隙范围：1-8
- 立即激活：是

保护业务：

- 源板位：5-OI4D-2（SDH-2）
- 源 VC4：VC4-1
- 源时隙范围：1-8

4）单击“应用”按钮，关闭弹出的操作成功对话框。

（2）在 NE2 上创建穿通业务

1）在主视图中选中 NE2 图标，在主菜单中选择“配置→网元管理器”，弹出“网元管

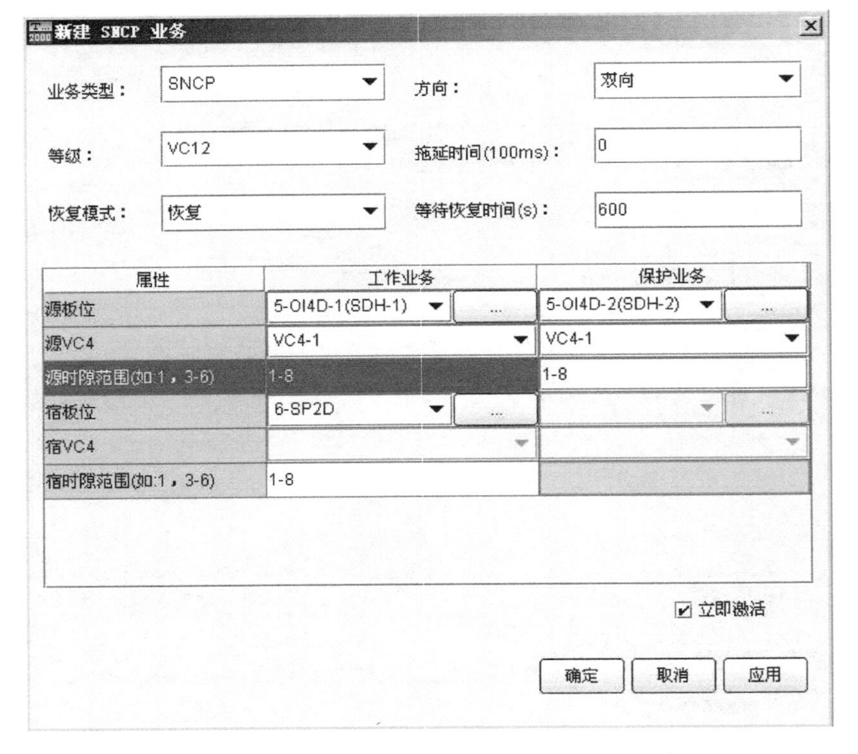

图 2-3-7　创建网元的上/下业务（NE1 的上、下行）

理器”视图。

2）在视图左上方选择操作对象：NE2，并在其左边功能树中选择“配置→SDH 业务配置”。

3）根据工程规划中表 2-3-3 创建 NE2 的 E1 穿通业务：从光口板 5-OI4D-1 的第一个 VC4 端口的 1～8 时隙，到光接口板 5-OI4D-2 的第 1 个 VC4 端口的 1～8 时隙，建立双向穿通业务。本步骤系统自动完成。

（3）在 NE3 上创建上/下 SNCP 业务

1）在主视图中选中 NE3 图标，在主菜单中选择“配置→网元管理器”，弹出“网元管理器”视图。

2）在视图左上方选择操作对象：NE3，并在其左边功能树中选择“配置→SDH 业务配置”。

3）根据工程规划中表 2-3-3 创建 NE3 的上/下业务：从光接口板 5-OI4D-1（接 NE4）及光接口板 5-OI4D-2（接 NE2）的第 1 个 VC4 端口的 1～8 时隙到支路板 6-SP2D 的 1～8 时隙，建立双向业务。

在“SDH 业务配置”对话框中，单击“新建 SNCP 业务”，弹出如图 2-3-8 所示的对话框，在该对话框中设置以下参数：

- 等级：VC12
- 方向：双向
- 业务类型：SNCP
- 恢复方式：恢复

➢ 等待恢复时间（s）：600

工作业务：

➢ 源板位：5-OI4D-1（SDH-1）

➢ 源 VC4：VC4-1

➢ 源时隙范围：1-8

➢ 宿板位：6-SP2D

➢ 宿时隙范围：1-8

➢ 立即激活：是

保护业务：

➢ 源板位：5-OI4D-2（SDH-2）

➢ 源 VC4：VC4-1

➢ 源时隙范围：1-8

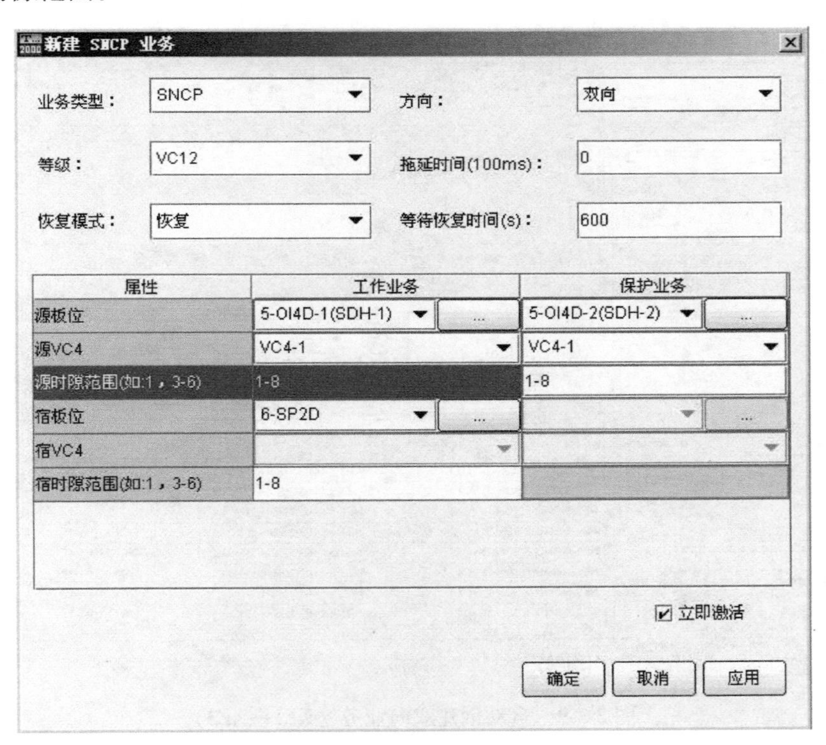

图 2-3-8　创建网元的上/下业务（NE3 的上、下行）

4）单击“应用”按钮，关闭弹出的操作成功对话框。

（4）在 NE4 上创建穿通业务

1）在主视图中选中 NE4 图标，在主菜单中选择“配置→网元管理器”，弹出“网元管理器”视图。

2）在视图左上方选择操作对象：NE4，并在其左边功能树中选择“配置→SDH 业务配置”，弹出“SDH 业务配置”对话框。

3）根据工程规划中表2-3-3 创建NE4 的 E1 穿通业务：从光口板5-OI4D-1 的第一个 VC4

15 端口的 1 ~ 8 时隙，到光接口板 5-OI4D-2 的第 1 个 VC4 端口的 1 ~ 8 时隙，建立双向穿通业务。本步骤系统自动完成。

至此，二纤单向通道保护环的业务配置完成。

10. 创建 SDH 业务（路径配置业务方法）

本步骤与步骤 9 实现功能相同，仅操作方法不同。

1）在主视图中选择“路径→SDH 路径创建”，进入“SDH 路径创建”视图。

2）如图 2-3-9 所示，在“SDH 路径创建”视图左侧菜单中，按照以下参数进行设置：

- 方向：双向
- 级别：VC12
- 资源使用策略：保护资源
- 保护优先策略：路径保护优先

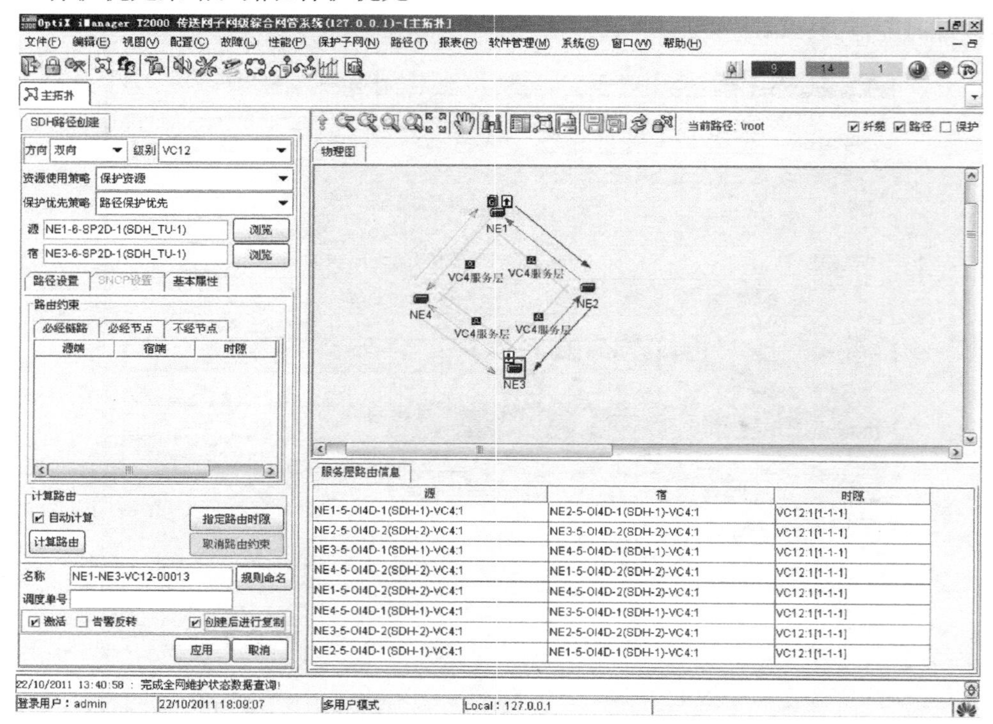

图 2-3-9　自动创建双向业务（NE1↔NE3）

3）双击“源”右侧 浏览 ，在弹出的对话框中选择 NE1，单击右侧单板视图中的 SP2D 单板，选择支路端口 1，如图 2-3-10 所示，单击“确定”按钮。

4）双击“宿”右侧 浏览 ，在弹出的对话框中选择 NE3，单击右侧单板视图中的 SP2D 单板，选择支路端口 1，如图 2-3-11 所示，单击“确定”按钮。

5）在“SDH 路径创建”视图的左下侧“名称”文本框中输入此业务名称，可以为默认。

6）在“SDH 路径创建”视图中左下侧勾选“创建后进行复制”。单击“应用”按钮，界面弹出对话框显示操作成功，单击“关闭”按钮。

7）在图 2-3-12 所示界面中分别在 NE1 和 NE3 的可用时隙中依次选择 2 ~ 8 时隙，单击“加入”按钮，然后单击“确定”按钮。界面弹出对话框显示复制成功。

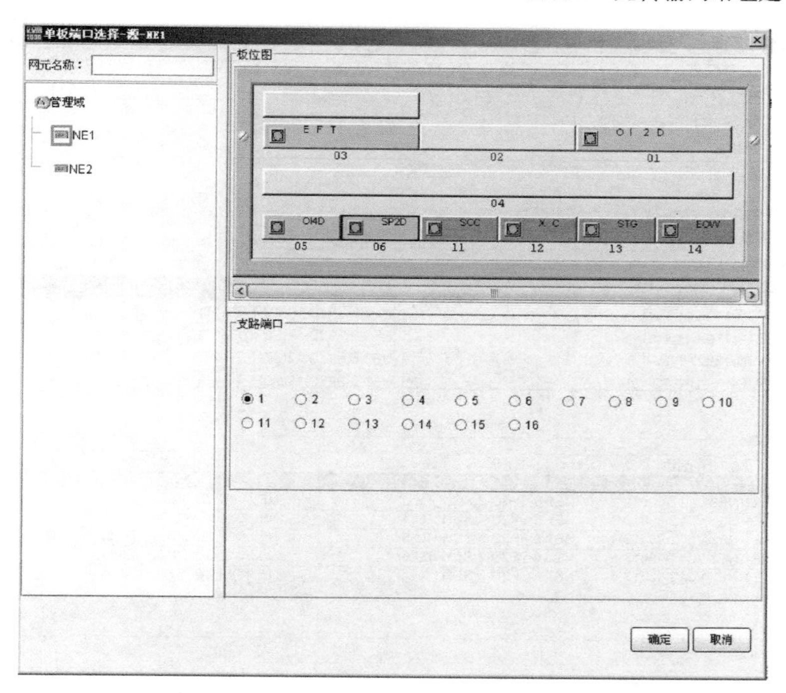

图 2-3-10　配置源网元

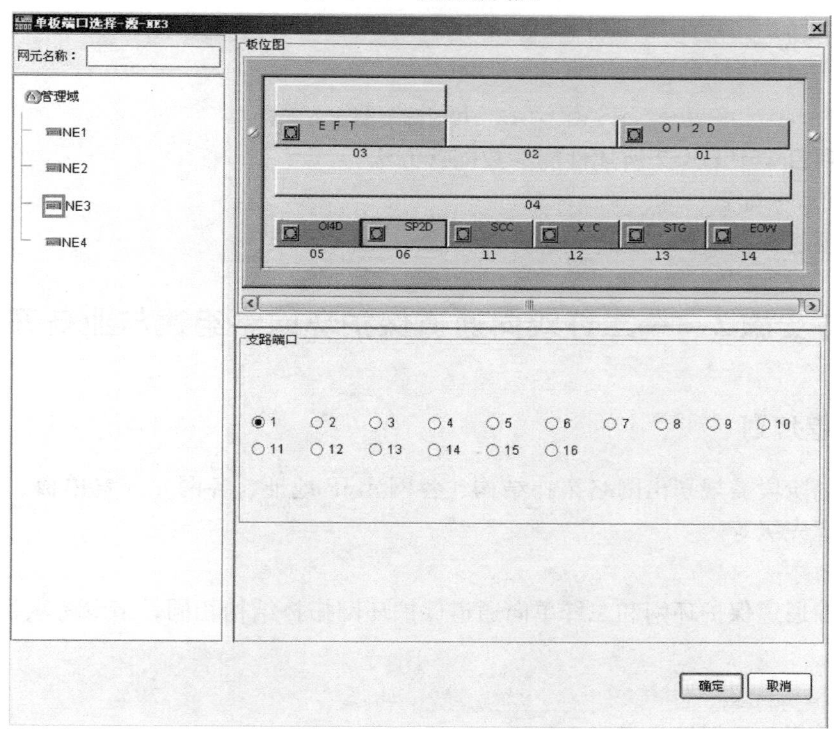

图 2-3-11　配置宿网元

8）单击“取消”按钮，关闭“SDH 路径创建”视图。

11. 配置性能参数

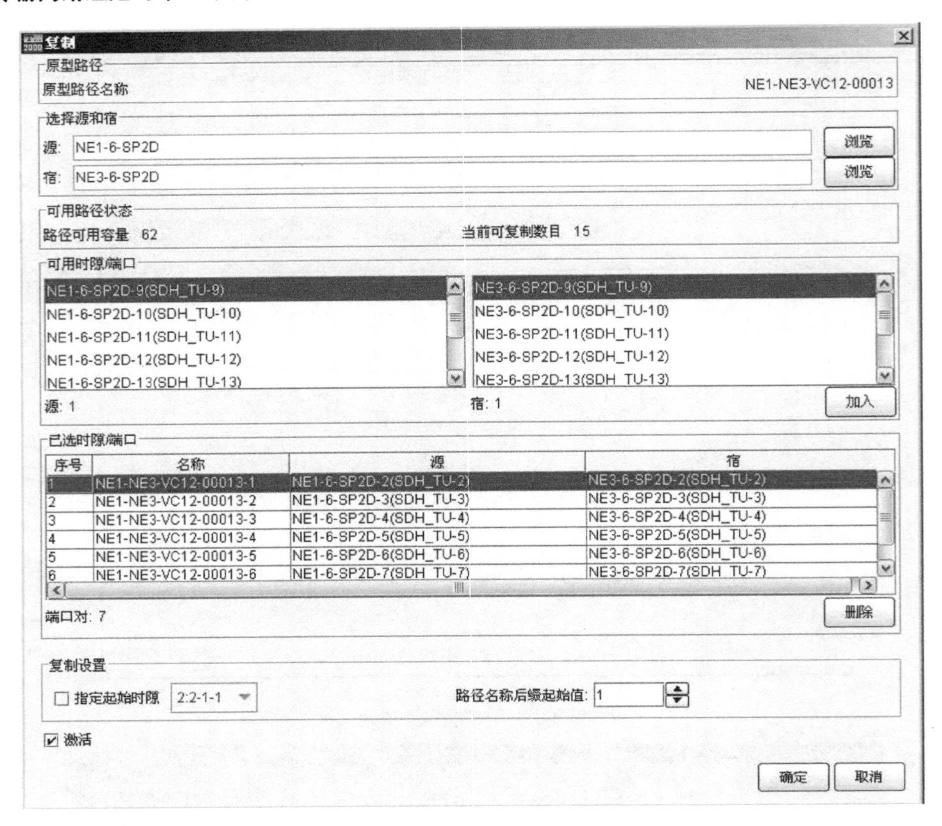

图 2-3-12　按时隙复制业务配置

请参考项目 2 中 1.4.2 所述性能参数配置方法。

12. 查询业务配置告警

请参考项目 2 中 1.4.2 所述告警查询方法。

3.5　任务实施 2——二纤双向通道保护环网络组建与业务开通

3.5.1　工程规划

工程规划阶段需规划出网络拓扑结构、各网元 IP 地址、各网元配置单板、纤缆连接关系、时钟源优先级等。

1. 网络拓扑

二纤双向通道保护环网和二纤单向通道保护环网拓扑结构相同，请参考项目 2 中 3.4.1 节的图 2-3-3。

2. 网元单板配置

各网元单板的配置请参考表 2-1-2。

3. 纤缆连接

纤缆的连接关系可参考表 2-2-2。

4. 网元时间

请参考项目 2 中 1. 4. 1 的网元时间配置。

5. 时钟分配

在本网络中，没有外部时钟源，因此所有网元可以使用内部时钟源。为了了解时钟源跟踪方式，配置 NE1 的内部时钟源为最高优先时钟源，NE2、NE3、NE4 跟踪 NE1 的内部时钟源作为外部时钟源。时钟源优先级见表 2-3-4。

表 2-3-4　时钟源优先级

网　　元	时　钟　源
NE1	内部时钟源
NE2	5-OI4D-1/5-OI4D-2/内部时钟源
NE3	5-OI4D-2/5-OI4D-1/内部时钟源
NE4	5-OI4D-2/5-OI4D-1/内部时钟源

6. 公务电话

公务电话配置请参考图 2-2-5。

7. 业务配置

NE1、NE3 节点间需要组建新的通信线路，各节点间的业务配置见表 2-3-5。

表 2-3-5　节点间业务配置

节点	NE1	NE2	NE3	NE4
NE1			8 * E1	
NE2				
NE3	8 * E1			
NE4				

8. 时隙分配

根据网元单板配置和业务配置情况，为网络中各网元分配时隙，见表 2-3-6。业务配置为单向业务。

表 2-3-6　各网元业务时隙配置

网元名称	NE1		NE2		NE3		NE4	
支路板	6-SP2D				6-SP2D			
时隙分配	1 ~ 8				1 ~ 8			
线路板	5-OI4D-1	5-OI4D-2	5-OI4D-1	5-OI4D-2	5-OI4D-1	5-OI4D-2	5-OI4D-1	5-OI4D-2
VC4 端口	1#	1#	1#	1#	1#	1#	1#	1#
方向	东/西向		东/西向	东/西向	东/西向			

3. 5. 2　二纤双向通道保护环组建及业务开通

1. 启动 T2000 网管

请参考项目 2 中 1. 4. 2 所述网管启动方法。

2. 创建网元

请参考项目 2 中 1. 4. 2 所述创建网元步骤。

3. 配置通信

请参考项目 2 中 1. 4. 2 所述配置通信方法。使用预配置功能忽略此步骤。

4. 创建单板

请参考项目 2 中 1. 4. 2 所述创建单板方法。

5. 创建光纤

依照项目 2 中 1. 4. 2 所述创建光纤方法，根据表 2-2-2 的纤缆连接关系依次创建各网元之间的光纤连接。本任务需要在 NE1、NE2、NE3、NE4 两两之间配置 1 对光纤，配置好的光纤应显示为绿色。

6. 配置及验证公务电话与会议电话

请参考项目 2 中 1. 4. 2 所述公务电话和会议电话配置方法。

7. 创建保护子网

本实验中保护方式为二纤双向通道保护环。

1）在主视图中选择“保护子网→SDH 保护子网创建 ”，进入保护视图。

2）在保护视图主菜单中，选择“二纤双向通道保护环”。在弹出的提示框中单击“确定”按钮，进入“创建 SDH 保护子网”视图，如图 2-3-13 所示。

3）在“创建 SDH 保护子网”视图中，设置以下参数：

➢ 名称：二纤双向通道保护环_1

➢ 容量级别：STM-4

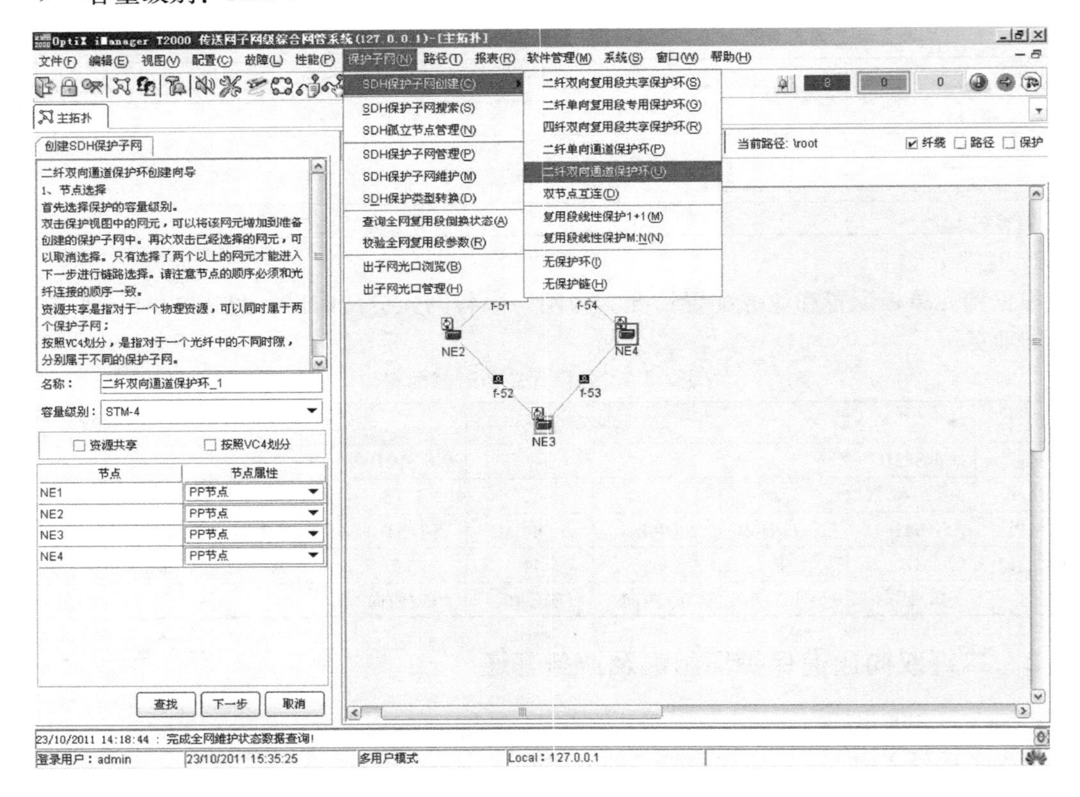

图 2-3-13　创建 SDH 保护子网步骤

4）在图 2-3-13 右边的拓扑图中依次双击 NE1 ~ NE4 的图标，分别将其加入保护通道，节点属性选择“PP 节点”。

5）单击“下一步”。确认链路物理信息，单击“完成”。界面弹出对话框显示保护子网创建成功。

8. 创建服务层路径

1）在主视图中选择“路径→SDH 路径创建”，进入“SDH 路径创建”视图。

2）如图 2-3-14 所示，在“SDH 路径创建”视图左侧菜单中，按照以下参数进行设置：

➢ 方向：双向
➢ 级别：VC4 服务层路径
➢ 资源使用策略：保护资源
➢ 保护优先策略：路径保护优先
➢ 源：NE1
➢ 宿：NE3
➢ 计算路由：自动计算
➢ 创建后进行复制：否

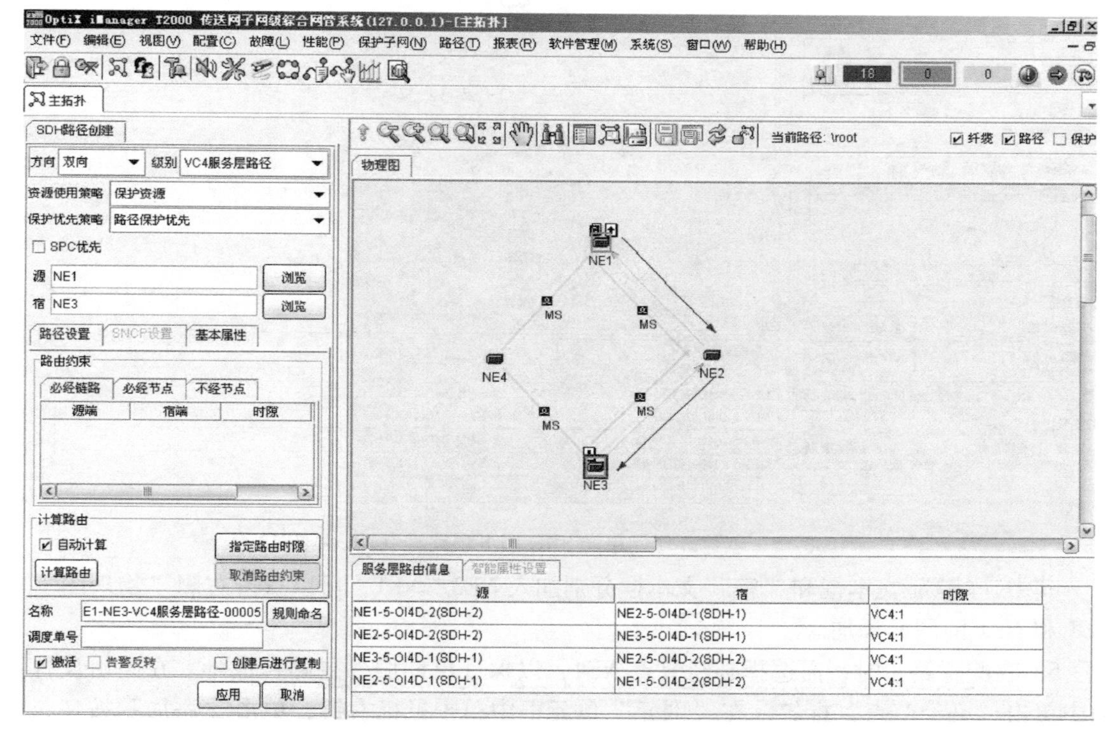

图 2-3-14　创建环形网单向 SDH 服务层路径（NE1→NE3）

其中，“源”文本框和“宿”文本框分别加入 NE1、NE3，可以双击右侧“物理图”中 NE1 和 NE3 的图标添加。

3）确认或修改服务层路径名称，确认服务层路由信息，单击“应用”按钮。界面弹出对话框显示操作成功。

4）如图 2-3-15 所示，在“SDH 路径创建”视图左侧菜单中，按照以下参数进行设置：

➢ 方向：双向
➢ 级别：VC4 服务层路径
➢ 资源使用策略：保护资源
➢ 保护优先策略：路径保护优先

- 源：NE3
- 宿：NE1
- 路径设置-必经节点：NE4
- 计算路由：自动计算
- 创建后进行复制：否

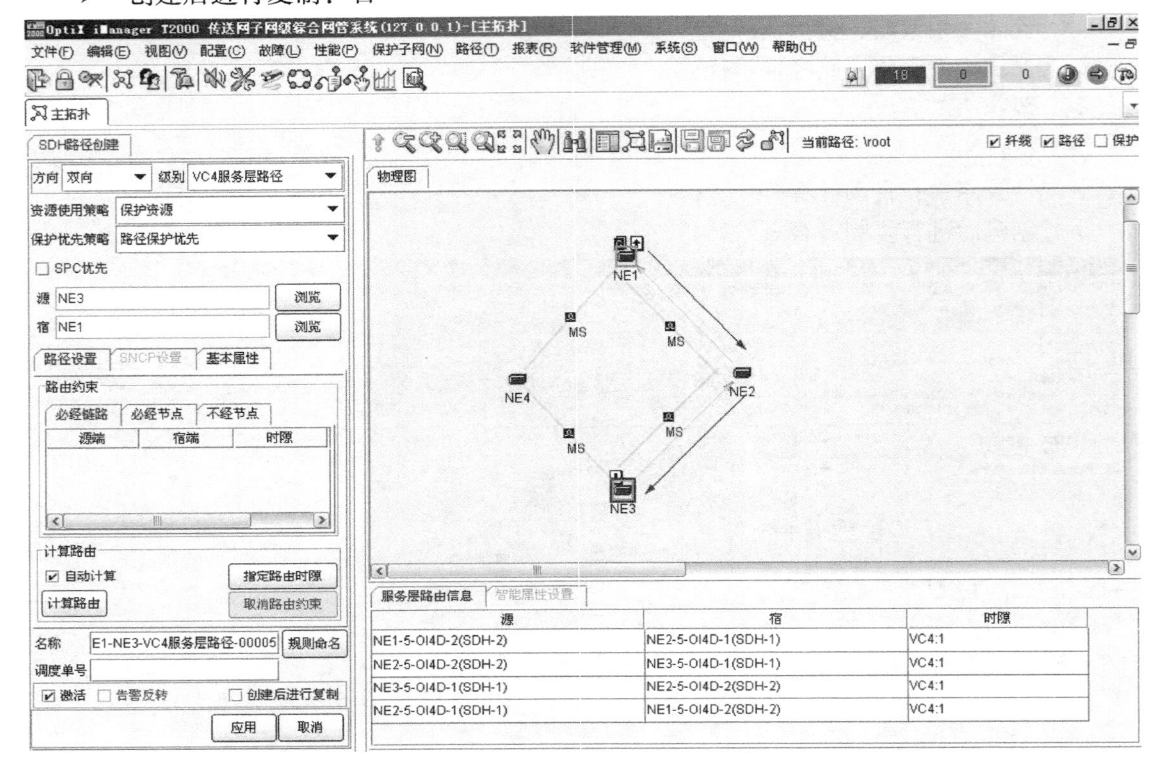

图 2-3-15　创建环形网单向 SDH 服务层路径（NE3→NE1）

其中，“源”文本框和“宿”文本框分别加入 NE3、NE1，可以双击右侧“物理图”中 NE3 和 NE1 的图标添加。

5）在配置路由时，需选择必经节点 NE4，以保证反向服务层路径成环。在路由设置页面中单击“必经节点”标签，在“网元”单元框中单击鼠标右键，单击“添加”按钮，如图 2-3-16 所示。

6）在弹出的对话框中单击“查找”按钮，选择“NE4”，如图 2-3-17 所示。

7）单击“确定”按钮，关闭对话框。

8）确认或修改服务层路径名称，确认服务层路由信息，单击“应用”按钮。界面弹出对话框显示操作成功，单击“关闭”按钮。

9. 创建 SDH 业务（单站配置业务方法）

（1）在 NE1 上创建上/下业务

1）在主视图中选中 NE1 图标，在主菜单中选择“配置→网元管理器”，弹出“网元管理器”视图。

2）在视图的左上方选择操作对象：NE1，并在其左边功能树中选择“配置→SDH 业务

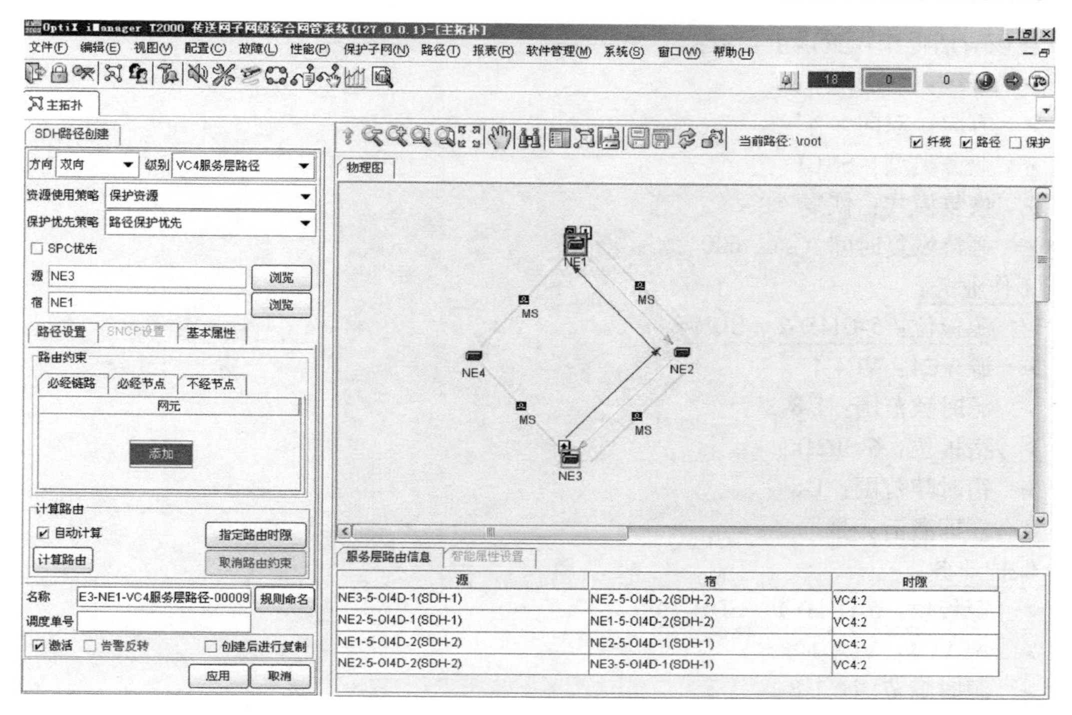

图2-3-16　添加必经路由节点

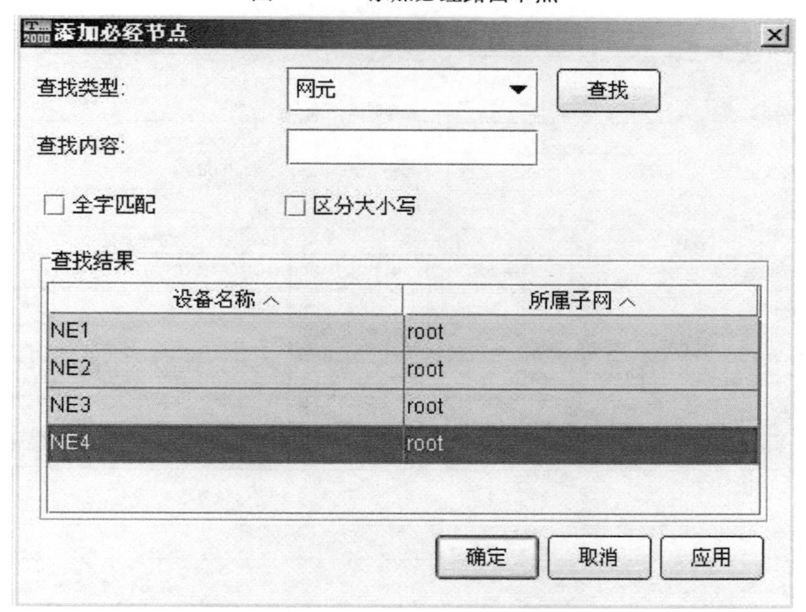

图2-3-17　查找并选定必经路由节点（NE4）

配置”。

3）创建NE1的上/下业务：从光接口板5-OI4D-2（接NE2）及光接口板5-OI4D-1（接NE4）的第1个VC4端口的1～8时隙到支路板6-SP2D的1～8时隙，建立双向业务。

在“SDH业务配置”对话框中，单击“新建SNCP业务”，弹出如图2-3-18所示的对话框，在该对话框中设置以下参数：

- 等级：VC12
- 方向：双向
- 业务类型：SNCP
- 恢复模式：恢复
- 等待恢复时间（s）：600

工作业务：

- 源板位：5-OI4D-2（SDH-2）
- 源 VC4：VC4-1
- 源时隙范围：1-8
- 宿板位：6-SP2D
- 宿时隙范围：1-8
- 立即激活：是

保护业务：

- 源板位：5-OI4D-1（SDH-1）
- 源 VC4：VC4-1
- 源时隙范围：1-8

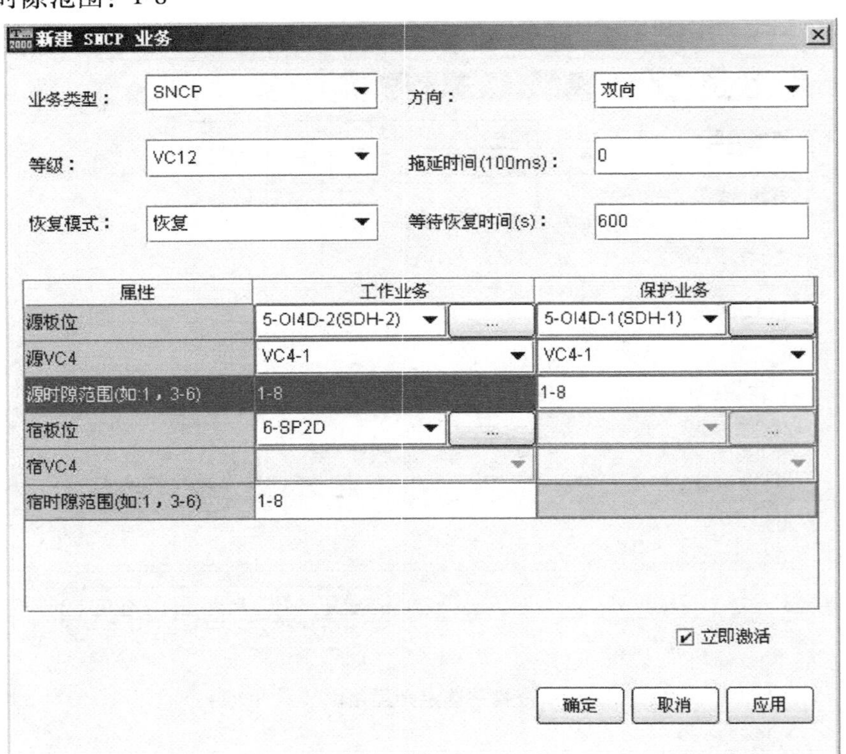

图 2-3-18　创建网元的上/下业务（NE1 的上、下行）

4）单击“应用”按钮，关闭弹出的操作成功对话框。

（2）在 NE2 上创建穿通业务

1）在主视图中选中 NE2 图标，在主菜单中选择“配置→网元管理器”，弹出“网元管理器”视图。

2）在视图左上方选择操作对象：NE2，并在其左边功能树中选择“配置→SDH 业务配置”。

3）创建 NE2 的 E1 穿通业务：从光口板 5-OI4D-1 的第一个 VC4 端口的 1～8 时隙，到光接口板 5-OI4D-2 的第 1 个 VC4 端口的 1～8 时隙，建立双向穿通业务。本步骤系统自动完成。

（3）在 NE3 上创建上/下业务

1）在主视图中选中 NE3 图标，在主菜单中选择“配置→网元管理器”，弹出“网元管理器”视图。

2）在视图左上方选择操作对象：NE3，并在其左边功能树中选择“配置→SDH 业务配置”，弹出“SDH 业务配置”对话框。

3）创建 NE3 的上/下业务：从光接口板 5-OI4D-2（NE2）及光接口板 5-OI4D-1（NE4）的第 1 个 VC4 端口的 1～8 时隙到支路板 6-SP2D 的 1～8 时隙，建立双向业务。

4）单击“新建 SNCP 业务”，如图 2-3-19 所示，在“新建 SNCP 业务”对话框中设置以下参数：

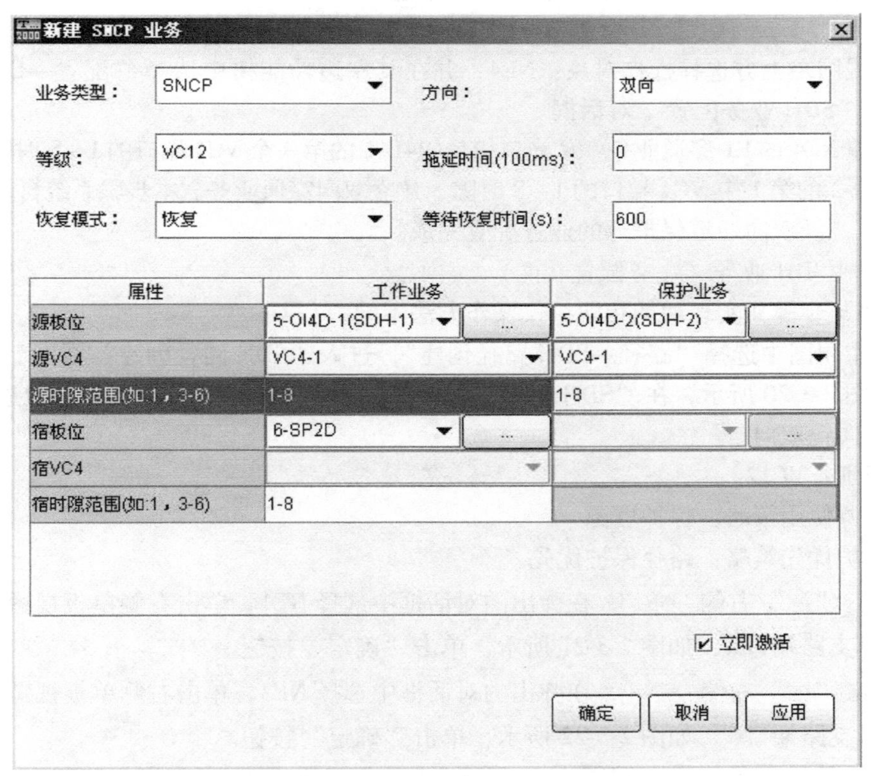

图 2-3-19　创建网元的上/下业务（NE3 的上、下行）

➢ 等级：VC12
➢ 方向：双向
➢ 业务类型：SNCP

➢ 恢复模式：恢复
➢ 等待恢复时间（s）：600

工作业务：
➢ 源板位：5-OI4D-1（SDH-1）
➢ 源 VC4：VC4-1
➢ 源时隙范围：1-8
➢ 宿板位：6-SP2D
➢ 宿时隙范围：1-8
➢ 立即激活：是

保护业务：
➢ 源板位：5-OI4D-2（SDH-2）
➢ 源 VC4：VC4-1
➢ 源时隙范围：1-8

5）单击“应用”按钮，关闭弹出的操作成功对话框。

（4）在 NE4 上创建穿通业务

1）在主视图中选中 NE4 图标，在主菜单中选择“配置→网元管理器”，弹出“网元管理器”视图。

2）在视图左上方选择操作对象：NE4，并在其左边功能树中选择“配置→SDH 业务配置”，弹出“SDH 业务配置”对话框。

3）创建 NE4 的 E1 穿通业务：从光口板 5-OI4D-1 的第一个 VC4 端口的 1 ~8 时隙，到光接口板 5-OI4D-2 的第 1 个 VC4 端口的 1 ~8 时隙，建立双向穿通业务。本步骤系统自动完成。

至此，二纤双向通道保护环的业务配置完成。

10. 创建 SDH 业务（业务配置功能）

本步骤与步骤 9 实现功能相同，仅操作方法不同。

1）在主视图中选择“路径→SDH 路径创建”，进入“SDH 路径创建”视图。

2）如图 2-3-20 所示，在“SDH 路径创建”视图左侧菜单中，按照以下参数进行设置：

➢ 方向：双向
➢ 级别：VC12
➢ 资源使用策略：保护资源
➢ 保护优先策略：路径保护优先

3）双击“源”右侧 浏览 ，在弹出的对话框中选择 NE1，单击右侧单板视图中的 SP2D 单板，选择支路端口 1，如图 2-3-21 所示，单击“确定”按钮。

4）双击“宿”右侧 浏览 ，在弹出的对话框中选择 NE3，单击右侧单板视图中的 SP2D 单板，选择支路端口 1，如图 2-3-22 所示，单击“确定”按钮。

5）在“SDH 路径创建”视图中左下侧“名称”文本框中输入此业务名称，可以为默认。

6）在“SDH 路径创建”视图中左下侧勾选“创建后进行复制”。单击“应用”，界面弹出对话框显示操作成功，单击“关闭”按钮。

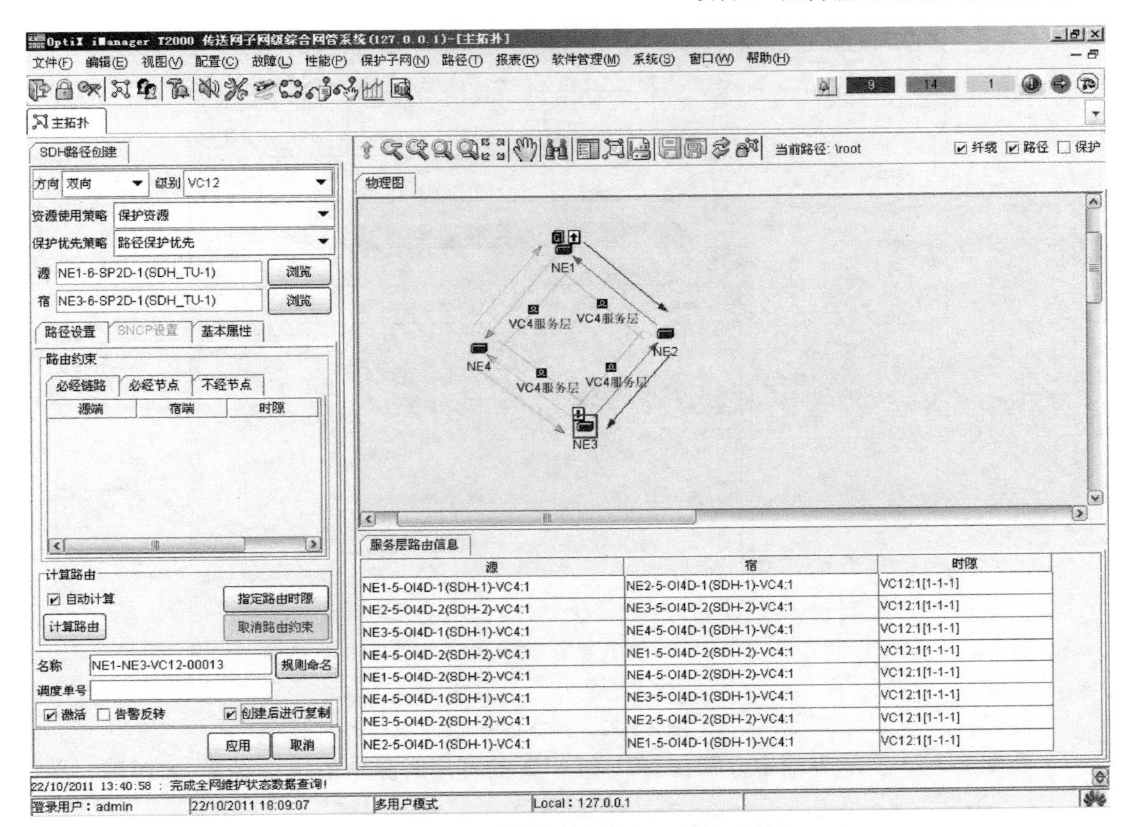

图 2-3-20　自动创建双向业务（NE1↔NE3）

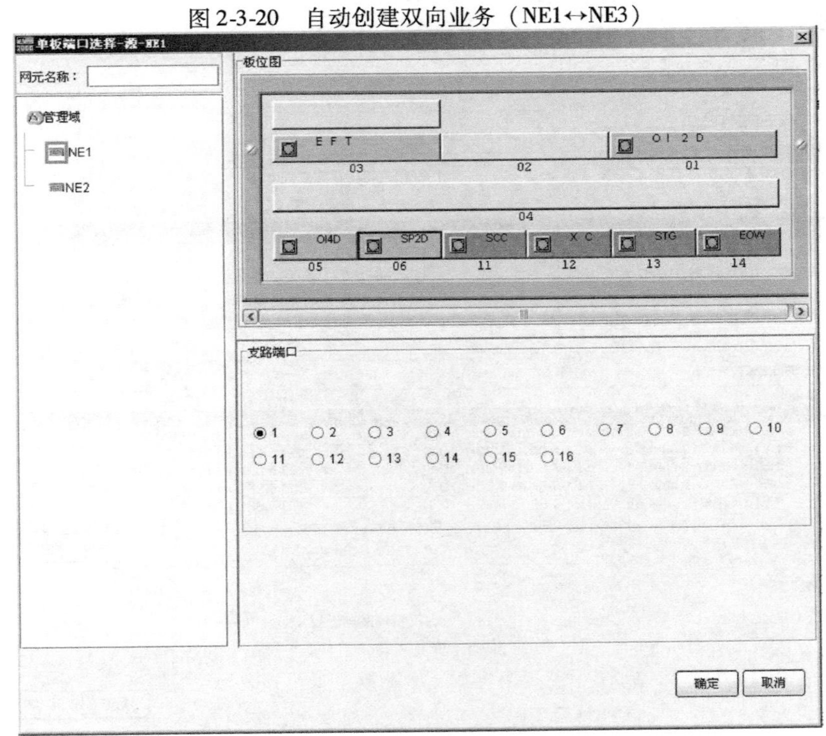

图 2-3-21　配置源网元

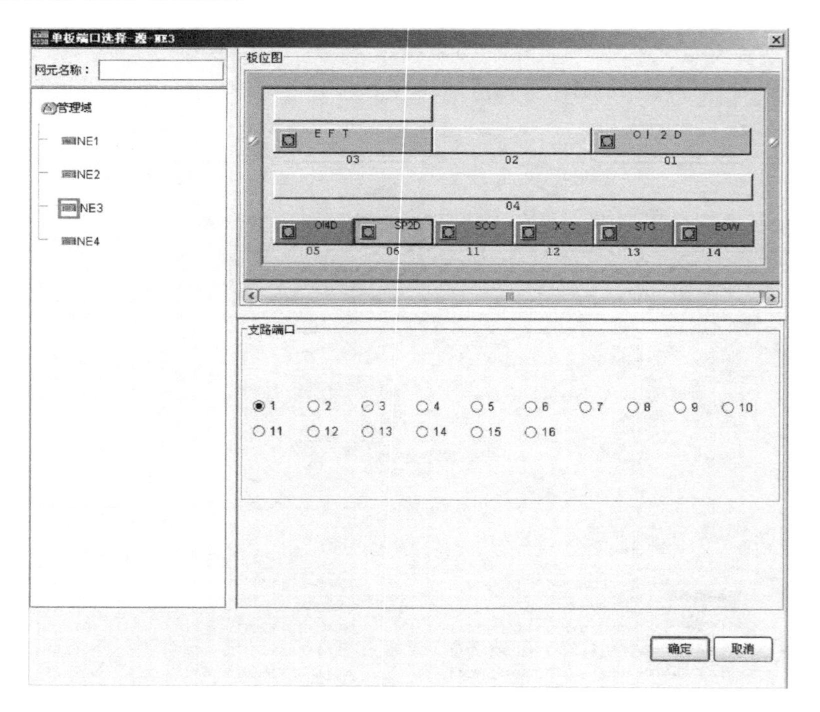

图 2-3-22　配置宿网元

7）在图 2-3-23 所示界面中分别在 NE1 和 NE3 的可用时隙中依次选择 2 ~ 8 时隙，单击

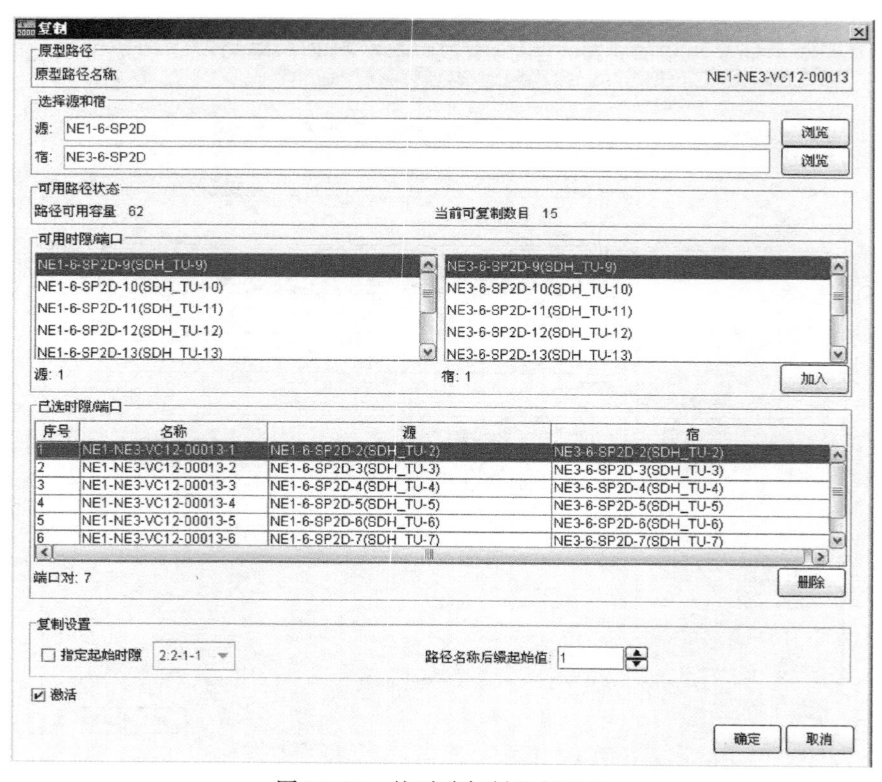

图 2-3-23　按时隙复制业务配置

“加入”按钮，然后单击“确定”按钮，界面弹出对话框显示复制成功。

8）单击“取消”按钮，关闭“SDH 路径创建”视图。

11. 配置性能参数

请参考项目2中1.4.2所述性能参数配置方法。

12. 查询业务配置告警

请参考项目2中1.4.2所述告警查询方法。

3.6　任务评价

<table>
<tr><th colspan="6">任务评价表</th></tr>
<tr><td colspan="2">任务名称</td><td colspan="4">环形网络组建与业务开通（通道保护）</td></tr>
<tr><td colspan="2">班　级</td><td></td><td>小组编号</td><td colspan="2"></td></tr>
<tr><td colspan="2">成员名单</td><td></td><td>时　间</td><td colspan="2"></td></tr>
<tr><td colspan="2">评价要点</td><td>要点说明</td><td>分　值</td><td>得分</td><td>备注</td></tr>
<tr><td colspan="2" rowspan="5">准备工作
（20分）</td><td>工作任务和要求是否明确</td><td>2</td><td></td><td></td></tr>
<tr><td>实验设备准备</td><td>2</td><td></td><td></td></tr>
<tr><td>T2000网管的安装调试准备</td><td>2</td><td></td><td></td></tr>
<tr><td>相关知识的准备</td><td>6</td><td></td><td></td></tr>
<tr><td>网络拓扑和网元信息规划</td><td>8</td><td></td><td></td></tr>
<tr><td rowspan="16">任务实施（60分）</td><td rowspan="8">单向通道保护环</td><td>创建和配置网元</td><td>6</td><td></td><td></td></tr>
<tr><td>创建光纤</td><td>4</td><td></td><td></td></tr>
<tr><td>配置公务和会议电话，验证通话</td><td>4</td><td></td><td></td></tr>
<tr><td>创建保护子网</td><td>2</td><td></td><td></td></tr>
<tr><td>创建服务层路径</td><td>4</td><td></td><td></td></tr>
<tr><td>创建 SDH 业务</td><td>6</td><td></td><td></td></tr>
<tr><td>查询网元性能</td><td>2</td><td></td><td></td></tr>
<tr><td>查询业务配置告警</td><td>2</td><td></td><td></td></tr>
<tr><td rowspan="8">双向通道保护环</td><td>创建和配置网元</td><td>6</td><td></td><td></td></tr>
<tr><td>创建光纤</td><td>4</td><td></td><td></td></tr>
<tr><td>配置公务和会议电话，验证通话</td><td>4</td><td></td><td></td></tr>
<tr><td>创建保护子网</td><td>2</td><td></td><td></td></tr>
<tr><td>创建服务层路径</td><td>4</td><td></td><td></td></tr>
<tr><td>创建 SDH 业务</td><td>6</td><td></td><td></td></tr>
<tr><td>查询网元性能</td><td>2</td><td></td><td></td></tr>
<tr><td>查询业务配置告警</td><td>2</td><td></td><td></td></tr>
<tr><td colspan="2" rowspan="4">操作规范
（20分）</td><td>遵守机房工作和管理制度</td><td>4</td><td></td><td></td></tr>
<tr><td>各小组固定位置，按任务顺序展开工作</td><td>4</td><td></td><td></td></tr>
<tr><td>按规范操作，防止损坏仪器仪表</td><td>6</td><td></td><td></td></tr>
<tr><td>保持环境卫生，不乱扔废弃物</td><td>6</td><td></td><td></td></tr>
</table>

任务4　复杂形网络组建与业务开通

4.1　任务描述

本任务主要完成光传输相切环形网络组建和业务开通，介绍了以 OptiX 155/622H 设备及 OSN 2500 设备搭建相切环形网络的过程。通过任务实施过程了解复杂光传输网络的结构与业务配置流程，学习 T2000 网管操作和设备间线缆的连接操作。

本任务主要适用于以下岗位的工作环节和操作技能的训练：

■　安装调测工程师

■　数据配置工程师

■　系统维护工程师

本任务的练习使学生基本掌握如下知识和技能：

■　熟悉 OptiX 155/622H 设备/OSN 2500 设备的板件组成

■　熟悉 OptiX 155/622H 设备/OSN 2500 设备的逻辑结构

■　学会以 OptiX 155/622H 设备/OSN 2500 设备组建相切环形网络

■　学会相切环形网络上配置保护路径的方法

■　学会相切环形网络上配置业务的方法

■　学会相切环形网络上配置公务的方法

4.2　任务单

<table>
<tr><td>工作任务</td><td colspan="3">复杂形网络组建与业务开通</td><td>学时</td><td>4</td></tr>
<tr><td>班级</td><td></td><td>小组编号</td><td></td><td>成员名单</td><td></td></tr>
<tr><td>任务描述</td><td colspan="5">学生分组，根据要求利用 OptiX 155/622H 设备及 OSN 2500 设备搭建相切环形网络，并进行相切环形网络配置操作、业务和公务电话配置开通等</td></tr>
<tr><td>所需设备及工具</td><td colspan="5">6 部 OptiX 155/622H 设备、1 部 OSN 2500 设备、ODF 架、信号电缆、光纤、T2000 网管软件</td></tr>
<tr><td>工作内容</td><td colspan="5">● 相切环形网组网规划
● OptiX 155/622H 及 OSN 2500 设备连接操作
● OptiX 155/622H 及 OSN 2500 设备配置操作
● 相切环形网公务、保护子网配置操作
● 相切环形网业务配置操作
● 相切环形网业务验证操作</td></tr>
<tr><td>注意事项</td><td colspan="5">● 遵守机房工作和管理制度
● 注意用电安全、谨防触电
● 按规范操作，防止损坏仪器仪表
● 爱护工具仪器</td></tr>
</table>

4.3 知识准备

4.3.1 相切环形拓扑组网

相切环形网络结构如图2-4-1所示。图中三个环相切于公共节点网元A，网元A可以是DXC（Digital Cross Connect），也可用ADM（Add-Drop Multiplexer）等效，环Ⅱ和环Ⅲ均为网元A的低速支路。这种组网方式可使环间业务任意互通，具有比通过支路跨接环网更大的业务疏导能力，业务可选路由更多，系统冗余度更高。不过这种组网存在重要节点网元A的安全保护问题。

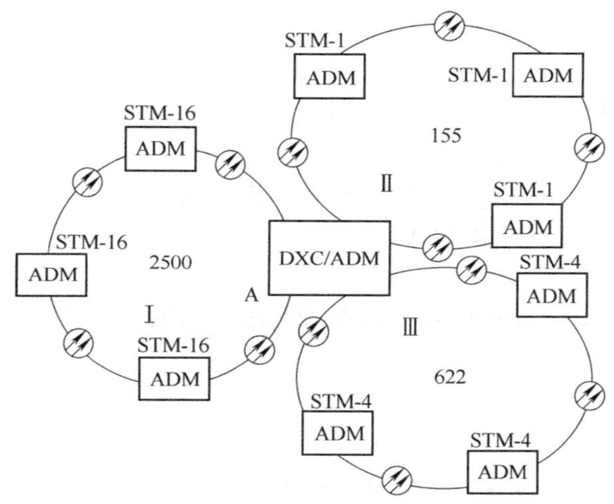

图2-4-1　相切环形网络结构

4.3.2 子网连接保护原理

SDH网络保护的方式可以分为两大类，即路径保护和子网连接保护。路径保护包括线性系统的复用段保护、环网的复用段保护和环网的通道保护；子网连接保护（Sub-network Connection Protection，SNCP）是一种专用的保护机理，可用于任何物理结构（如网状网、环形网或混合结构）的电信传输网及分层传输网中的任何通道层，可作为保护通道的一部分，也可作为整个端到端的通道。SNCP根据对换启动条件监测方式的不同，可以分为利用固有监测的子网连接保护（SNC/I）和利用非介入式监测的子网连接保护（SNC/N）两种；根据对保护路径利用情况的不同，可以分为1+1的SNCP和1∶1的SNCP两种；根据工作路径正常倒换是否返回，可以分为返回式SNCP和非返回式SNCP两种；根据对SNCP两端倒换时是否协同动作，又可分为单向倒换保护和双向倒换保护两种。

SNCP每个传输方向的保护通道都与工作通道走不同的路由，如图2-4-2所示（图中只标出了信号的一个方向）。图中，网元A和B之间通过SNCP传送业务，即网元A通过桥接的方式分别通过子网1（工作SNC）和子网2（保护SNC）将业务传向网元B，而网元B则通过一个倒换开关按照倒换准则从两个方向选取一路业务信息。

SNCP采用的是双发选收的工作方式，业务在工作和保护子网连接上同时传送，当工作子网连接失效或性能劣化到某一规定的水平时，在子网连接的接收端根据优选准则选择保护子网连接上的信号。

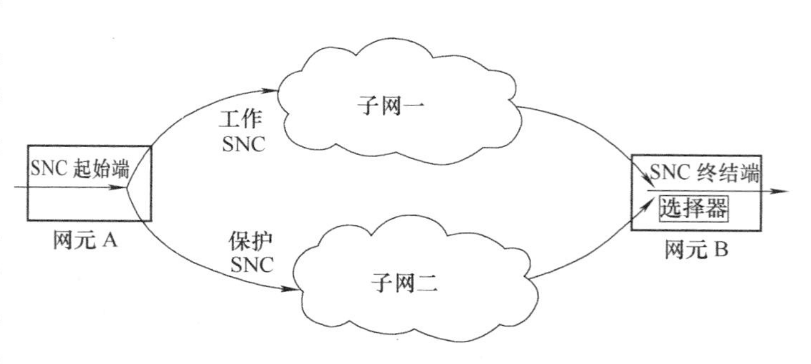

图 2-4-2　子网连接保护示意图

业务宿所处单板为 SDH 单元时，由线路单元对故障引发的告警事件进行监测。当倒换条件发生时，线路单元通过中断形式上报传输网元主机。主机软件根据上报的监测结果通知交叉单元重新配置交叉矩阵数据，由交叉单元实现保护功能。

业务宿所处单板为线路单元时，当交叉单元检测到线路单元不在位时，切换交叉矩阵实现保护功能。

对于业务宿在 PDH 单元上的情况，主机对子网连接保护的处理与通道保护完全一致，由支路板通过选择总线完成倒换。

可保护信号级别有 VC-4（包括 STM-1 信号、E4 PDH 信号）、VC-3（E3 PDH 信号、T3 PDH 信号）以及 VC-12（E1 PDH 信号）。

4.4　任务实施——子网连接保护相切环形网络组建与业务开通

4.4.1　工程规划

工程规划阶段需规划出网络拓扑结构、各网元 IP 地址、各网元配置单板、纤缆连接关系、时钟源优先级等。

1. 网络拓扑

本实验 NE1、NE2、NE3 和 NE4 组建环形网络 A，NE3、NE5、NE6 和 NE7 组建环形网络 B，其中 NE3 作为两环相切的节点网元。环形网络 A 使用二纤双向复用段子网保护，环形网络 B 使用二纤单向 SNCP 保护，同时，整个网络需要配置公务电话。相切环形网的网络拓扑结构如图 2-4-3 所示。

NE1 ~ NE7 及网管需要配置为同一网段的 IP 地址，且连接网管服务器的 NE 需要配置为网关。

在本任务中 NE1 ~ NE7 的设备参数对应关系见表 2-4-1。

表 2-4-1　网元设备参数对应关系

设备标志	设备名称	设备 ID	设备扩展 ID	地址分配
NE9-10001	NE1	10001	9	129.9.11.101
NE9-10002	NE2	10002	9	129.9.11.102
NE9-20003	NE4	20004	9	129.9.11.104
NE9-20004	NE5	30005	9	129.9.11.105
NE9-30005	NE6	30006	9	129.9.11.106
NE9-30006	NE7	20003	9	129.9.11.103
NE9-4001	NE3	4001	9	129.9.11.201

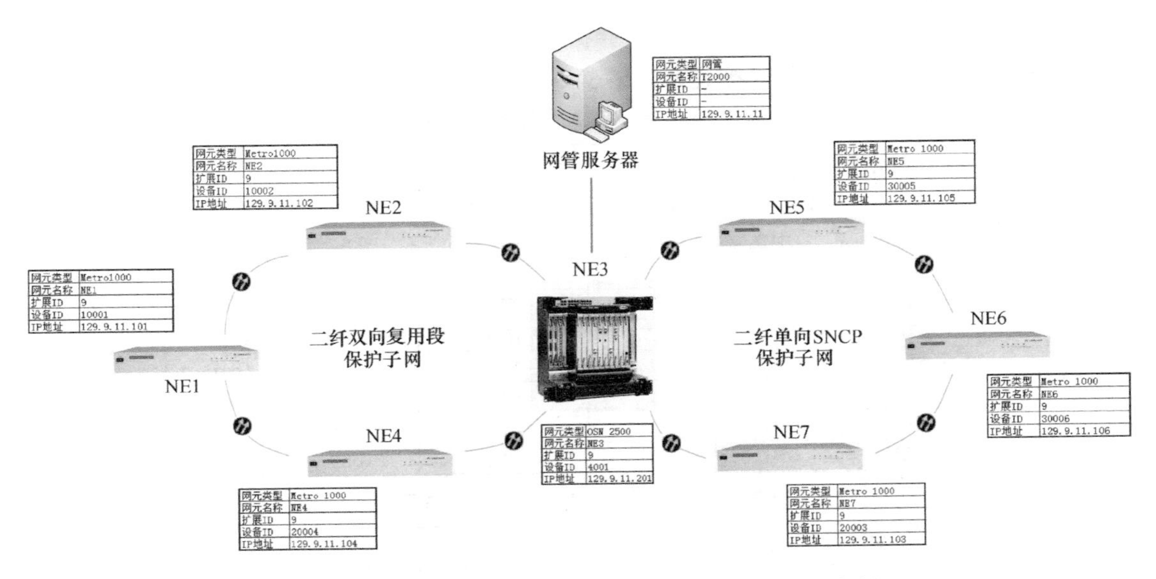

图 2-4-3　相切环形网的网络拓扑结构及 IP 地址分配举例

2. 网元单板配置

OptiX 155/622H 网元单板的配置情况见表 2-4-2，OSN2500 处理单板和出线单板端口对应关系分别见表 2-4-3 和表 2-4-4。

表 2-4-2　OptiX155/622H 网元单板的配置

<table>
<tr><td colspan="2">IU3-EFT</td><td colspan="2">IU2</td><td colspan="2">IU1-OI2D</td></tr>
<tr><td colspan="6">IU4</td></tr>
<tr><td>IU5-OI4D</td><td>IU6-SP2D</td><td>IU11-SSC</td><td>IU12-XC</td><td>IU13-STG</td><td>IU14-EOW</td></tr>
</table>

表 2-4-3　OSN 2500 处理单板端口对应关系

槽位号	Slot5	Slot6	Slot7	Slot8	Slot9	Slot10	Slot11	Slot12	Slot13	Slot14
单板		PQ1	EFS0	SL4A	CXLLN	CXLLN	SL4A	EFT8A		SAP
端口				STM-4	STM-4	STM-4	STM-4	FE1		
								FE2		
								FE3		
								FE4		
								FE5		
								FE6		COM
								FE7		
								FE8		ETH

表 2-4-4　OSN 2500 出线单板端口对应关系

槽位号	Slot1	Slot2	Slot3	Slot4	Slot15	Slot16	Slot17	Slot18
单板	D75S	D75S	EFT8A					
端口	DB44	DB44	FE1					
	DB44	DB44	FE2					
	DB44	DB44	FE3					
	DB44	DB44	FE4					
			FE5					
			FE6					
			FE7					
			FE8					

3. 纤缆连接

按照组网结构建立纤缆的连接关系，见表2-4-5、表2-4-6。

表2-4-5 相切环A纤缆的连接关系

本端信息				对端信息			
网元名称	槽位	单板名称	端口号	网元名称	槽位	单板名称	端口号
NE1	IU5	OI4D	2	NE2	IU5	OI4D	1
	IU5	OI4D	1	NE4	IU5	OI4D	2
NE2	IU5	OI4D	1	NE1	IU5	OI4D	2
	IU5	OI4D	2	NE3	Slot8	N1SL4	1
NE3	Slot8	N1SL4	1	NE2	IU5	OI4D	2
	Slot11	N1SL4	1	NE4	IU5	OI4D	1
NE4	IU5	OI4D	1	NE3	Slot11	N1SL4	1
	IU5	OI4D	2	NE1	IU5	OI4D	1

表2-4-6 相切环B纤缆的连接关系

本端信息				对端信息			
网元名称	槽位	单板名称	端口号	网元名称	槽位	单板名称	端口号
NE5	IU5	OI4D	2	NE6	IU5	OI4D	1
	IU5	OI4D	1	NE3	Slot10	Q1SL4	1
NE6	IU5	OI4D	1	NE5	IU5	OI4D	2
	IU5	OI4D	2	NE7	IU5	OI4D	1
NE7	IU5	OI4D	2	NE3	Slot9	Q1SL4	1
	IU5	OI4D	1	NE6	IU5	OI4D	2
NE3	Slot10	Q1SL4	1	NE5	IU5	OI4D	1
	Slot9	Q1SL4	1	NE7	IU5	OI4D	2

4. 网元时间

请参考项目2中1.4.1的网元时间配置。

5. 时钟分配

稳定的时钟是网元正常工作的基础，在配置业务之前必须为所有网元配置时钟。对于复杂网络，还需要配置时钟保护。

在本网络中，没有外部时钟源，因此所有网元均使用内部时钟源。为了了解时钟源跟踪方式，配置NE3的内部时钟源为最高优先时钟源，NE1、NE2、NE4～NE7跟踪NE3的内部时钟源以作为其外部时钟源。时钟源优先级见表2-4-7。

表2-4-7 时钟源优先级

网元	时钟源
NE1	5-OI4D-1/5-OI4D-2/内部时钟源
NE2	5-OI4D-1/5-OI4D-2/内部时钟源
NE3	内部时钟源
NE4	5-OI4D-1/5-OI4D-2/内部时钟源
NE5	5-OI4D-1/5-OI4D-2/内部时钟源
NE6	5-OI4D-1/5-OI4D-2/内部时钟源
NE7	5-OI4D-1/5-OI4D-2/内部时钟源

6. 公务电话

配置公务电话的网络结构，各网元公务电话和会议电话的设置如图 2-4-4 所示。

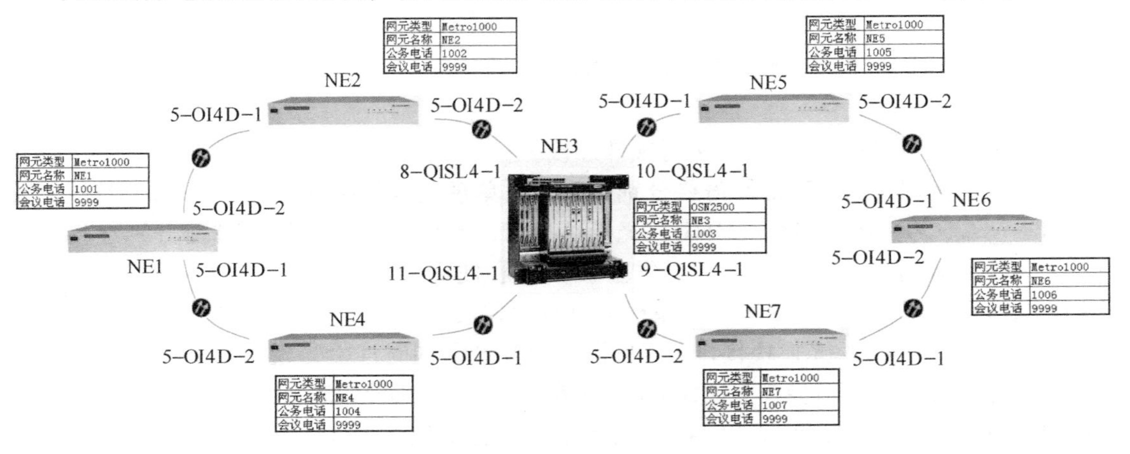

图 2-4-4　各网元公务电话和会议电话

7. 业务配置

NE1、NE6 节点间需要组建新的通信线路，各节点间的业务配置见表 2-4-8。

表 2-4-8　节点间业务配置

节点	NE1	NE2	NE3	NE4	NE5	NE6	NE7
NE1						8 * E1	
NE2							
NE3							
NE4							
NE5							
NE6	8 * E1						
NE7							

8. 时隙分配

根据网元单板配置和业务配置情况，为网络中各网元分配时隙，见表 2-4-9。

表 2-4-9　子网连接保护相切环形组网下各网元业务时隙配置

网元名称	NE1		NE2		NE3			
支路板		6-SP2D						
时隙分配		1 ~ 8						
线路板	5-OI4D-1	5-OI4D-2	5-OI4D-1	5-OI4D-2	8-N1SL4-1	9-Q1SL4-1	10-Q1SL4-1	11-N1SL1-1
VC4 端口	1#	1#	1#	1#	1#	1#	1#	1#
方向		东向/西向	西向/东向	东向/西向	西向/东向	东向/西向	东向	
网元名称	**NE4**		**NE5**		**NE6**		**NE7**	
支路板					6-SP2D			
时隙分配					1 ~ 8			
线路板	5-OI4D-1	5-OI4D-2	5-OI4D-1	5-OI4D-2	5-OI4D-1	5-OI4D-2	5-OI4D-1	5-OI4D-2
VC4 端口	1#	1#	1#	1#	1#	1#	1#	1#
方向			西向	东向	东向/西向	东向	西向	东向

4.4.2 子网连接保护相切环形网络组建与业务开通

1. 启动 T2000 网管

请参考项目 2 中 1.4.1 所述网管启动方法。

2. 创建网元

参照图 2-4-3 的网络拓扑结构进行硬件连接。

二纤双向复用段保护环形网需要分别使用 1 对单模光纤连接网元 OptiX 155/622H 设备的 NE1、NE2、NE4 的线路板（OI4D）光模块接口，其中同一根光纤两端需分别连接两端设备光模块的 Rx 接口和 Tx 接口，纤缆连接关系和使用接口单板详见表 2-4-5。二纤单向 SNCP 保护环形网需要分别使用 1 对单模光纤连接网元 OptiX 155/622H 设备的 NE5、NE6、NE7 的线路板（OI4D）光模块接口，其中同一对光纤需同时连接光模块的 Rx 接口和 Tx 接口，纤缆连接关系和使用接口单板详见表 2-4-6。分别连接 OSN 2500（NE3）Slot8、Slot11 的光接口与 NE2、NE4 的线路板（OI4D）的光接口，连接 OSN 2500（NE3）Slot9、Slot10 的光接口与 NE5、NE7 的线路板（OI4D）的光接口。同时使用 Ethernet 线缆连接 T2000 服务器主机与作为网关网元设备的 Ethernet 接口，本任务使用 NE3 作为网关网元。纤缆连接关系如图 2-4-5 所示。

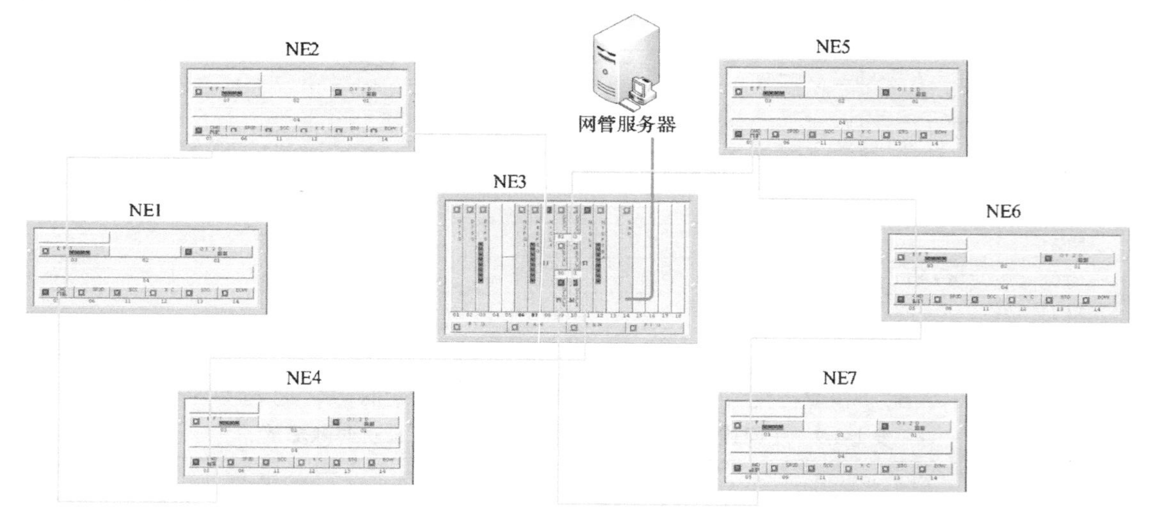

图 2-4-5 纤缆连接关系

连接后执行如下操作步骤：

1）检查 T2000 与网关网元之间的通信线缆是否正常连接。

2）在 T2000 网管软件主菜单中，选择“文件→设备搜索”，进入“设备搜索”窗口。

3）如果“搜索域”为空白，请转向步骤 4）；如果“搜索域”的“网段”为网关网元所在 IP 网段，请转向步骤 6）。

4）单击“增加”，进入“搜索域输入”对话框，如图 2-4-6 所示。在对话框中输入以下内容：

- 地址类型：网关网元所在 IP 网段
- 搜索地址：129. 9. 255. 255

■　用户名：root

■　密码：password

网元搜索域参数设置界面如图2-4-6所示。

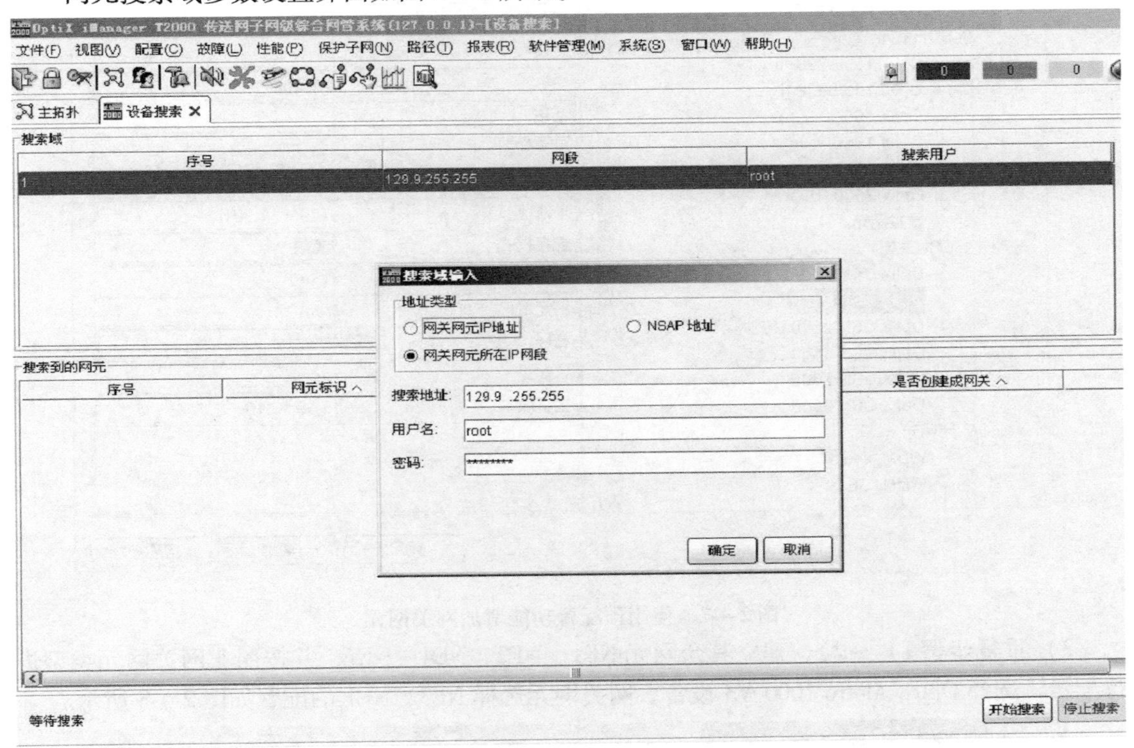

图2-4-6　网元搜索域参数设置界面

5）单击“确定”按钮，输入的IP网段会增加在“搜索域”列表中。

6）在“搜索域”列表中选中输入的IP域，单击“开始搜索”按钮，系统就会自动开始设备搜索，搜索到的网元及链路将显示在“搜索到的网元”的列表中。

7）在“搜索到的网元”列表中选择要创建的网元NE1～NE7，单击“创建网元”，进入“创建网元”对话框。

8）输入网元默认用户名：root，密码：password。

9）单击“确定”按钮。弹出“所选网元已被创建”的提示框，同时在主视图上会增加相应网元图标。

当使用预配置功能进行业务配置时，操作步骤如下：

1）在物理拓扑图中单击鼠标右键，选择“新建→设备”选项；或在主菜单中选择“文件→新建→设备”选项，将光标点在物理图中，按组网拓扑中的网元个数虚拟添加各个网元。

2）在弹出的“增加对象”对话框中，选择“OptiX OSN 2500”，对于NE3按照网关类型配置，如图2-4-7所示。

其中，ID按照学生分组配置，扩展ID配置为9，NE3选择OptiX OSN 2500设备，配置网关类型为“网关”，网关IP地址为NE3配置的IP地址，端口输入1400，输入对应网元用户的密码，在预配置复选框中进行勾选，单击“应用”按钮后关闭。

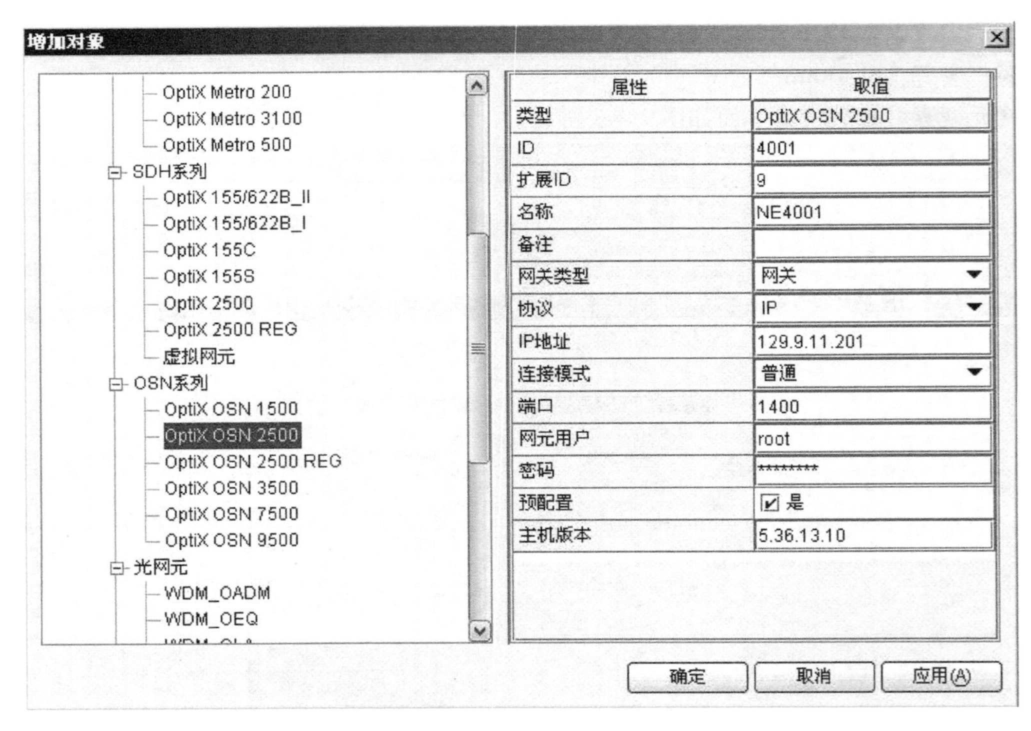

图 2-4-7　使用预配置功能增加网关网元

3）重复步骤 1）～2），建立其余网元 NE1、NE2、NE4～NE7，并按照非网关网元类型进行配置，选择 OptiX Metro 1000 V3 设备，网关网元选择 NE3，NE1 的配置如图 2-4-8 所示。

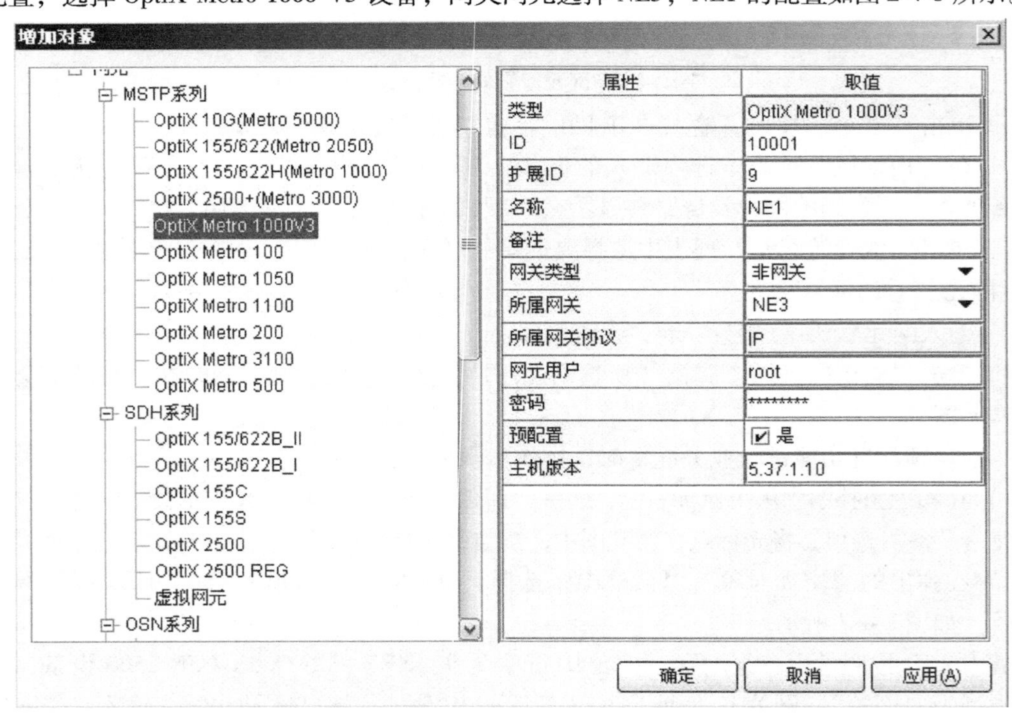

图 2-4-8　使用预配置功能增加非网关网元

> ⚠注意：
> 使用预配置功能，各客户端配置的网元 ID 需不同，可以按照实验分组进行网元 ID 设置，然后上载。

3. 配置通信

OptiX 155/622H（Metro 1000）设备与 OSN 2500 设备仅设备型号不相同，配置通信方法相同，请参考项目 2 中 1.4.2 所述配置通信方法。使用预配置功能忽略此步骤。

4. 创建单板

1）在主视图上，双击 NE 图标，打开网元配置向导。

2）选择“手工配置”，单击“下一步”按钮，出现提示对话框。

3）对提示内容进行确认，如果要继续，单击“确定”按钮，进入“设置网元属性”窗口。

4）确认 NE3 网元属性为：

■　设备类型：OptiX OSN 2500 +

■　子架类型：Ⅰ型子架

NE1、NE2、NE4 ~ NE7 网元属性为：

■　设备类型：OptiX Metro 1000 V3

■　子架类型：Ⅰ型子架

5）单击“下一步”按钮，进入网元面板图。单击“查询物理板位”，则网元侧已安装的单板将在面板图上显示，如图 2-4-9 所示。

6）单击“下一步”按钮，选择“校验开工”，单击“完成”按钮，将配置数据下发到网元侧。

7）按照步骤 1）～步骤 6）的方法，配置 NE1、NE2、NE4 ~ NE7。

8）对于预配置功能，除步骤 5）需手工逐一添加单板外，其余步骤不变。

5. 创建光纤

1）在主视图的快捷图标中，选中，光标变成■。

2）在主视图中单击选择光纤源端网元：NE3，并选择源单板：8-N1SL4，源端口：1，如图 2-4-10 所示。

3）在主视图中单击选择光纤宿端网元：NE2，并选择宿端单板：5-OI4D，宿端端口：2，如图 2-4-11 所示。

4）在图 2-4-12 所示的“创建纤缆”对话框中选择光纤的各种属性，并单击“确定”按钮。

5）按照步骤 1）～步骤 4），根据表 2-4-5、表 2-4-6 的纤缆连接关系依次创建各网元之间的光纤连接。本实验需要在 NE1 ~ NE7 两两之间配置 1 对光纤，配置好的光纤应显示为绿色，如图 2-4-13 所示。

6. 配置及验证公务电话与会议电话

请参考项目 2 中 1.4.2 所述公务电话和会议电话配置方法。

7. 创建二纤复用段保护环

本任务中相切两环的保护方式分别为二纤双向复用段保护环和二纤单向 SNCP 保护环。

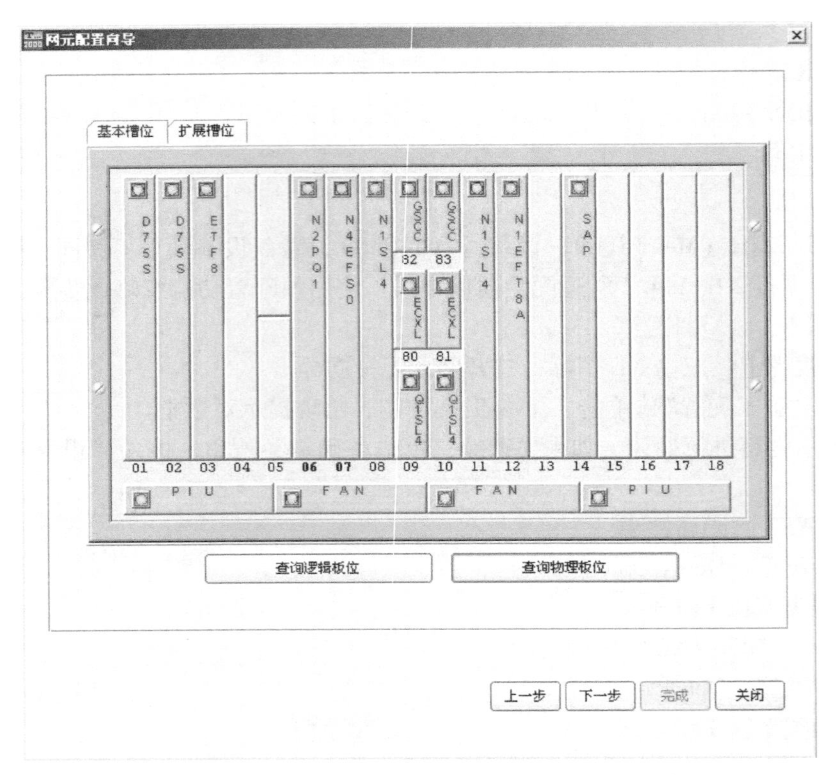

图 2-4-9　已安装的网元单板视图

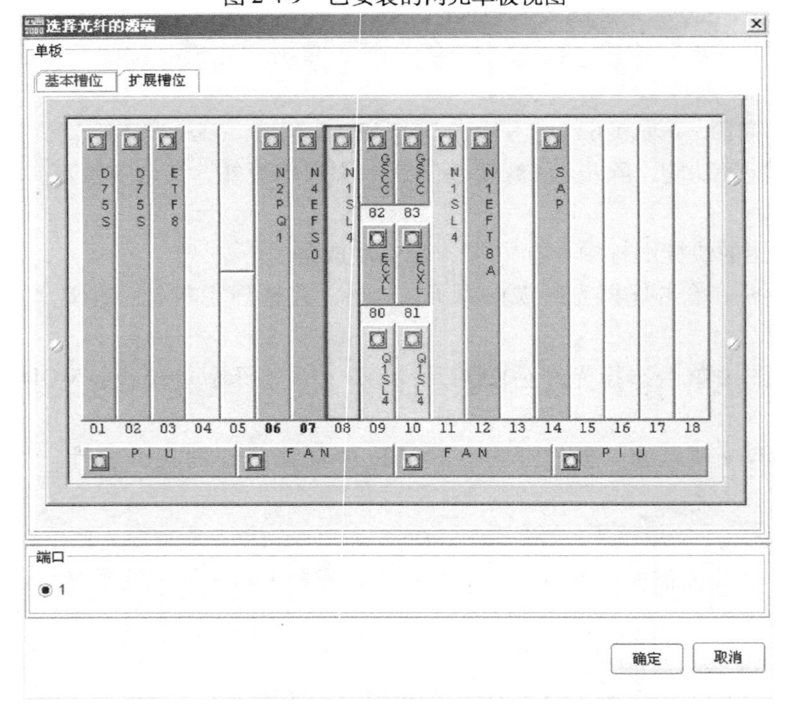

图 2-4-10　光纤源端网元及单板

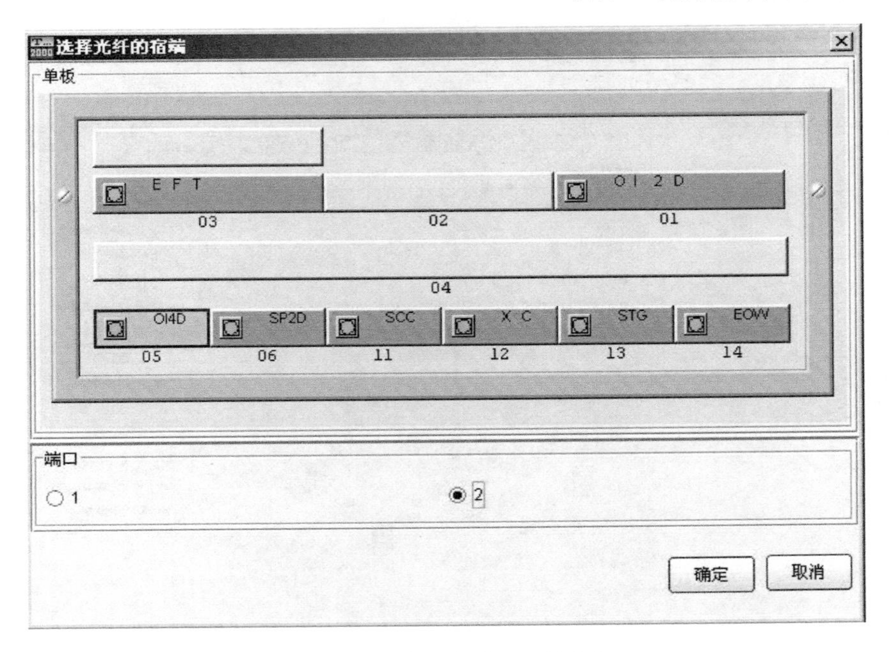

图 2-4-11　光纤宿端网元及单板

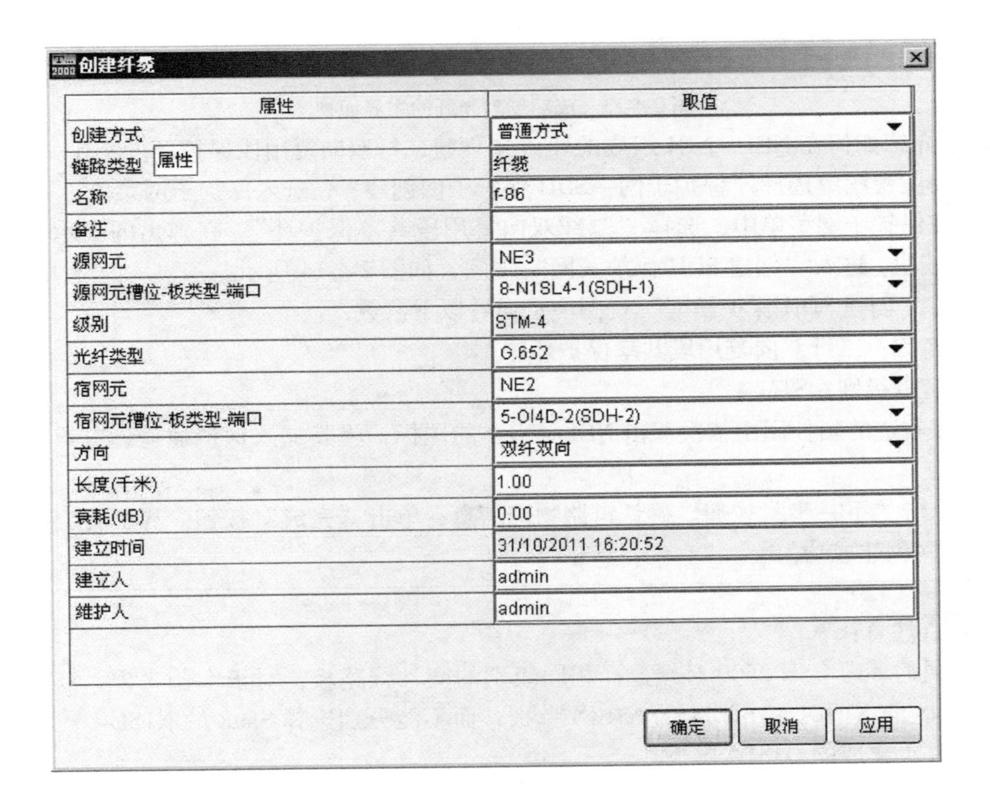

创建纤缆

属性	取值
创建方式	普通方式
链路类型 属性	纤缆
名称	f-86
备注	
源网元	NE3
源网元槽位-板类型-端口	8-N1SL4-1(SDH-1)
级别	STM-4
光纤类型	G.652
宿网元	NE2
宿网元槽位-板类型-端口	5-OI4D-2(SDH-2)
方向	双纤双向
长度(千米)	1.00
衰耗(dB)	0.00
建立时间	31/10/2011 16:20:52
建立人	admin
维护人	admin

确定　取消　应用

图 2-4-12　光纤属性设置

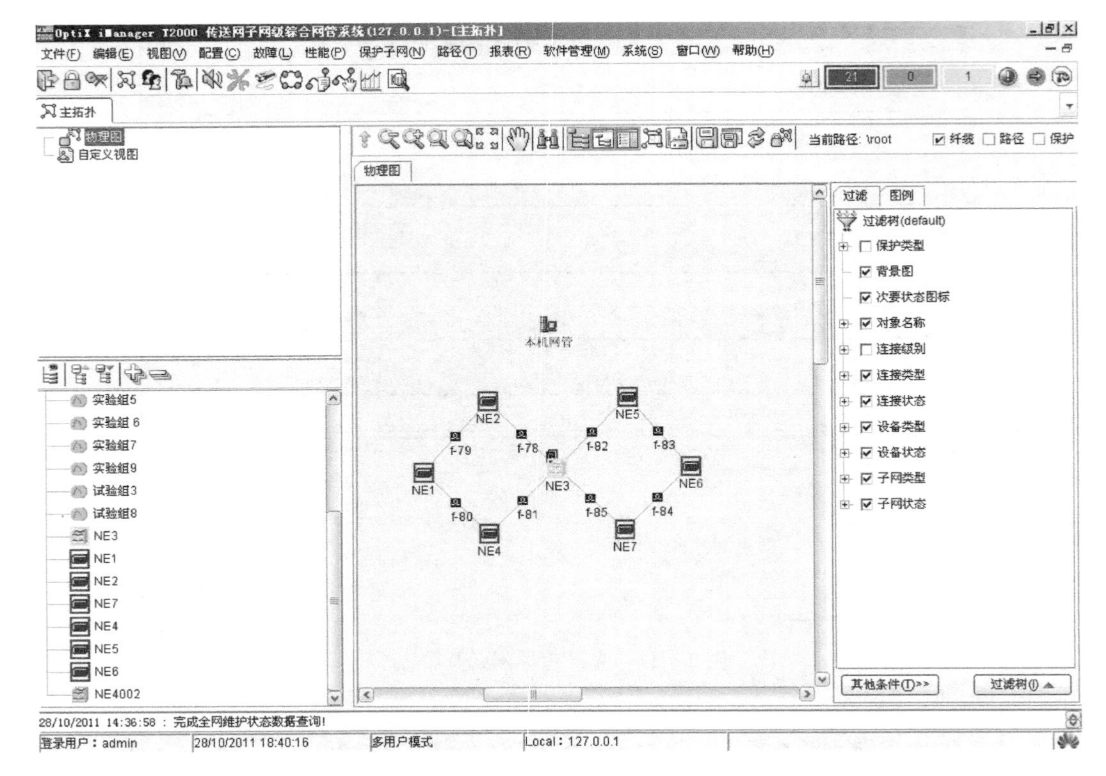

图 2-4-13　成功创建光纤的主界面视图

以下介绍如何在 NE1 ~ NE4 组成的环 A 中创建二纤双向复用段保护环。

1）在主视图中选择“保护子网→SDH 保护子网创建 ”，进入保护子网菜单。

2）在保护子网菜单中，选择“二纤双向复用段共享保护环”。在弹出的提示框中单击“确定”按钮，进入“创建 SDH 保护子网”视图，如图 2-4-14 所示。

3）在“创建 SDH 保护子网”视图中，设置以下参数：

➢ 名称：二纤双向复用段共享保护环_1

➢ 容量级别：STM-4

4）在右边的拓扑图中依次双击 NE1 ~ NE4 的图标，将其加入保护通道，节点属性选择“MSP 节点”。

5）单击“下一步”按钮。确认链路物理信息，单击“完成”按钮。界面弹出对话框显示保护子网创建成功。

相同的环内 OSN 2500 必须选择相同级别的交叉线路板，对于本例来说，环 A 选择使用 Slot8 的 N1SL4 和 Slot11 的 N1SL4 单板，而不能分别选择 Slot8 的 N1SL4、Slot9 CX-LLN 板件上集成的 Q1SL4 单板。

6）在保护子网菜单中，选择“二纤单向通道保护环”。在弹出的提示框中单击“确定”按钮，进入“创建 SDH 保护子网”视图，如图 2-4-15 所示。

7）在“创建 SDH 保护子网”视图中，设置以下参数：

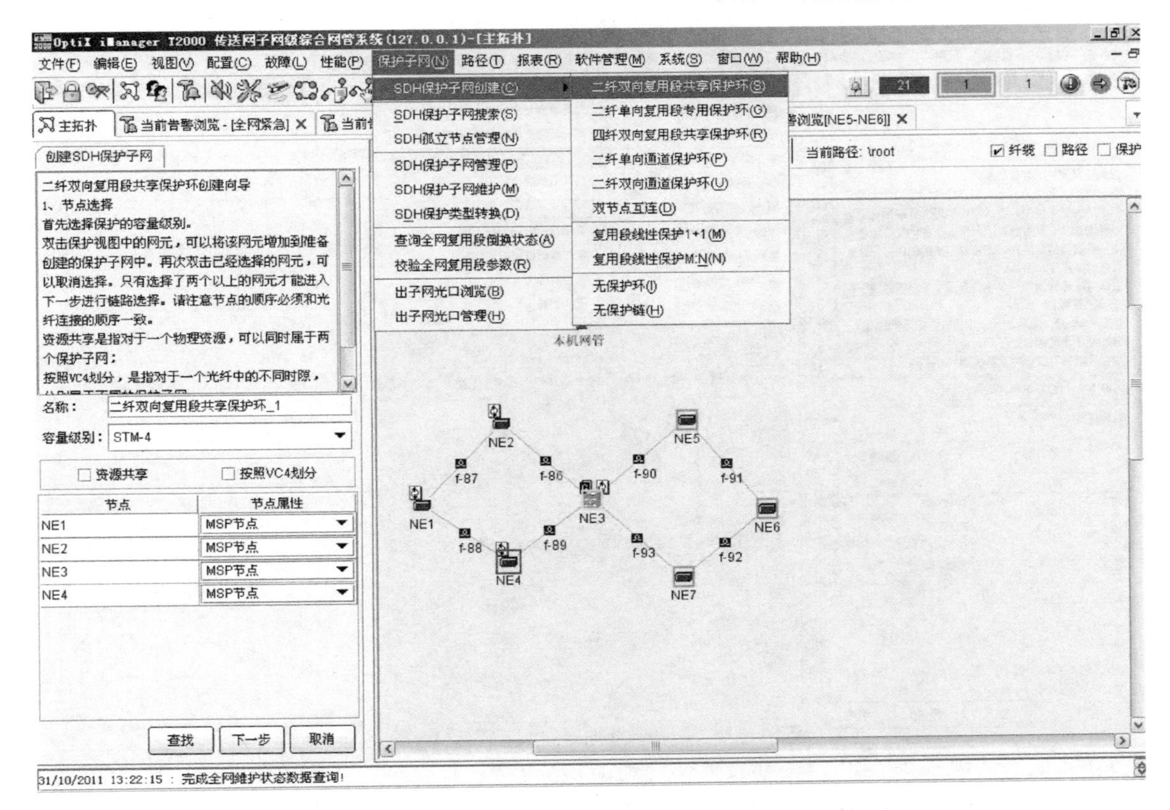

图 2-4-14　创建 SDH 保护子网步骤一

➢ 名称：二纤单向通道保护环_1

➢ 容量级别：STM-4

8）在右边的拓扑图中依次双击 NE3、NE5、NE6、NE7 的图标，分别将其加入保护通道，节点属性选择“PP 节点”。

9）单击“下一步”按钮。确认链路物理信息，单击“完成”按钮。界面弹出对话框显示保护子网创建成功。

8. 创建服务层路径

1）在主视图中选择“路径→SDH 路径创建”，进入“SDH 路径创建”视图。

2）在“SDH 路径创建”视图左侧菜单中，按照以下参数进行设置：

➢ 方向：双向

➢ 级别：VC4 服务层路径

➢ 资源使用策略：保护资源

➢ 保护优先策略：子网保护优先

➢ 源：NE1

➢ 宿：NE3

➢ 计算路由：自动计算

➢ 创建后进行复制：否

其中，“源”文本框和“宿”文本框需分别加入 NE1 和 NE3，可以通过双击右侧网元视图中 NE1 和 NE3 的图标实现添加。

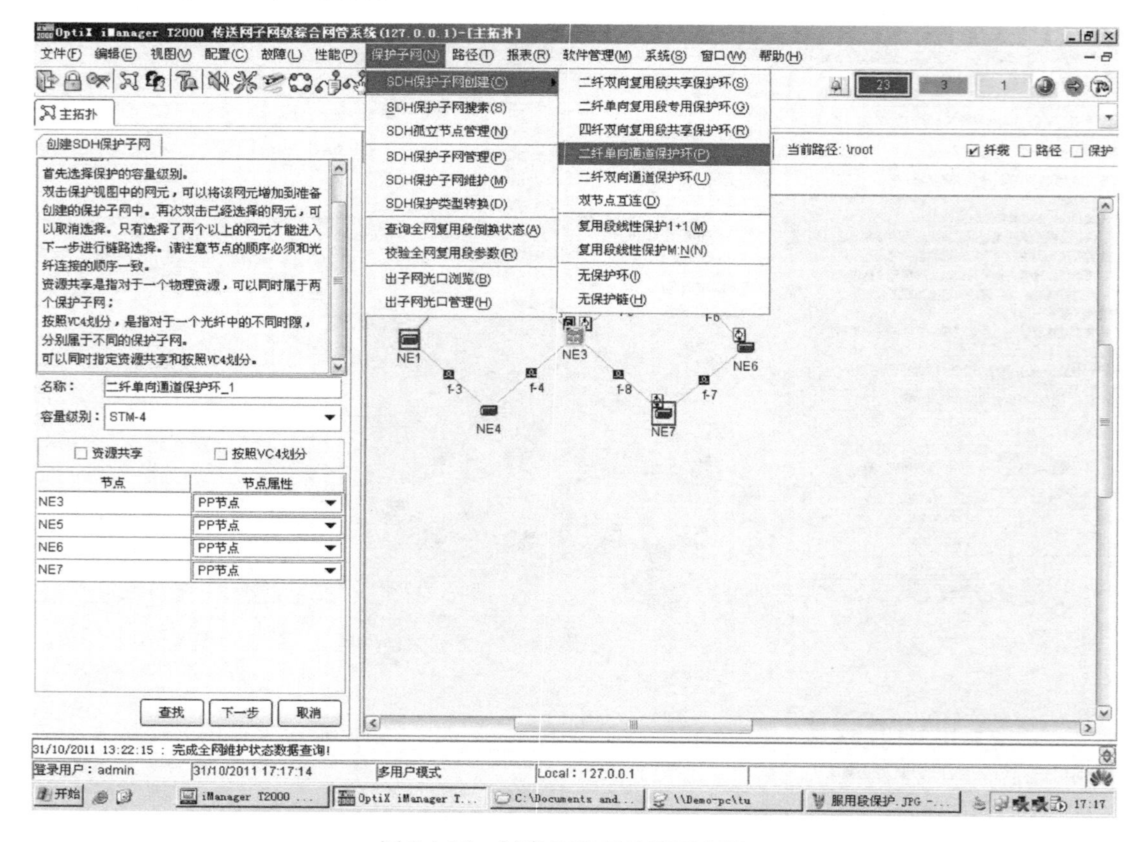

图 2-4-15　创建 SDH 保护子网步骤二

3）确认或修改服务层路径名称，确认服务层路由信息，单击“应用”按钮，界面弹出对话框显示操作成功。

4）在“SDH 路径创建”视图左侧菜单中，按照以下参数进行设置：

- 方向：双向
- 级别：VC4 服务层路径
- 资源使用策略：保护资源
- 保护优先策略：子网保护优先
- 源：NE3
- 宿：NE5
- 计算路由：自动计算
- 创建后进行复制：否

其中，“源”对话框和“宿”对话框需分别加入 NE3 和 NE5，可以通过双击右侧网元视图中 NE3 和 NE5 的图标实现添加。

5）确认或修改服务层路径名称，确认服务层路由信息，单击“应用”按钮，界面弹出对话框显示操作成功。

6）按照步骤 4）和步骤 5）依次创建 NE5 至 NE6、NE6 至 NE7、NE7 至 NE3 的双向服务层路径。

9. 创建SDH业务（单站配置业务方法）

（1）在NE1上创建上/下业务

1）在主视图中选中NE1图标，在主菜单中选择“配置→网元管理器”，弹出“网元管理器”视图。

2）在视图左上方选择操作对象：NE1，并在视图左边功能树中选择“配置→SDH业务配置”，弹出“SDH业务配置”对话框。

3）创建NE1的上/下业务：从支路板6-SP2D的1～8时隙，到光接口板5-OI4D-2的第1个VC4端口的1～8时隙，创建双向上/下业务。

在“SDH业务配置”对话框中，单击“新建”按钮，弹出“新建SDH业务”对话框，如图2-4-16所示，在该对话框中设置以下参数：

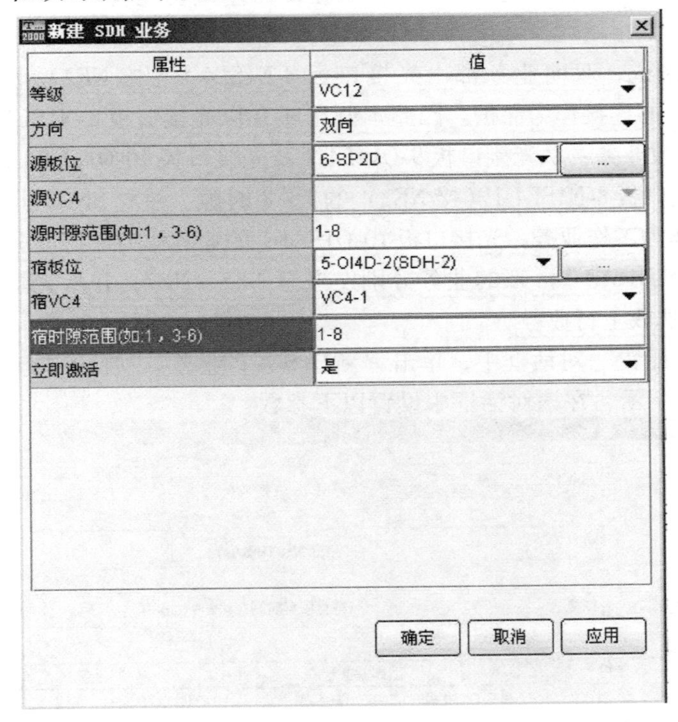

图2-4-16　创建网元的上/下业务（NE1的上、下行）

- 等级：VC12
- 方向：双向
- 源板位：6-SP2D
- 源时隙范围：1-8
- 宿板位：5-OI4D-2（SDH-2）
- 宿VC4：VC4-1
- 宿时隙范围：1-8
- 立即激活：是

4）单击“应用”按钮，关闭弹出的操作成功对话框。

（2）在NE2上创建穿通业务

1）在主视图中选中 NE2 图标，在主菜单中选择“配置→网元管理器”，弹出“网元管理器”视图。

2）在“网元管理器”视图左上方选择操作对象：NE2，并在视图左边功能树中选择“配置→SDH 业务配置”。

3）创建 NE2 的 E1 穿通业务：从光口板 5-OI4D-1 的第一个 VC4 端口，到光接口板 5-OI4D-2 的第 1 个 VC4 端口，建立双向穿通业务，本步骤系统自动完成。

（3）在 NE3 上创建 SNCP 业务

1）在主视图中选中 NE3 图标，在主菜单中选择“配置→网元管理器”，弹出“网元管理器”视图。

2）在视图左上方选择操作对象：NE3，并在视图左边功能树中选择“配置→SDH 业务配置”。

3）对于环 A 来说，双向业务都由光接口板 8-N1SL4-1（接 NE2）收发，光接口板 11-N1SL4-1（接 NE4）的连接作为保护。因此本例在环 B 以光接口板 8-N1SL4-1 作为业务单板 。创建 NE3 的双发选收业务：从光接口板 9-Q1SL4-1 及光接口板 10-Q1SL4-1 的第 1 个 VC4 端口的 1 ~8 时隙到光接口板 8-N1SL4-1（接 NE2）的 1 ~8 时隙，建立 SNCP 业务，其中光接口板 9-Q1SL4-1 的业务作为工作业务，光接口板 10-Q1SL4-1 的业务作为保护业务，即由西向线路板（对于环 B 来说即 8-N1SL4-1）来的业务分别发送至 NE5、NE7，并从光接口板 9-Q1SL4-1 和 10-Q1SL4-1 线路板选收上行业务。

在“SDH 业务配置”对话框中，单击“新建 SNCP 业务”，弹出“新建 SNCP 业务”对话框，如图 2-4-17 所示，在该对话框中设置以下参数：

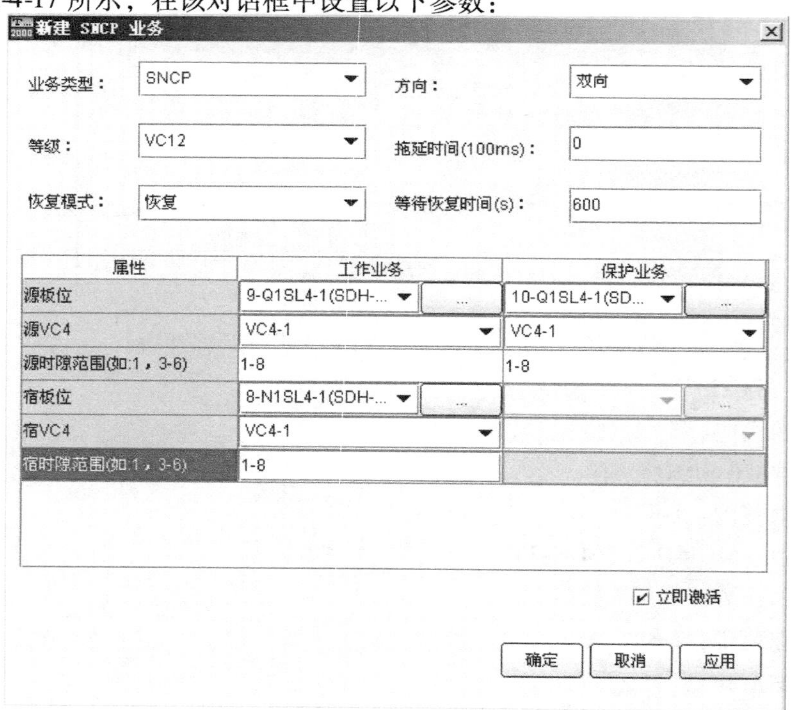

图 2-4-17　创建网元的双发选收业务（NE3）

- 等级：VC12
- 方向：双向
- 业务类型：SNCP
- 恢复模式：恢复
- 等待恢复时间（s）：600

工作业务：

- 源板位：9-Q1SL4-1
- 源 VC4：VC4-1
- 源时隙范围：1～8
- 宿板位：8-N1SL4-1
- 宿时隙范围：1～8
- 立即激活：是

保护业务：

- 源板位：10-Q1SL4-1
- 源 VC4：VC4-1
- 源时隙范围：1～8

4）单击“应用”按钮，关闭弹出的操作成功对话框。

（4）在 NE5 上创建穿通业务

1）在主视图中选中 NE5 图标，在主菜单中选择“配置→网元管理器”，弹出“网元管理器”视图。

2）在视图左上方选择操作对象：NE5，并在视图左边功能树中选择“配置→SDH 业务配置”，弹出“SDH 业务配置”对话框。

3）创建 NE5 的 E1 穿通业务：从光口板 5-OI4D-1 的第一个 VC4 端口，到光接口板 5-OI4D-2 的第 1 个 VC-4 端口，建立双向穿通业务，本步骤系统自动完成。

（5）在 NE6 上创建 SNCP 业务

1）在主视图中选中 NE6 图标，在主菜单中选择“配置→网元管理器”，弹出“网元管理器”视图。

2）在视图左上方选择操作对象：NE6，并在视图左边功能树中选择“配置→SDH 业务配置”。

3）创建 NE6 的上/下业务：从光接口板 5-OI4D-2（接 NE7）及光接口板 5-OI4D-1（接 NE5）的第 1 个 VC4 端口的 1～8 时隙到支路板 6-SP2D 的 1～8 时隙，建立双向业务，其中光接口板 5-OI4D-1 的业务作为工作业务，光接口板 5-OI4D-2 的业务作为保护业务，即 NE6 双发业务至 NE7、NE5，并从 NE5 方向选收上行业务。

单击“新建 SNCP 业务”，如图 2-4-18 所示，在“新建 SNCP 业务”对话框中设置以下参数：

- 等级：VC12
- 方向：双向
- 业务类型：SNCP
- 恢复模式：恢复

图 2-4-18　创建网元的上/下业务（NE6 的上、下行）

➢ 等待恢复时间（s）：600

工作业务：

➢ 源板位：5-OI4D-1（SCH-1）
➢ 源 VC4：VC4-1
➢ 源时隙范围：1～8
➢ 宿板位：6-SP2D
➢ 宿时隙范围：1～8
➢ 立即激活：是

保护业务：

➢ 源板位：5-OI4D-2（SDH-2）
➢ 源 VC4：VC4-1
➢ 源时隙范围：1～8

4）单击“应用”按钮，关闭弹出的操作成功对话框。

（6）在 NE7 上创建穿通业务

1）在主视图中选中 NE7 图标，在主菜单中选择“配置→网元管理器”，弹出“网元管理器”视图。

2）在视图左上方选择操作对象：NE7，并在视图左边功能树中选择“配置→SDH 业务配置”，弹出“SDH 业务配置”对话框。

3）创建 NE7 的 E1 穿通业务：从光口板 5-OI4D-1 的第一个 VC4 端口，到光接口板 5-

OI4D-2的第1个VC4端口，建立双向穿通业务。本步骤系统自动完成。

10. 创建SDH业务（路径配置业务方法）

本步骤与步骤9实现功能相同，仅操作方法不同。

1）在主视图中选择“路径→SDH路径创建”，进入“SDH路径创建”视图。

2）如图2-4-19所示，在“SDH路径创建”视图左侧菜单中，按照以下参数进行设置：

➢ 方向：双向

➢ 级别：VC12

➢ 资源使用策略：保护资源

➢ 保护优先策略：子网连接保护优先

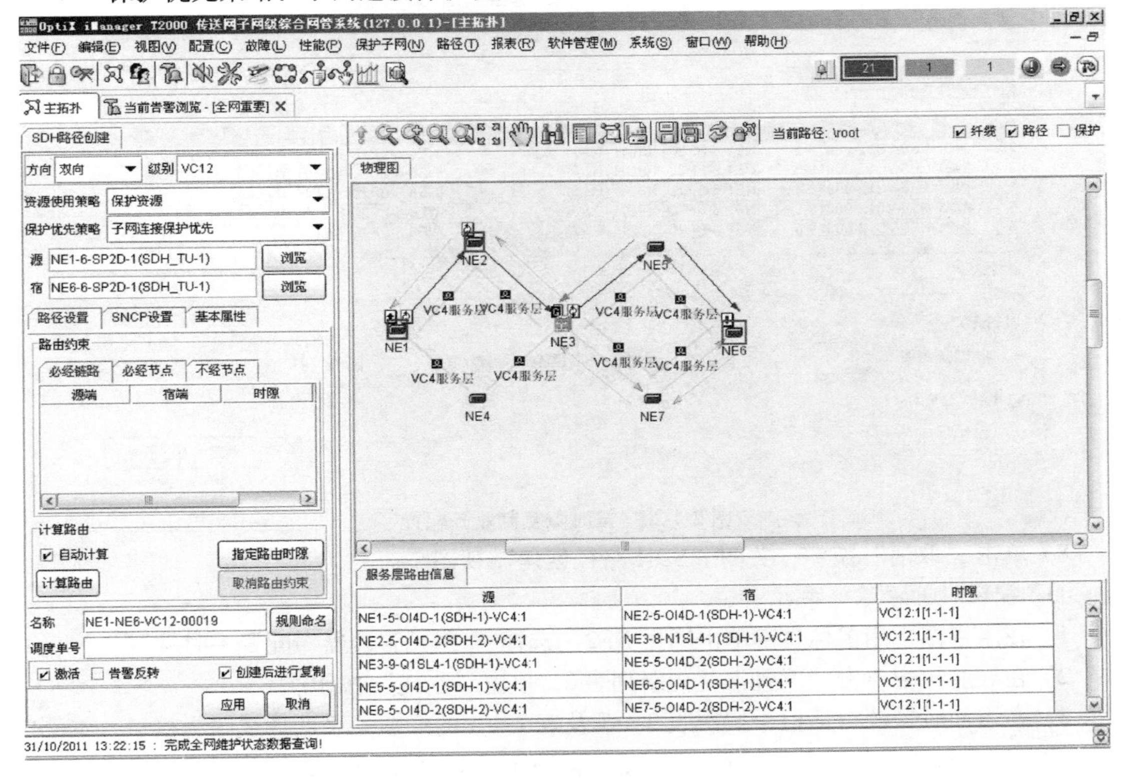

图2-4-19　自动创建双向业务（NE1↔NE6）

3）双击“源”右侧［浏览］，在弹出的对话框中选择NE1，并单击右侧单板视图中的SP2D单板，选择支路端口1，单击“确定”按钮。

4）双击“宿”右侧［浏览］，在弹出的对话框中选择NE6，并单击右侧单板视图中的SP2D单板，选择支路端口1，单击“确定”按钮。

5）在“SDH路径创建”视图中左下侧“名称”文本框中输入此业务名称，可以为默认。

6）在“SDH路径创建”视图中左下侧勾选“创建后进行复制”。单击“应用”按钮，界面弹出对话框显示操作成功，单击“关闭”按钮。

7）在界面自动弹出的对话框中分别在NE1和NE6的可用时隙中依次选择2～8时隙，单击“加入”按钮，如图2-4-20所示。

单击“确定”按钮，界面弹出对话框显示复制成功。

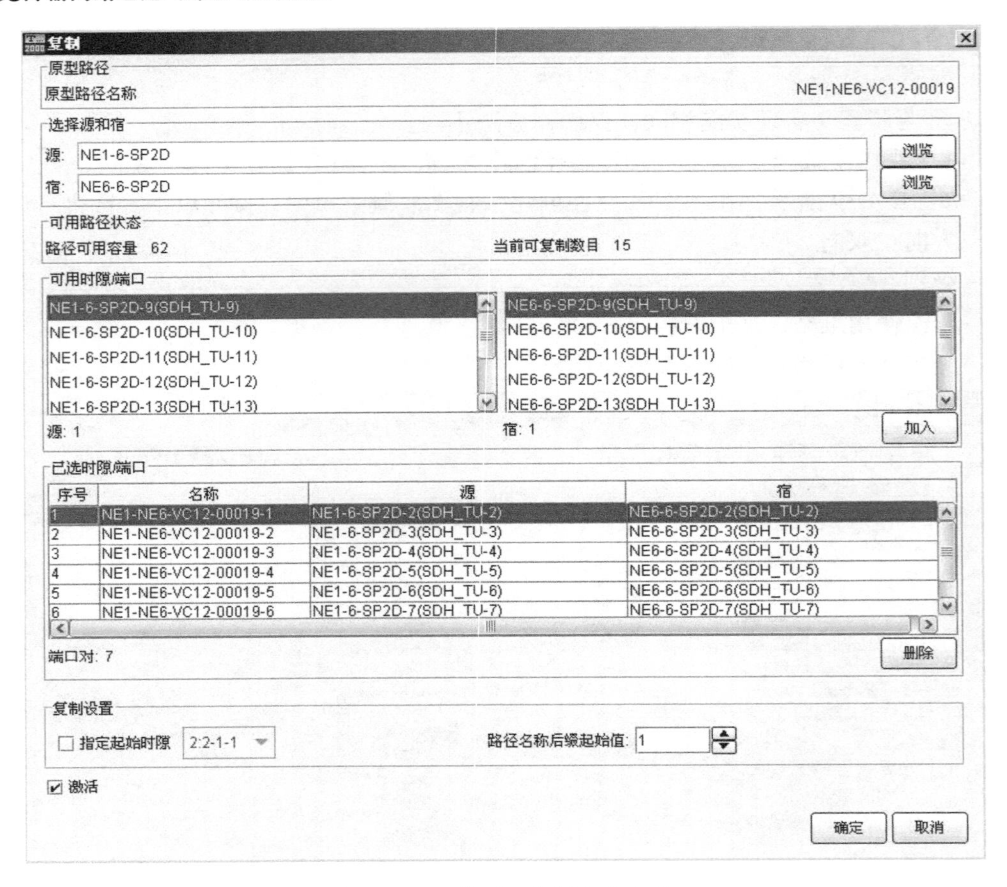

图 2-4-20　按时隙复制业务配置

8）单击“取消”按钮，关闭“SDH 路径创建”视图。

11. 配置时钟跟踪关系

1）在主视图中用鼠标右键单击网元 NE2，选择“ 网元管理器→配置→时钟”。

2）在导航树中单击“时钟源优先级列表”，单击“新建”按钮。

3）在增加时钟源对话框中按照表 2-4-5 及表 2-4-6 的纤缆关系选择线路板接口，本例以 NE1 的内部时钟源作为时钟跟踪源，因此选择 5-OI4D-1、5-OI4D-2，如图 2-4-21 所示。

对于网元 NE3，可以从两个不同方向跟踪时钟，即从线路板 8-N1SL4-1、线路板 11-Q1SL4-1。

4）在导航树中选择“网元管理器→配置→时钟→时钟子网设置”，设置 NE2 的所属子网为 0，同时选中“启动标准 SSM 协议”。另外在“SSM 输出控制”和“时钟 ID 使能状态”表中将各个线路端口设置为“使能”，如图 2-4-22 所示。

5）依次按照步骤 1）～4），配置其他网元的时钟源优先级列表及时钟子网设置。

12. 配置性能参数

请参考项目 2 中 1. 4. 2 所述性能参数配置方法。

13. 查询业务配置告警

请参考项目 2 中 1. 4. 2 所述查询业务配置告警方法。

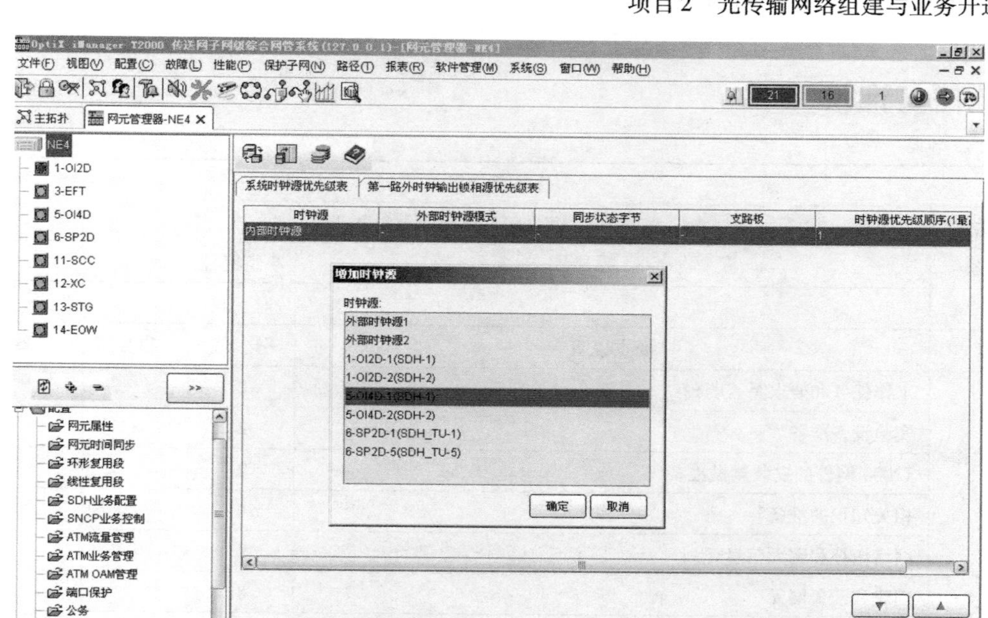

图 2-4-21　配置时钟跟踪关系

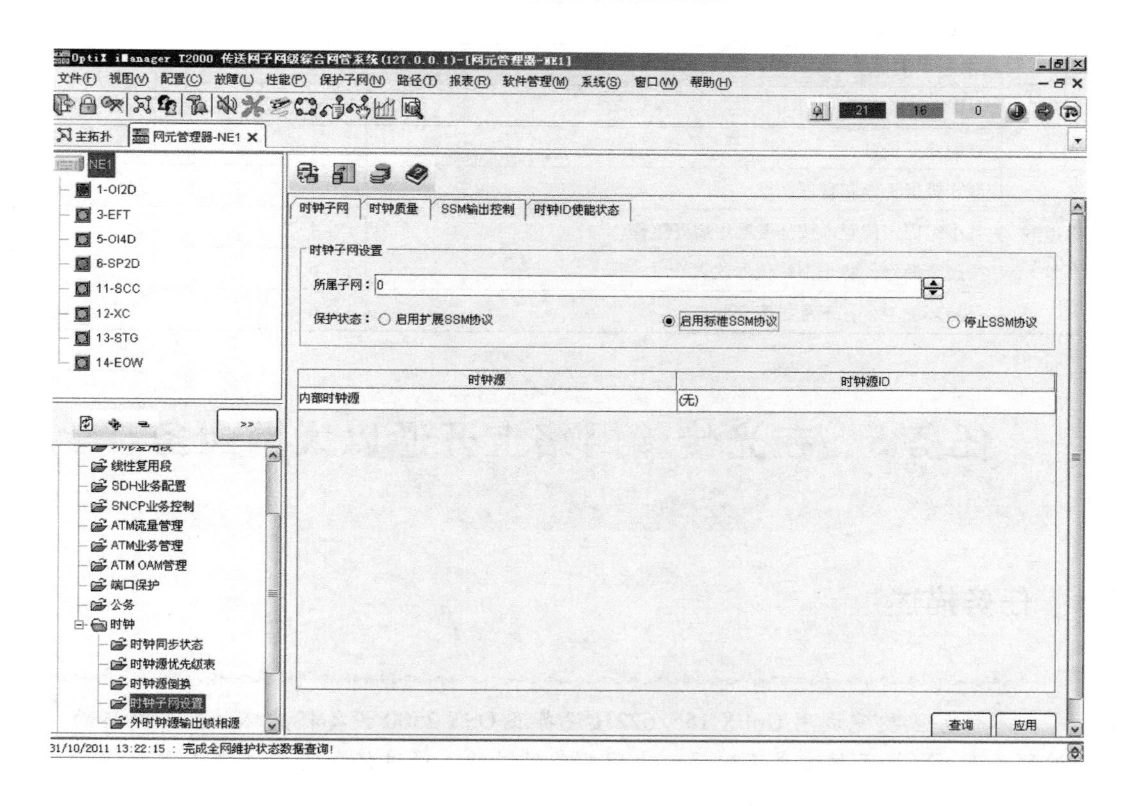

图 2-4-22　配置标准 SSM 协议

4.5　任务评价

任务评价表				
任务名称	复杂形网络组建与业务开通			
班　级		小组编号		
成员名单		时　间		
评价要点	要点说明	分　值	得分	备注
准备工作（20分）	工作任务和要求是否明确	2		
	实验设备准备	2		
	T2000网管的安装调试准备	2		
	相关知识的准备	6		
	网络拓扑和网元信息规划	8		
任务实施（60分）相切SNC保护环	创建和配置网元	8		
	创建光纤	8		
	配置公务和会议电话，验证通话	8		
	创建SNCP保护	8		
	创建服务层路径	4		
	创建SDH业务	12		
	查询网元性能	4		
	查询业务告警	8		
操作规范（20分）	遵守机房工作和管理制度	4		
	各小组固定位置，按任务顺序展开工作	4		
	按规范操作，防止损坏仪器仪表	6		
	保持环境卫生，不乱扔废弃物	6		

任务5　在光传输网络上开通以太网业务

5.1　任务描述

本任务主要完成用OptiX 155/622H设备及OSN 2500设备搭建环带链形网络的过程及在SNCP保护方式下配置以太网业务的过程。通过任务实施过程了解如何在光传输网上开通以太网业务。

本任务主要适用于以下岗位的工作环节和操作技能的训练：

■　安装调试工程师

■　数据配置工程师

■　系统维护工程师

本任务的练习使学生基本掌握如下知识和技能：

■　学会以 OptiX 155/622H 设备/OSN 2500 设备组建环带链形网络

■　学会环带链形网络上配置保护子网的方法

■　学会环带链形网络上配置以太网业务的方法

■　学会环带链形网络上配置公务的方法

5.2　任务单

工作任务	在光传输网络上开通以太网业务			学时	4
班级		小组编号		成员名单	
任务描述	学生分组，根据要求利用 OptiX 155/622H 设备及 OSN 2500 设备搭建环带链形网络，进行环带链形网配置操作、业务和公务电话配置开通等，并在该环带链形网络上开通以太网业务				
所需设备及工具	4 部 OptiX 155/622H 设备、1 部 OSN 2500 设备、ODF 架、信号电缆、光纤、T2000 网管软件				
工作内容	● 环带链形网组网规划 ● OptiX 155/622H \ OSN 2500 设备连接操作 ● OptiX 155/622H \ OSN 2500 设备配置操作 ● 环带链形网公务配置、保护子网配置操作 ● 环带链形网业务配置操作 ● 环带链形网业务验证操作				
注意事项	● 遵守机房工作和管理制度 ● 注意用电安全、谨防触电 ● 按规范使用操作，防止损坏仪器仪表 ● 爱护工具仪器				

5.3　知识准备

5.3.1　环带链形拓扑组网

环带链是由环网和链网两种基本拓扑形式组成的，其结构如图 2-5-1 所示，两种网通过网元 A 链接在一起。链的 STM-4 业务作为网元 A 的低速支路业务，通过网元 A 的分插功能收发业务。STM-4 业务在链上可以无保护，也可以配置任一种线性保护，而进入环的业务则享受环的保护功能。例如：网元 C 和网元 D 互通业务，如果 A-B 段光缆断开，链上业务传输中断；如果 A-C 段光缆断开，通过环的保护功能，网元 C 和网元 D 的业务不会中断。

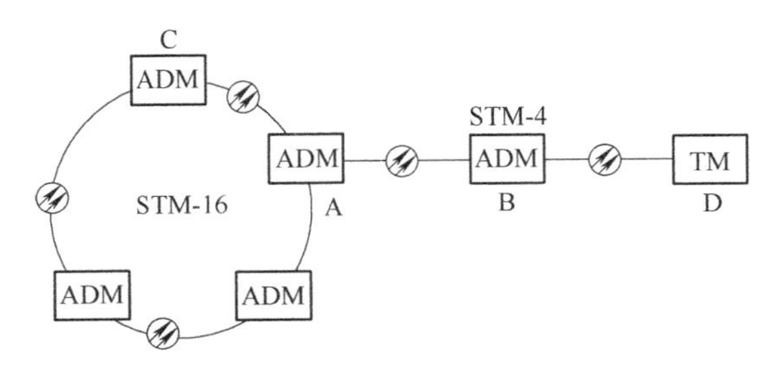

图 2-5-1　环带链形网络结构

5.3.2　以太网业务分类

以太网业务类型有 EPL、EVPL、EPLAN 和 EVPLAN 四种。

1. EPL 业务

采用点到点的透明传送方式，EPL 业务在线路上独享带宽，且和其他业务完全隔离，安全性高。适用于大客户专线应用。

2. EVPL 业务

■　EVPL 业务可以通过 VLAN ID 和 MPLS 标签的双重隔离，达到不同用户的业务隔离和同一用户间不同部门的业务隔离，即实现同一链路上多个相同 VLAN 数据的隔离。

■　Ingress 和 Egress 是对标签交换路径（Label Switch Path，LSP）的两种操作，即增加 MPLS 标签（Ingress）和剥离 MPLS 标签（Egress）。EVPL 业务的典型应用就是业务进入网络时进行 Ingress，离开网络时进行 Egress，从而在网络中通过 MPLS 标签对业务进行隔离。

■　采用共享 PORT 或共享 VCTRUNK 的方式，可以实现以太网业务点到多点的应用。通过对 VLAN（Virtual Local Area Network）标签的识别，可以使多条 EPL 业务共享 PORT 或共享 VCTRUNK，节省端口资源。由于共享 PORT 或共享 VCTRUNK 的用户以自由竞争方式来抢占 PORT 或 VCTRUNK 的带宽，因而适用于业务高峰相错的不同用户共享。

■　通过 EVPL 的 Transit 应用可以实现 MPLS 数据包的透明传送和转发。

3. EPLAN 业务

■　EPLAN 业务可以实现以太网业务的多点动态共享，符合数据业务的动态特性，节省了带宽资源，支持 802.1d 纯网桥。

■　为了避免广播风暴，以太网 EPLAN 业务不能设置成环。如果以太网 EPLAN 业务配置成环，则在网络中必须启动 STP/RSTP 协议，避免广播风暴的出现。

4. EVPLAN 业务

■　基于 IEEE 802.1q Virtual Bridge 和 IEEE 802.1ad Provider Bridge 的业务为 EVPLAN 业务。

■　EVPLAN 业务可以通过 VLAN ID 隔离，达到不同用户的业务隔离和同一用户间不同部门的业务隔离。

■　EVPLAN 业务可以实现以太网业务的多点动态共享，但与 EPLAN 的不同之处在于 EVPLAN 业务在网络中任意两点之间必须有相连接的 LSP。此外，EVPLAN 的业务特性还可以有效地避免广播风暴。

5.3.3 以太网配置术语

1. MAC 端口

以太网板的 MAC 端口在 T2000 上表示为 PORT 端口。

OptiX 155/622H 的 EFT 单板 MAC 端口工作模式可以设置为 10M 全双工、100M 全双工和自协商模式。

EFT 单板与其他设备相连接时，EFT 单板的 MAC 端口和对端设备的 MAC 端口工作模式应一致。如果一端设备不支持自协商模式，则应禁止对端的自协商功能，将两端的速率和双工模式设置为一致。

2. VCTRUNK

VCTRUNK 就是传输通道，每个 VCTRUNK 可以绑定多个 VC12 或 VC3。

VCTRUNK 端口即以太网数据单板的内部接口，在某些应用场合也称为系统侧接口、背板侧接口。

每个 VCTRUNK 绑定多少 VC12 或 VC3，可以根据实际的带宽需求进行设置。EFT 单板的 MAC1 ~ MAC4 端口分别对应各自的 VCTRUNK1 ~ VCTRUNK4，也就是 4 个 MAC 端口输入的以太网数据在各自的 VCTRUNK 中传输。

3. 封装协议

以太网数据在网络介质上传输需要遵循一定的机制，其中 CSMA/CD 介质访问控制机制约定了以太网在传输数据时，两帧之间需要等待一个帧间隙时间（IFG 或 IPG），该传输间隙为以太网接口提供了接收两帧之间的恢复时间。恢复时间的最小值为传输 96bit 所花费的时间，对于 10M 线路，该时间为 9.6μs，100M 线路为 960ns，1G 的线路为 96ns。同时以太网数据帧在传输时还需要有 7B 的前导字段和 1B 的定界符。因此以太网数据在传输过程中是由以下部分组成的：7B（前导）+1B（定界符）+以太网数据帧+12B（IPG）。

其中以太网数据帧限制为最小长度为 64B，最大长度为 1518B，其格式为：6B（目的 MAC 地址）+6B（源 MAC 地址）+2B（类型字段）+数据字段+4B（FCS 校验字段），其中帧类型字段标志其后的数据类型。

OptiX 155/622H 的 EFT 单板支持 3 种封装协议 GFP/LAPS/HDLC。配置 EFT 时，请注意全网封装协议保持一致。

5.4 任务实施——在环带链形网络上开通以太网业务

5.4.1 工程规划

工程规划阶段需规划出网络拓扑结构、各网元 IP 地址、各网元单板配置、纤缆连接关系、端口分配、业务需求、时钟源优先级等。

1. 网络拓扑

本任务 NE1、NE2、NE3、NE4 和 NE5 组建环带链形网络，NE1、NE2、NE3 和 NE5 组建二纤单向 SNCP 保护环，NE5 与 NE4 组成链形网络，使用复用段线性 1+1 保护。其中 NE5 作为两环相切的节点网元，使用 OptiX OSN 2500 设备，NE1、NE2、NE3、NE4 使用 OptiX 155/622H 设备。同时，整个网络需要配置公务电话。NE1 ~ NE5 及网管需要配置为同一网段的 IP 地址，且连接网管服务器的网元需要配置为网关。环带链形网的网络拓扑结构及 IP 地址分配举例如图 2-5-2 所示。

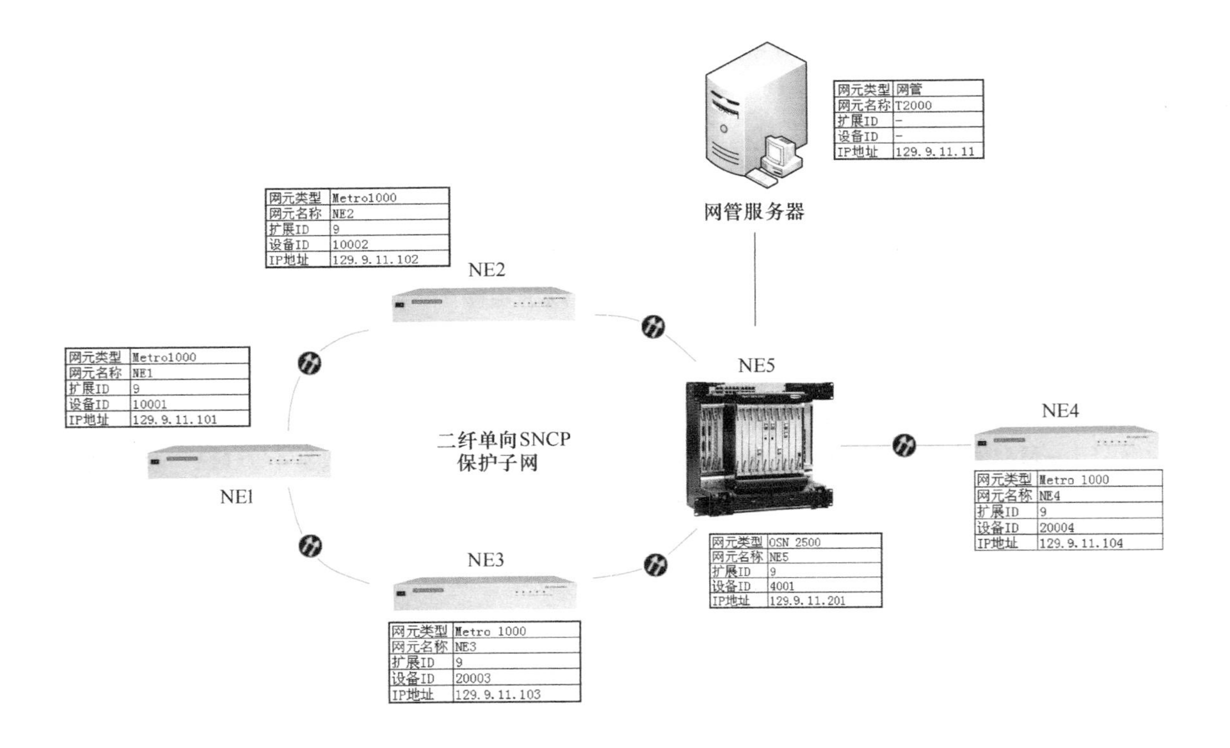

图 2-5-2 环带链形网的网络拓扑结构及 IP 地址分配举例

在本任务中 NE1、NE2 的设备参数对应关系见表 2-5-1。

表 2-5-1 网元设备参数对应关系

设备标志	设备名称	设备 ID	设备扩展 ID	地址分配
NE9-10001	NE1	10001	9	129. 9. 11. 101
NE9-10002	NE2	10002	9	129. 9. 11. 102
NE9-20003	NE3	20003	9	129. 9. 11. 103
NE9-20004	NE4	20004	9	129. 9. 11. 104
NE9-4001	NE5	4001	9	129. 9. 11. 201

2. 网元单板配置

OptiX 155/622H 网元单板的配置情况请参考表 2-4-2，OptiX OSN 2500 网元单板的配置情况请参考表 2-4-3 和表 2-4-4。

3. 纤缆连接

按照组网结构建立纤缆的连接关系，见表 2-5-2。

4. 网元时间

请参考项目 2 中 1. 4. 1 的网元时间配置。

表 2-5-2　纤缆连接关系

本端信息				对端信息			
网元名称	槽位	单板名称	端口号	网元名称	槽位	单板名称	端口号
NE1	IU5	OI4D	2	NE2	IU5	OI4D	1
	IU5	OI4D	1	NE3	IU5	OI4D	2
NE2	IU5	OI4D	1	NE1	IU5	OI4D	2
	IU5	OI4D	2	NE5	Slot8	N1SL4	1
NE3	IU5	OI4D	1	NE5	Slot11	N1SL4	1
	IU5	OI4D	2	NE1	IU5	OI4D	1
NE4	IU5	OI4D	1	NE5	Slot9	Q1SL4	1
	IU5	OI4D	2	NE5	Slot10	Q1SL4	1
NE5	Slot8	N1SL4	1	NE2	IU5	OI4D	2
	Slot9	Q1SL4	1	NE4	IU5	OI4D	1
	Slot10	Q1SL4	1	NE4	IU5	OI4D	2
	Slot11	N1SL4	1	NE3	IU5	OI4D	1

5. 时钟分配

在本网络中，没有外部时钟源，因此所有网元均使用内部时钟源。为了了解时钟源跟踪方式，配置 NE5 的内部时钟源为最高优先时钟源，NE1、NE2、NE3、NE4 跟踪 NE5 的内部时钟源作为其外部时钟源。时钟源优先级设置见表 2-5-3。

表 2-5-3　时钟源优先级

网元	时钟源
NE1	5-OI4D-1/5-OI4D-2/内部时钟源
NE2	5-OI4D-1/5-OI4D-2/内部时钟源
NE3	5-OI4D-1/5-OI4D-2/内部时钟源
NE4	5-OI4D-1/5-OI4D-2/内部时钟源
NE5	内部时钟源

6. 业务配置

NE1、NE5 节点间需要组建新的通信线路，各节点间的业务配置见表 2-5-4。

表 2-5-4　节点间业务配置

业务关系	业务 A	业务 B
以太网业务需求	100Mbit/s	15Mbit/s
源网元	NE1	NE1
源单板-端口	3-EFT-1	3-EFT-1
源时隙	VC4-1: VC3-1	VC4-2: VC12-1 ~ VC12-8
源 VCTRUNK	VCTRUNK1	VCTRUNK2
源 MAC 端口工作模式	自协商	自协商
绑定带宽	1 × VC3	8 × VC12

（续）

业务关系	业务 A	业务 B
宿网元	NE4	NE4
宿单板-端口	3-EFT-1	3-EFT-1
宿时隙	VC4-1: VC3-1	VC4-2: VC12-1 ~ VC12-8
宿 VCTRUNK	VCTRUNK1	VCTRUNK2
宿 MAC 端口工作模式	自协商	自协商

7. 端口分配

NE1、NE4 的 PORT 端口、VCTRUNK 端口分配见表 2-5-5。

表 2-5-5 网元端口分配

Input Device	NE1		SDH PATH	NE4		Output Device
	MAC PORT	VCTRUNK NUM		VCTRUNK NUM	MAC PORT	
100Mbit/s	1	1	1 × VC3	1	1	100Mbit/s
15Mbit/s	2	2	8 × VC12	2	2	15Mbit/s

8. 时隙分配

根据网元单板配置和业务配置情况，为网络中各网元分配时隙见表 2-5-6。

表 2-5-6 各网元业务时隙配置

网元名称	NE1		NE2		NE3	
支路板	3-EFT-1					
时隙分配	VC3-1/VC12 1 ~ 8					
线路板	5-OI4D-1	5-OI4D-2	5-OI4D-1	5-OI4D-2	5-OI4D-1	5-OI4D-2
VC4 端口	1#/2#	1#/2#	1#/2#	1#/2#	1#/2#	1#/2#
方向	东向/西向	东向	西向	东向	西向	东向
网元名称	NE4		NE5			
支路板	3-EFT-1					
时隙分配	VC3-1/VC12 1 ~ 8					
线路板	5-OI4D-1	5-OI4D-2	8-N1SL4-1	9-Q1SL4-1	10-Q1SL4-1	11-N1SL4-1
VC4 端口	1#/2#	1#/2#	1#/2#	1#/2#	1#/2#	1#/2#
方向	东向/西向		东向/西向	东向/西向		东向

5.4.2 环带链形网络组建及以太网业务开通

1. 启动 T2000 网管

请参考项目 2 中 1.4.1 所述网管启动方法。

2. 创建网元

参照图 2-5-2 的网络拓扑结构进行硬件连接。

二纤单向 SNCP 保护环形网需要分别使用 1 对单模光纤连接网元 OptiX 155/622H 设备的 NE1、NE2、NE3 的线路板（OI4D）光模块接口，其中同一对光纤需分别连接光模块的 Rx 接口和 Tx 接口，纤缆连接关系和使用接口单板详见表 2-5-2。二纤复用段线性 1 + 1 保护链形网需要使用 2 对单模光纤连接网元 OptiX 155/622H 设备的 NE4 和 OSN 2500 设备的 NE5，纤缆连接关系和使用接口单板详见表 2-5-2。分别连接 OSN 2500（NE5）Slot8、Slot11 的光接口与

NE2、NE3 的线路板（OI4D）的光接口，连接 OSN 2500（NE5）Slot9、Slot10 的光接口与 NE4 的线路板（OI4D）的光接口。同时使用 Ethernet 线缆连接 T2000 服务器主机与作为网关网元设备的 Ethernet 接口，本实验使用 NE5 作为网关网元。纤缆连接关系如图 2-5-3 所示。

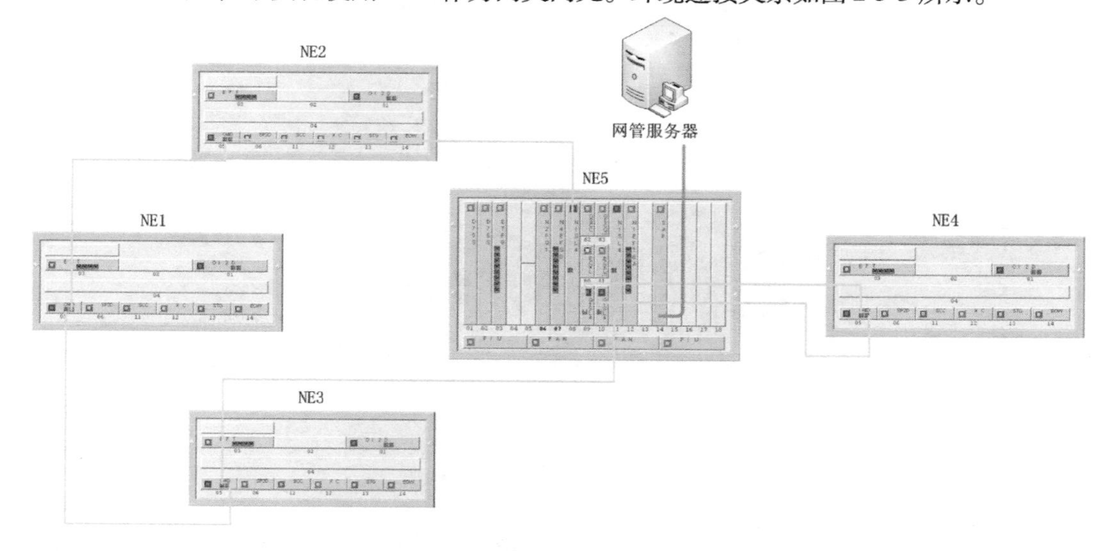

图 2-5-3　环带链形网纤缆连接关系

连接后的操作步骤参见“4.4.2 子网连接保护相切环网络组建及业务开通”中（2）所列方法。

3. 配置通信

OptiX 155/622H（Metro1000）设备与 OSN 2500 设备仅设备型号不相同，配置通信方法相同，请参考项目 2 中 1.4.2 所述配置通信方法。使用预配置功能忽略此步骤。

4. 创建单板

请参考项目 2 中 1.4.2 以及 4.4.2 所述创建单板方法。

5. 创建光纤

依照项目 2 中 1.4.2 所述创建光纤方法，根据表 2-5-2 的纤缆连接关系依次创建各网元之间的光纤连接。本任务需要在 NE1 ~ NE3 两两之间配置 1 对光纤，在 NE4、NE5 之间配置 2 对光纤，配置好的光纤应显示为绿色，如图 2-5-4 所示。

6. 配置及验证公务电话与会议电话

请参考项目 2 的 1.4.2 所述公务电话与会议电话配置及验证方法。

7. 创建二纤单向 SNCP 保护环

本任务中环形网的保护方式为二纤单向 SNCP 保护环。

以下介绍如何在 NE1、NE2、NE3、NE5 间组成的环中创建二纤单向 SNCP 保护环。

1）在主视图中选择“保护子网→SDH 保护子网创建 ”，进入保护子网子菜单。

2）在保护子网子菜单中，选择“二纤单向通道保护环”。在弹出的提示框中单击“确定”按钮，进入“创建 SDH 保护子网”视图，如图 2-5-5 所示。

3）在“创建 SDH 保护子网”视图中，设置以下参数：

- 名称：二纤单向通道保护环_1
- 容量级别：STM-4

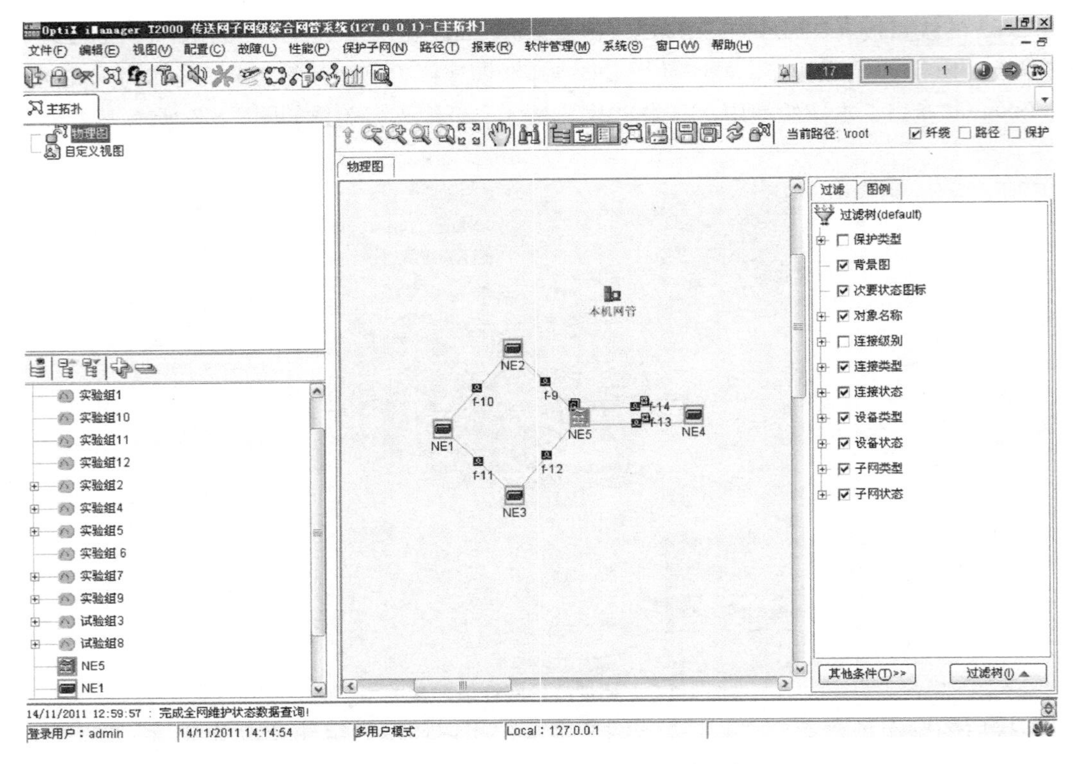

图 2-5-4　成功创建光纤的主界面视图

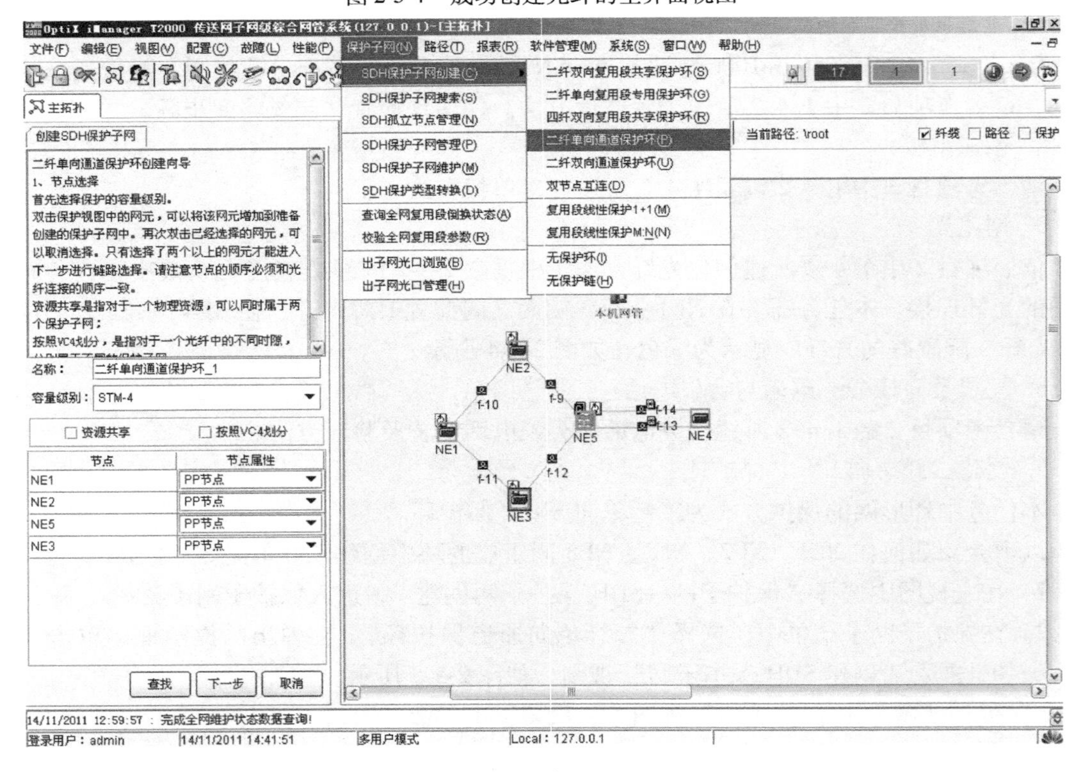

图 2-5-5　创建保护环步骤一

4）在右边的拓扑图中依次双击NE1、NE2、NE3、NE5的图标，分别将其加入保护通道，节点属性选择“PP节点”。

> **注意：**
>
> 在保护子网上设置SNCP节点，可以支持跨保护子网的SNCP业务，环形子网的SNCP节点可以支持信号从两个不同方向的链路双发到环外的某时隙，以达到子网连接保护的目的。通常，将入环点与出环点创建为SNCP节点。本例本应设置NE5的保护节点属性为“SNC节点”，但因为设备自动支持不同子网的倒换，因此不用特别设置。

5）单击“下一步”按钮。确认链路物理信息，单击“完成”按钮。界面弹出对话框显示保护子网创建成功。

> **注意：**
>
> 相同的环内OSN2500必须选择相同级别的交叉线路板，对于本例来说，通道环选择使用Slot8的N1SL4单板和Slot11的N1SL4单板，而不能分别选择Slot8的N1SL4单板和Slot9 CXLLN板件上集成的Q1SL4单板。

6）在保护子网子菜单中，选择“复用段线性保护1+1”。在弹出的提示框中单击“确定”按钮，进入“创建SDH保护子网”视图，如图2-5-6所示。

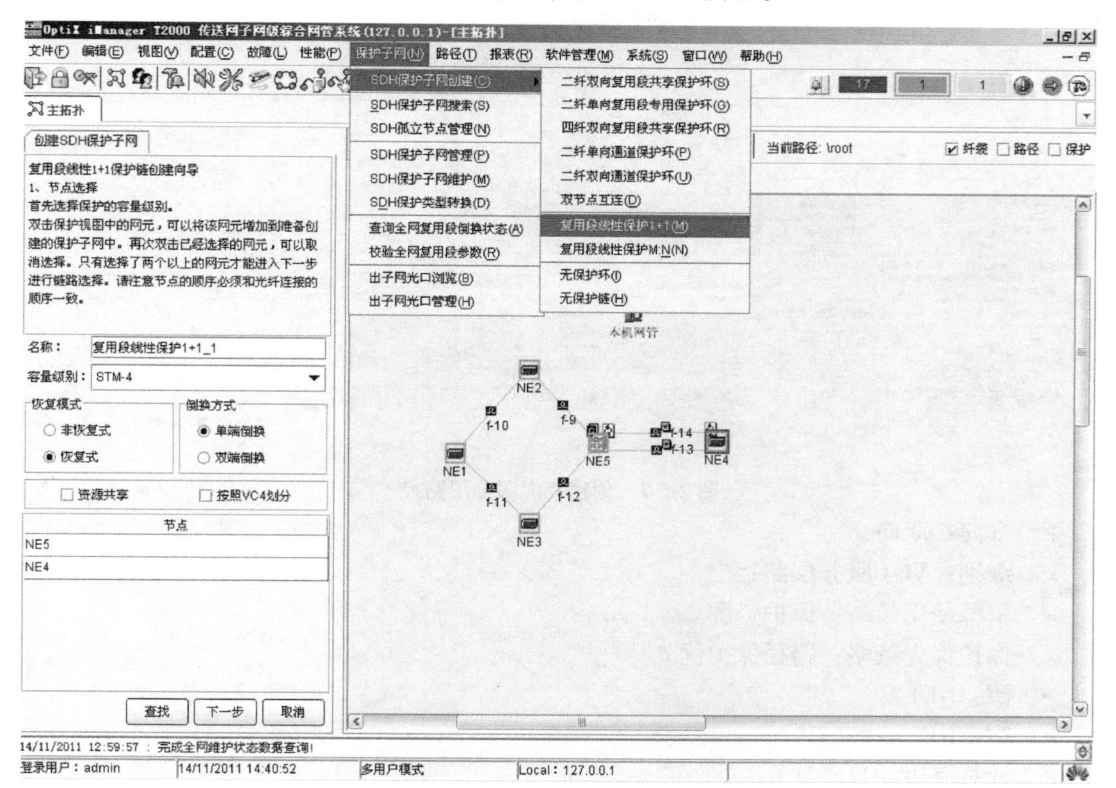

图2-5-6　创建保护环步骤二

7）在“创建 SDH 保护子网”视图中，设置以下参数：

➢ 名称：复用段线性保护 1 +1_1

➢ 容量级别：STM-4

8）在右边的拓扑图中依次双击 NE4、NE5 的图标，分别将其加入保护通道，恢复方式及倒换方式建议选择“恢复式”及“单端倒换”。

9）单击“下一步”按钮。确认链路物理信息，单击“完成”按钮。界面弹出对话框显示保护子网创建成功。

8. 创建服务层路径

1）在主视图中选择“路径→SDH 路径创建”，进入“SDH 路径创建”视图。

2）如图 2-5-7 所示，在“SDH 路径创建”视图左侧菜单中，按照以下参数进行设置：

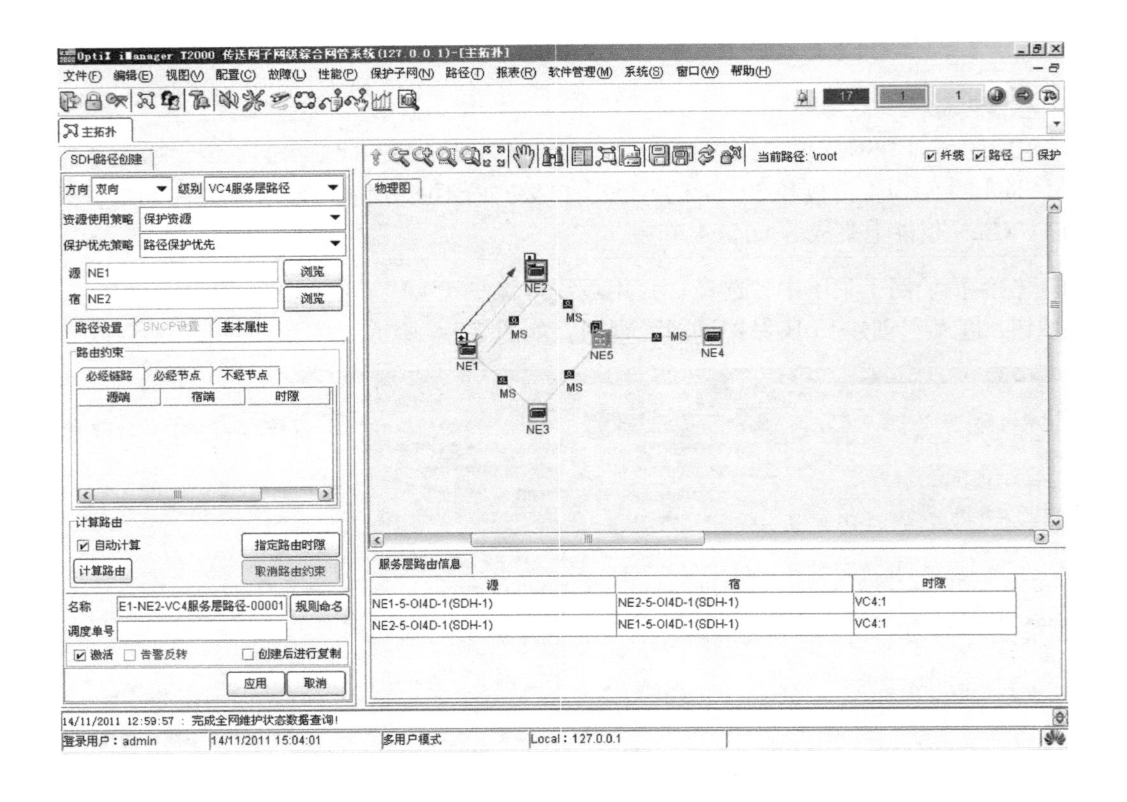

图 2-5-7 创建双向服务层路径

➢ 方向：双向

➢ 级别：VC4 服务层路径

➢ 资源使用策略：保护资源

➢ 保护优先策略：路径保护优先

➢ 源：NE1

➢ 宿：NE2

➢ 计算路由：自动计算

➢ 创建后进行复制：否

其中，“源”文本框和“宿”文本框分别加入NE1、NE2，可以通过双击右侧网元视图中NE1和NE2的图标实现添加。

3）确认或修改服务层路径名称，确认服务层路由信息，单击“应用”按钮，界面弹出对话框显示操作成功。

4）按照步骤2）~3）依次创建NE2至NE5、NE5至NE3、NE3至NE1以及NE5至NE4的双向服务层路径。

9. 配置以太网单板接口

1）在主视图的NE1网元图标上单击鼠标右键，选择“网元管理器”。

2）在单板树中选择NE1的3-EFT板。

3）在功能树中选择“配置→以太网接口管理→以太网接口”，如图2-5-8所示。

4）选择“内部端口”，打开“封装/映射”选项卡。配置VCTRUNK1和VCTRUNK2的“映射协议”为“GFP”。

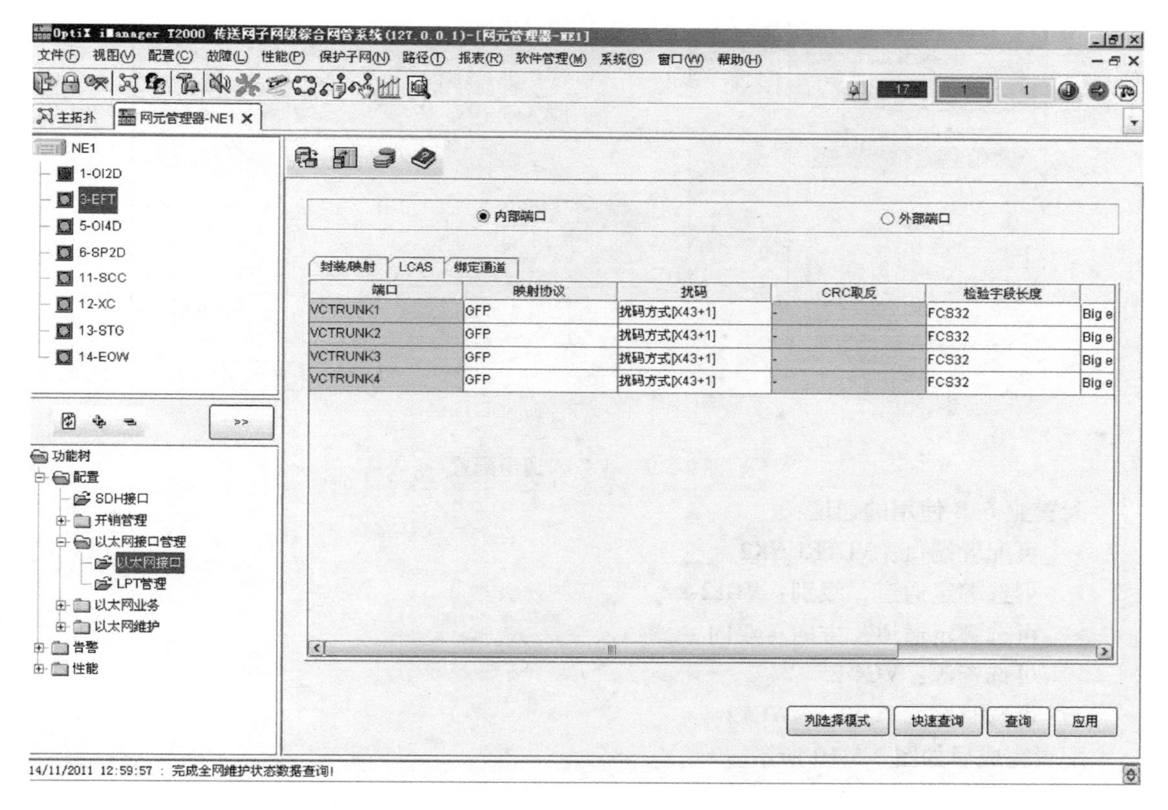

图2-5-8　配置以太网单板接口

5）单击“应用”按钮。

6）选择“绑定通道”选项卡，并单击“配置”，弹出“绑定通道配置”视图，参考表2-5-5在视图中配置绑定通道：

配置业务A使用的通道：

➢ 可配置端口：VCTRUNK1

➢ 可选绑定通道，级别：VC3-xv

➢ 可选绑定通道，方向：双向

➢ 可选资源：VC4-1

➢ 可选时隙：VC3-1

配置完成后如图 2-5-9 所示。

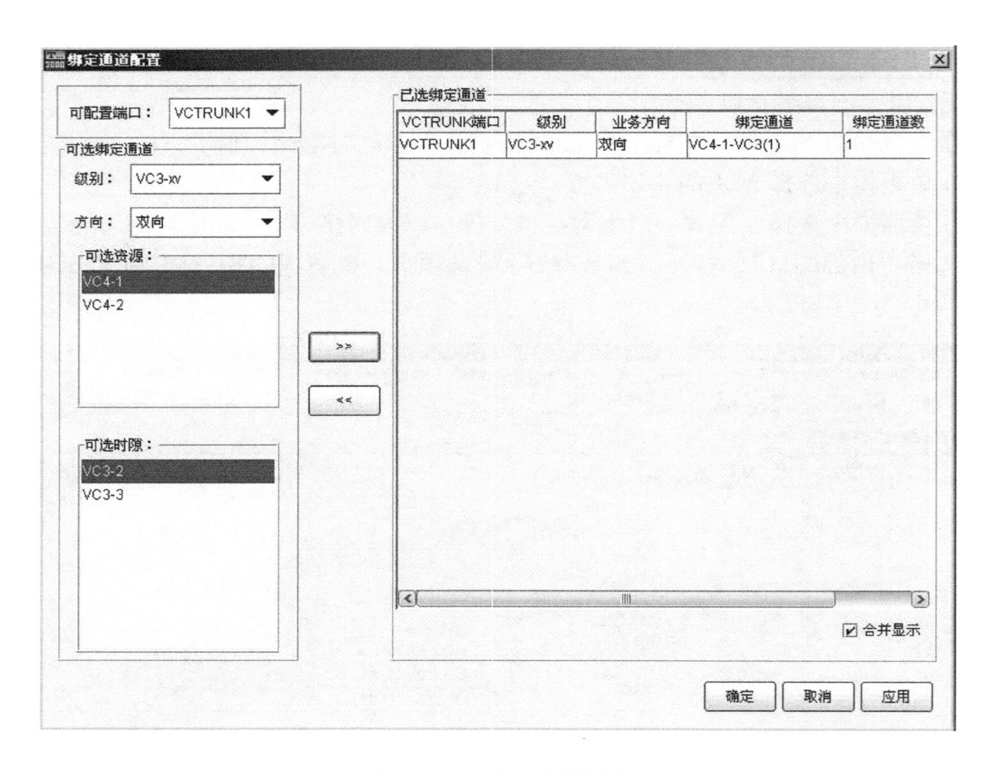

图 2-5-9　业务 A 通道配置

配置业务 B 使用的通道：

➢ 可配置端口：VCTRUNK2

➢ 可选绑定通道，级别：VC12-xv

➢ 可选绑定通道，方向：双向

➢ 可选资源：VC4-2

➢ 可选时隙：VC12-1 ~ VC12-8

配置完成后如图 2-5-10 所示。

7）单击“确定”按钮。

8）在“以太网接口”窗口中，选中“外部端口”，如图 2-5-11 所示。

9）参照图 2-5-11，在“基本属性”选项卡中设置 PORT1 和 PORT2 的参数：

➢ 端口使能：使能

➢ 工作模式：自协商

➢ 最大帧长度：1522

➢ 其余参数使用默认值。

10）单击“应用”按钮。

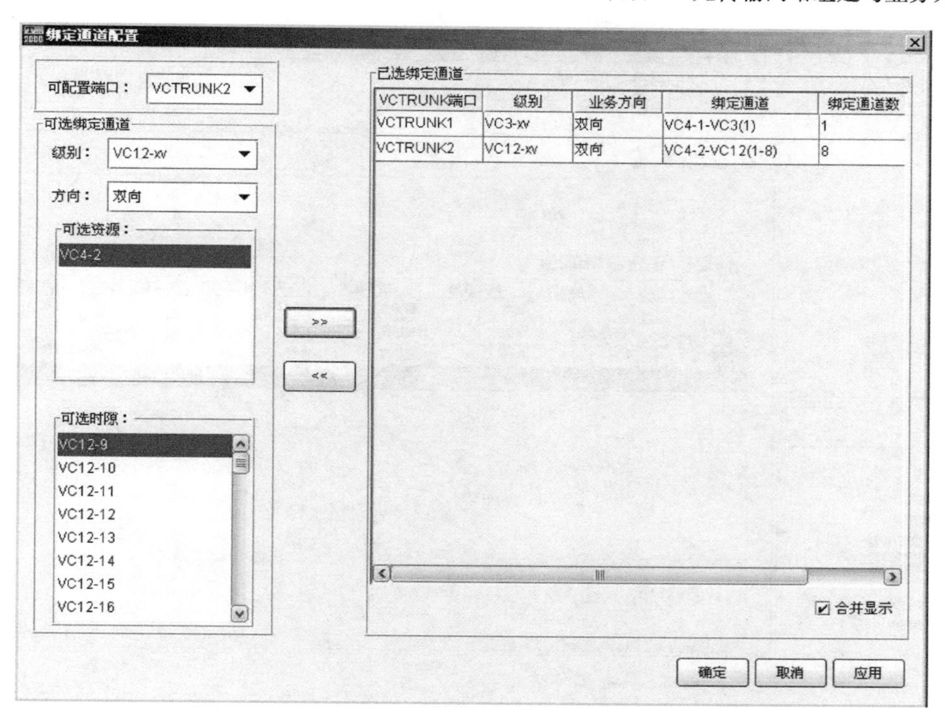

图 2-5-10　业务 B 通道配置

注意：

1）OptiX 155/622H 的 EFT 单板 MAC 端口工作模式可以设置为 10M 全双工、100M 全双工和自协商模式。

2）EFT 单板的 MAC 端口与 VCTRUNK 端口是一一对应关系，因此在 T2000 上配置以太网接口即可，不需要再配置以太网专线业务。

3）EFT 单板与其他设备相连接时，EFT 单板的 MAC 端口和对端设备的 MAC 端口工作模式应一致。如果一端设备不支持自协商，请禁止对端的自协商功能，将两端的速率和双工模式设置为一致。

4）对接两端的以太网单板的 VCTRUNK 的封装协议必须要设置为一致。

参照步骤 1）～10），配置 NE4 的 EFT 单板的内部端口和外部端口。

10. 创建 SDH 业务（单站配置业务方法）

（1）在 NE1 上创建 SDH 业务

1）在主视图中选中 NE1 图标，在主菜单中选择“配置→网元管理器”，弹出“网元管理器”视图。

2）在视图的左上方选择操作对象：NE1，并在视图左边功能树中选择“配置→SDH 业务配置”，弹出“SDH 业务配置”对话框。

3）创建 NE1 的双发选收业务：从光接口板 5-OI4D-1 及光接口板 5-OI4D-2 的第 1 个 VC4 端口到以太网接口板 3-EFT-1（NE1）的第一个 VC4 端口，建立 SNCP 业务。

业务 A：在“SDH 业务配置”对话框中，单击“新建 SNCP 业务”，弹出“新建 SNCP

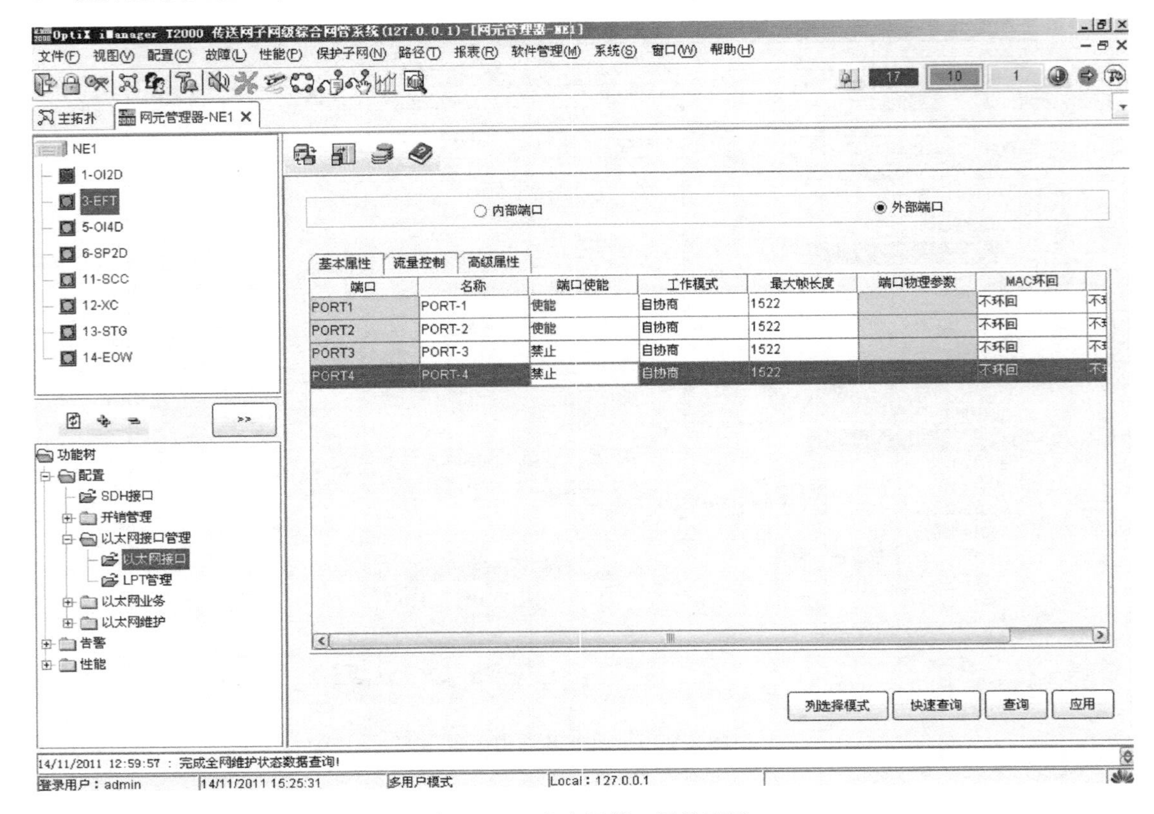

图 2-5-11　以太网端口属性配置

业务”对话框，如图 2-5-12 所示，在该对话框中设置以下参数：

- 业务类型：SNCP
- 等级：VC3
- 方向：双向
- 恢复模式：恢复
- 等待恢复时间（s）：600

工作业务：

- 源板位：5-OI4D-1（SDH-1）
- 源 VC4：VC4-1
- 源时隙范围：1
- 宿板位：3-EFT-1（SDH-1）
- 宿 VC4：VC4-1
- 宿时隙范围：1

保护业务：

- 源板位：5-OI4D-2（SDH-2）
- 源 VC4：VC4-1
- 源时隙范围：1
- 立即激活：是

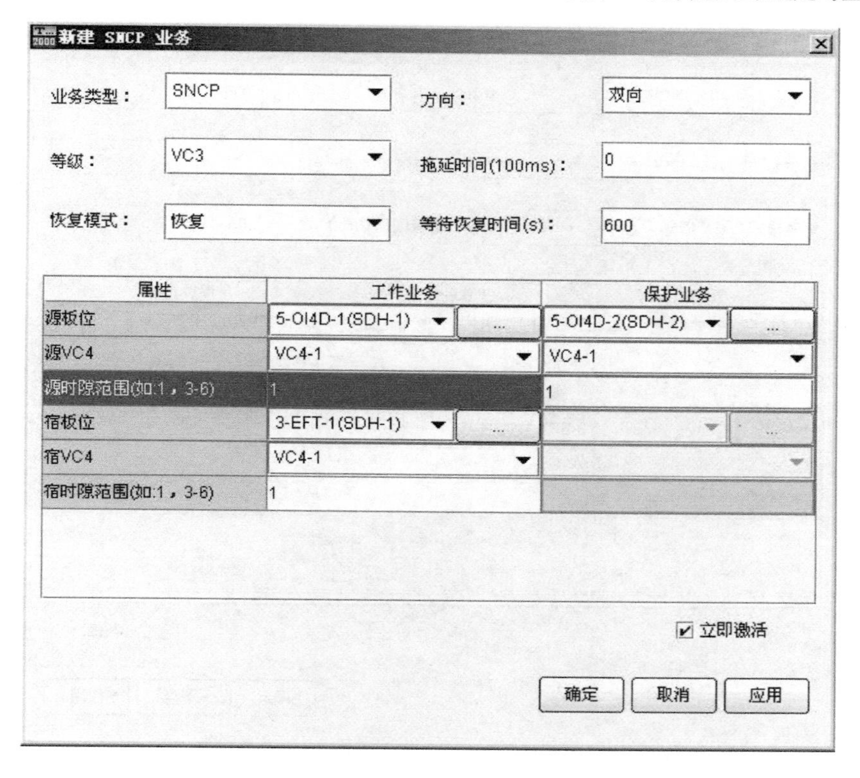

图 2-5-12　创建网元 NE1 以太网业务（业务 A）

注意：

EFT 单板在 SDH 侧最大支持两个 VC4 容量的带宽，其中第一个 VC4 只能支持 VC3 虚级联，第二个 VC4 可以支持 VC12 或者 VC3 的虚级联，所以单板最大可以支持 6 个 VC3 的虚级联，或者 3 个 VC3 虚级联和 63 个 VC12 虚级联。第二个 VC4 要么配置成 VC12 虚级联，要么配置成 VC3 虚级联，不能混和配置。

4）单击“应用”按钮，关闭弹出的操作成功对话框。

5）业务 B：在“SDH 业务配置”对话框中，单击“新建 SNCP 业务”，弹出“新建 SNCP 业务”对话框，如图 2-5-13 所示，在该对话框中选择以下参数：

➢ 业务类型：SNCP
➢ 等级：VC12
➢ 方向：双向
➢ 恢复模式：恢复
➢ 等待恢复时间（s）：600

工作业务：

➢ 源板位：5-OI4D-1（SDH-1）
➢ 源 VC4：VC4-2
➢ 源时隙范围：1- 8
➢ 宿板位：3-EFT-1（SDH-1）

图 2-5-13 创建网元 NE1 以太网业务（业务 B）

- ➢ 宿 VC4：VC4-2
- ➢ 宿时隙范围：1-8

保护业务：

- ➢ 源板位：5-OI4D-2（SDH-2）
- ➢ 源 VC4：VC4-2
- ➢ 源时隙范围：1- 8
- ➢ 立即激活：是

6）单击“确定”按钮。

（2）在 NE2 上创建穿通业务

1）在主视图中选中 NE2 图标，在主菜单中选择“配置→网元管理器”，弹出“网元管理器”视图。

2）在视图左上方选择操作对象：NE2，并在视图左边功能树中选择“配置→SDH 业务配置”。

3）创建 NE2 的穿通业务 A：从光接口板 5-OI4D-1 的第一个 VC4 端口，到光接口板 5-OI4D-2 的第 1 个 VC4 端口。单击“新建”，如图 2-5-14 所示，在“新建 SDH 业务”对话框中设置以下参数：

- ➢ 等级：VC3
- ➢ 方向：双向
- ➢ 源板位：5-OI4D-1（SDH-1）

- 源 VC4：VC4-1
- 源时隙范围：1
- 宿板位：5-OI4D-2（SDH-2）
- 宿 VC4：VC4-1
- 宿时隙范围：1
- 立即激活：是

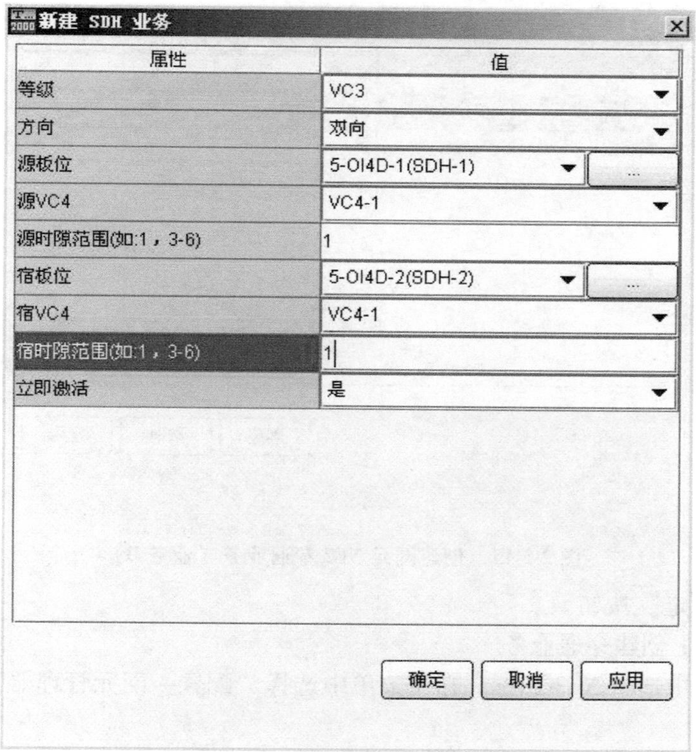

新建 SDH 业务

属性	值
等级	VC3
方向	双向
源板位	5-OI4D-1(SDH-1)
源VC4	VC4-1
源时隙范围(如:1，3-6)	1
宿板位	5-OI4D-2(SDH-2)
宿VC4	VC4-1
宿时隙范围(如:1，3-6)	1
立即激活	是

确定　取消　应用

图 2-5-14　创建网元 NE2 穿通业务（业务 A）

4）单击“确定”按钮。

5）创建 NE2 的穿通业务 B：从光接口板 5-OI4D-1 的第 2 个 VC4 端口，到光接口板 5-OI4D-2 的第 2 个 VC4 端口。单击“新建”，如图 2-5-15 所示，在“新建 SDH 业务”对话框中设置以下参数：

- 等级：VC12
- 方向：双向
- 源板位：5-OI4D-1（SDH-1）
- 源 VC4：VC4-2
- 源时隙范围：1-8
- 宿板位：5-OI4D-2（SDH-2）
- 宿 VC4：VC4-2
- 宿时隙范围：1 - 8
- 立即激活：是

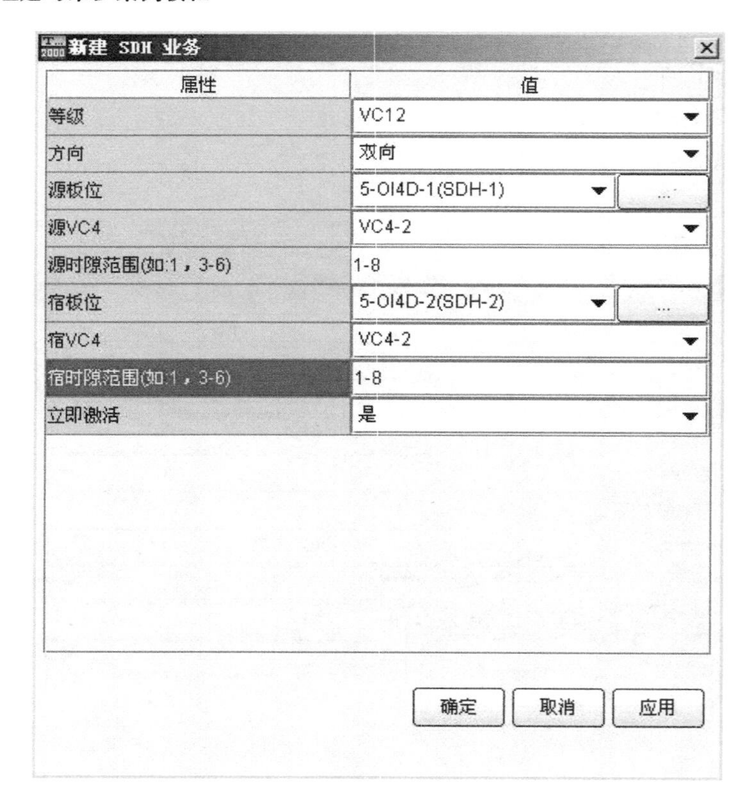

图 2-5-15　创建网元 NE2 穿通业务（业务 B）

6）单击“确定”按钮。

（3）在 NE3 上创建穿通业务

1）在主视图中选中 NE3 图标，在主菜单中选择“配置→网元管理器”，进入“网元管理器”视图。

2）在视图左上方选择操作对象：NE3，并在视图左边功能树中选择“配置→SDH 业务配置”，弹出“SDH 业务配置”对话框。

3）创建 NE3 的穿通业务 A：从光接口板 5-OI4D-1 的第一个 VC4 端口，到光接口板 5-OI4D-2 的第 1 个 VC4 端口。

在“SDH 业务配置”对话框中，单击“新建”，弹出“新建 SDH 业务”对话框，如图 2-5-16 所示，在该对话框中设置以下参数：

- 等级：VC3
- 方向：双向
- 源板位：5-OI4D-1（SDH-1）
- 源 VC4：VC4-1
- 源时隙范围：1
- 宿板位：5-OI4D-2（SDH-2）
- 宿 VC4：VC4-1
- 宿时隙范围：1

➢ 立即激活：是

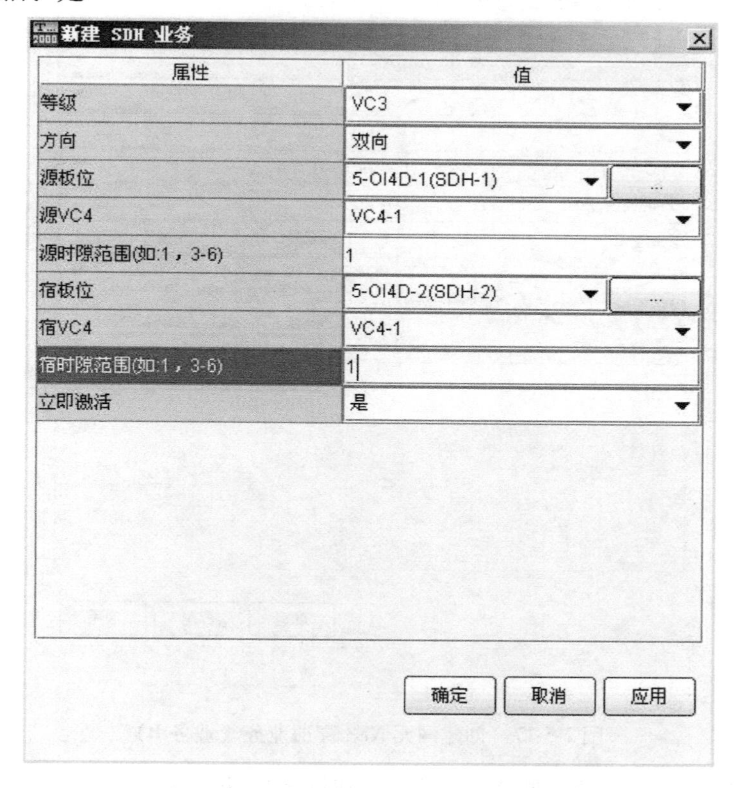

图 2-5-16　创建网元 NE3 穿通业务（业务 A）

4）单击“确定”按钮。

5）创建 NE3 的穿通业务 B：从光接口板 5-OI4D-1 的第 2 个 VC4 端口，到光接口板 5-OI4D-2 的第 2 个 VC4 端口。

在“SDH 业务配置”对话框中，单击“新建”，弹出“新建 SDH 业务”对话框，如图 2-5-17 所示，在该对话框中设置以下参数：

➢ 等级：VC12
➢ 方向：双向
➢ 源板位：5-OI4D-1（SDH-1）
➢ 源 VC4：VC4-2
➢ 源时隙范围：1- 8
➢ 宿板位：5-OI4D-2（SDH-2）
➢ 宿 VC4：VC4-2
➢ 宿时隙范围：1 - 8
➢ 立即激活：是

6）单击“确定”按钮。

（4）在 NE5 上创建 SNCP 双发选收业务

1）在主视图中选中 NE5 图标，在主菜单中选择“配置→网元管理器”，弹出“网元管理器”视图。

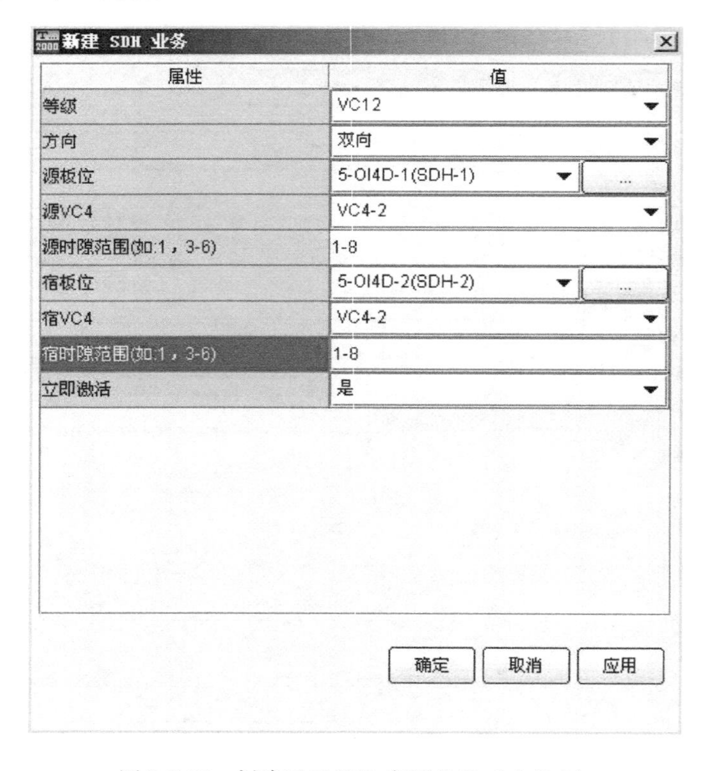

图 2-5-17　创建网元 NE3 穿通业务（业务 B）

2）在视图左上方选择操作对象：NE5，并在视图左边功能树中选择“配置→SDH 业务配置”，弹出“SDH 业务配置”对话框。

3）创建 NE5 的双发选收业务 A：从光接口板 11-N1SL4-1 及光接口板 8-N1SL4-1 的第 1 个 VC4 到线路板 9-Q1SL4-1 的第 1 个 VC4，建立 SNCP 业务，其中光接口板 8-N1SL4-1 的业务作为工作业务，光接口板 11-N1SL4-1 的业务作为保护业务，即由线路板 9-Q1SL4-1 来的业务分别发送至 NE2、NE3，并从 NE1 选收以太网业务。

在“SDH 业务配置”对话框中，单击“新建 SNCP 业务”，弹出“新建 SNCP 业务”对话框，如图 2-5-18 所示，在该对话框中设置以下参数：

- 业务类型：SNCP
- 等级：VC3
- 方向：双向
- 恢复模式：恢复
- 等待恢复时间（s）：600

工作业务：

- 源板位：8-N1SL4-1（SDH-1）
- 源 VC4：VC4-1
- 源时隙范围：1
- 宿板位：9-Q1SL4-1（SDH-1）
- 宿 VC4：VC4-1

➢ 宿时隙范围：1

保护业务：

➢ 源板位：11-N1SL4-1（SDH-1）

➢ 源 VC4：VC4-1

➢ 源时隙范围：1

➢ 立即激活：是

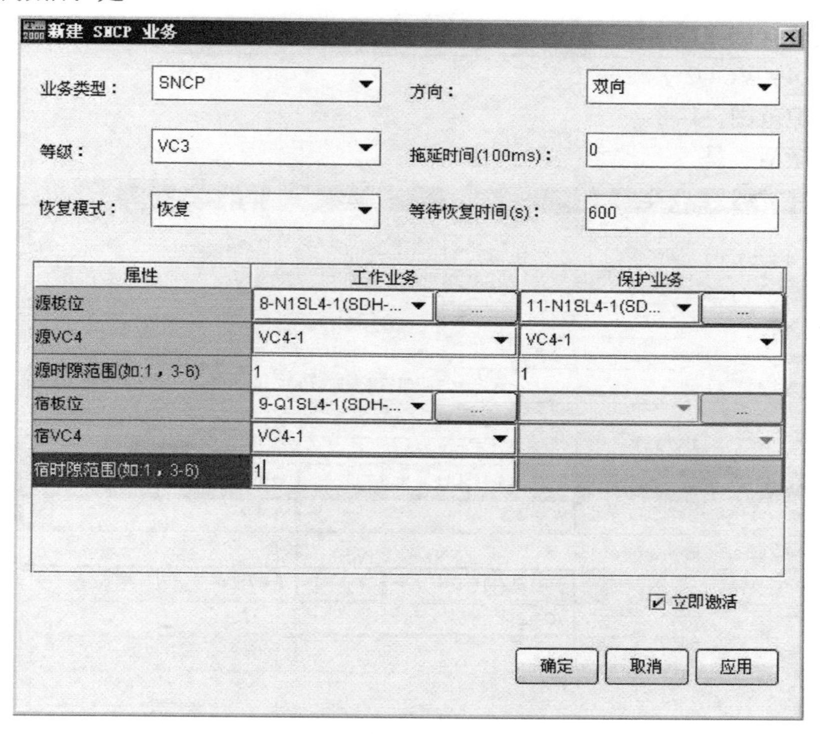

图 2-5-18　创建网元 NE5 以太网业务（业务 A）

4）单击“应用”按钮，关闭弹出的操作成功对话框。

5）创建 NE5 的双发选收业务 B：从光接口板 11-N1SL4-1 及光接口板 8-N1SL4-1 的第 2 个 VC4 到线路板 9-Q1SL4-1 的第 2 个 VC4，建立 SNCP 业务，其中光接口板 8-N1SL4-1 的业务作为工作业务，光接口板 11-N1SL4-1 的业务作为保护业务，即由线路板 9-Q1SL4-1 来的业务分别发送至 NE2、NE3，并从 NE1 选收以太网业务。

在“SDH 业务配置”对话框中，单击“新建 SNCP 业务”，弹出“新建 SNCP 业务”对话框，如图 2-5-19 所示，在该对话框中设置以下参数：

➢ 业务类型：SNCP

➢ 等级：VC12

➢ 方向：双向

➢ 恢复模式：恢复

➢ 等待恢复时间（s）：600

工作业务：

➢ 源板位：8-N1SL4-1（SDH-1）

➢ 源 VC4：VC4-2
➢ 源时隙范围：1- 8
➢ 宿板位：9-Q1SL4-1（SDH-1）
➢ 宿 VC4：VC4-2
➢ 宿时隙范围：1- 8

保护业务：

➢ 源板位：11-N1SL4-1（SDH-1）
➢ 源 VC4：VC4-2
➢ 源时隙范围：1- 8
➢ 立即激活：是

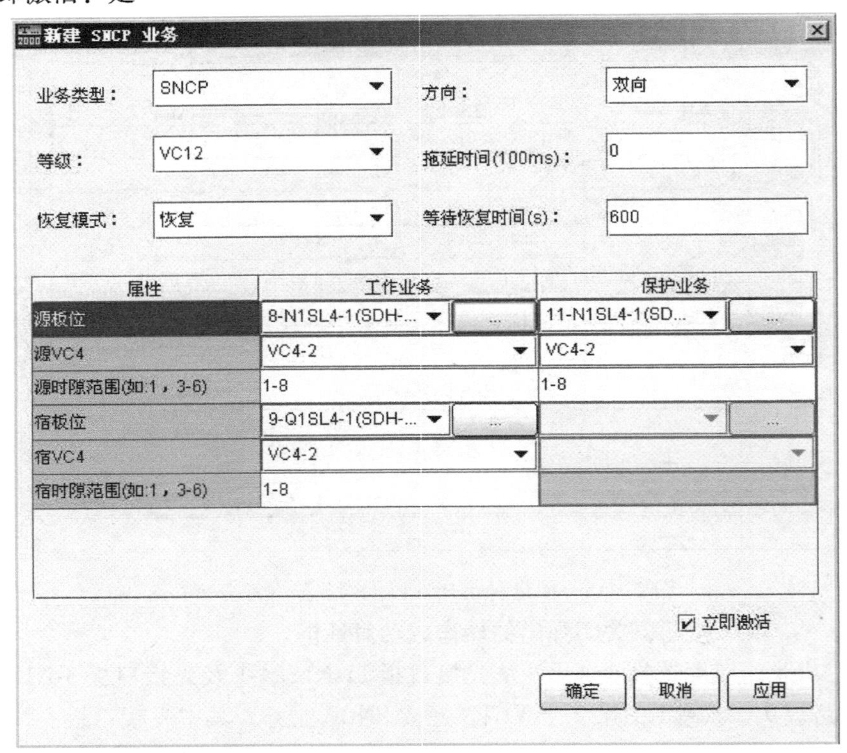

图 2-5-19　创建网元 NE5 以太网业务（业务 B）

6）单击“应用”按钮，关闭弹出的操作成功对话框。

（5）在 NE4 上创建上/下业务

1）在主视图中选中 NE4 图标，在主菜单中选择“配置→网元管理器”，弹出“网元管理器”视图。

2）在视图左上方选择操作对象：NE4，并在视图左边功能树中选择“配置→SDH 业务配置”，弹出“SDH 业务配置”对话框。

3）创建 NE4 的以太网业务 A：从以太网线路板 3-EFT-1 的第 1 个 VC4 到线路板 5-OI4D-1 的第 1 个 VC4，建立双向 VC3 等级业务。

在“SDH 业务配置”对话框中，单击“新建”，弹出“新建 SDH 业务”对话框，如图

2-5-20 所示，在该对话框中设置以下参数：

- 等级：VC3
- 方向：双向
- 源板位：3-EFT-1（SDH-1）
- 源 VC4：VC4-1
- 源时隙范围：1
- 宿板位：5-OI4D-1（SDH-1）
- 宿 VC4：VC4-1
- 宿时隙范围：1
- 立即激活：是

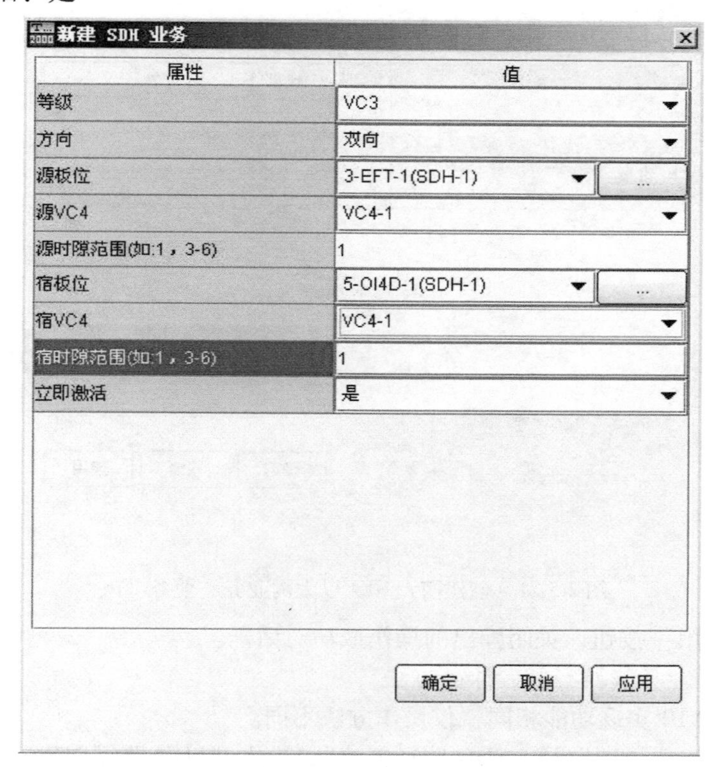

图 2-5-20　创建网元 NE4 以太网业务（业务 A）

4）单击“应用”按钮，关闭弹出的操作成功对话框。

5）创建 NE4 的以太网业务 B：从以太网线路板 3-EFT-1 的第 2 个 VC4 的 1 ~ 8 时隙到线路板 5-OI4D-1 的第 2 个 VC4 的 1 ~ 8 时隙，建立双向 VC12 等级业务。

在“SDH 业务配置”对话框中，单击“新建”，弹出“新建 SDH 业务”对话框，如图 2-5-21 所示，在该对话框中设置以下参数：

- 等级：VC12
- 方向：双向
- 源板位：3-EFT-1（SDH-1）
- 源 VC4：VC4-2

- 源时隙范围：1- 8
- 宿板位：5-OI4D-1（SDH-1）
- 宿 VC4：VC4-2
- 宿时隙范围：1-8
- 立即激活：是

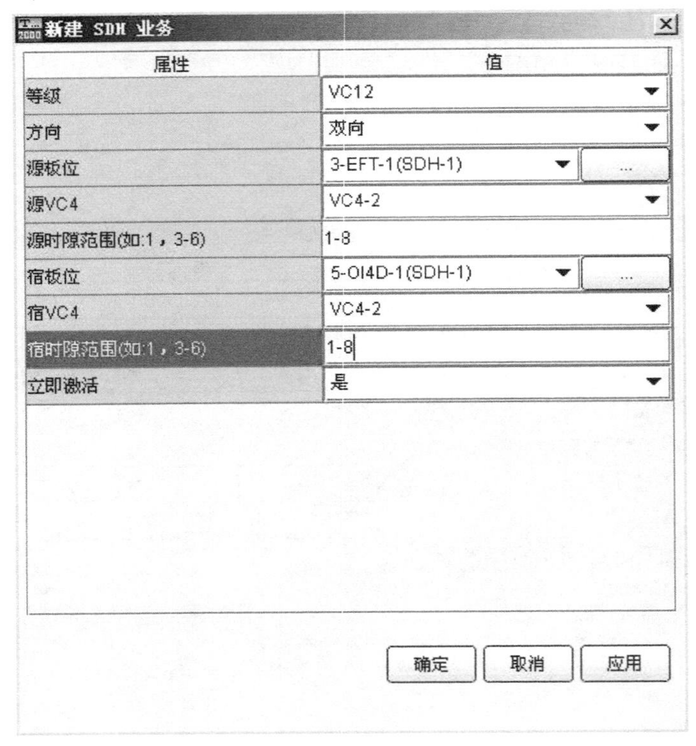

图 2-5-21　创建网元 NE4 以太网业务（业务 B）

6）单击“应用”按钮，关闭弹出的操作成功对话框。

11. 创建 SDH 业务（路径配置业务方法）

本步骤与步骤 10 实现功能相同，仅操作方法不同。

1）在主视图中选择“路径→SDH 路径创建”，进入“SDH 路径创建”视图。

2）如图 2-5-22 所示，在“SDH 路径创建”视图左侧菜单中，按照以下参数进行设置：

- 方向：双向
- 级别：VC3
- 资源使用策略：保护资源
- 保护优先策略：子网连接保护优先

3）双击“源”右侧[浏览]，在弹出的对话框中选择 NE1，单击右侧单板视图中的 EFT 单板，选择端口 1 中高阶 1 和低阶 1，如图 2-5-23 所示，单击“确定”按钮。

4）双击“宿”右侧[浏览]，在弹出的对话框中选择 NE4，单击右侧单板视图中的 EFT 单板，选择端口 1 中高阶 1 和低阶 1，如图 2-5-24 所示，单击“确定”按钮。

5）在“SDH 路径创建”视图中左下侧“名称”文本框中输入此业务名称，可以为默认。

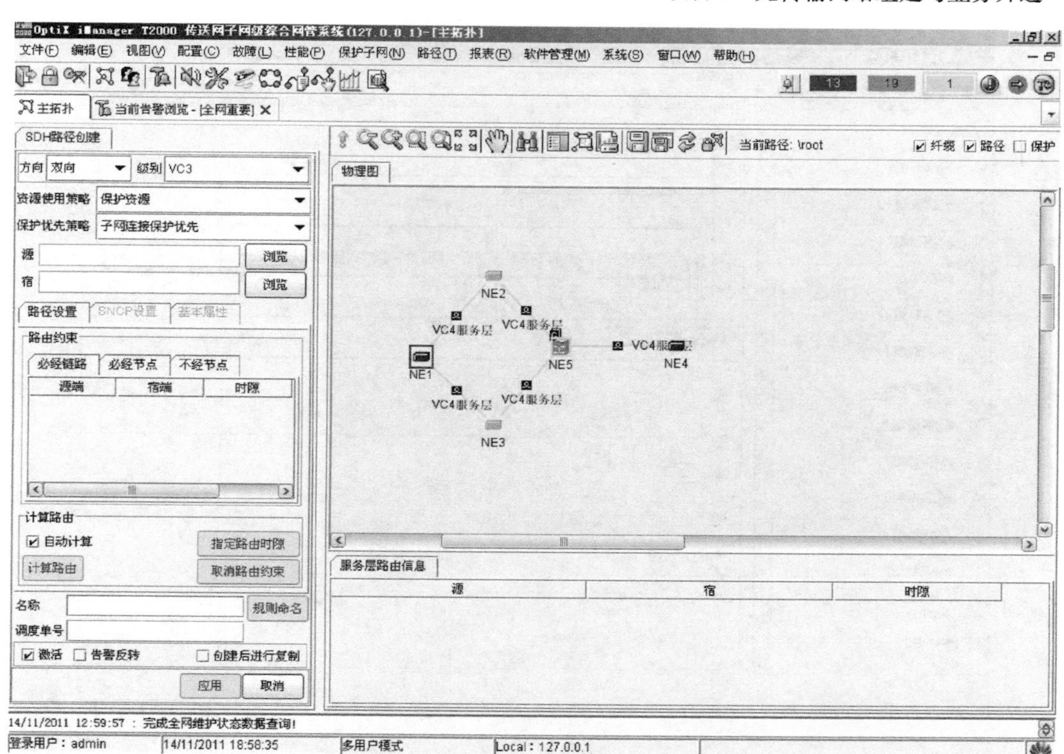

图 2-5-22　使用路径配置业务方法创建业务 A

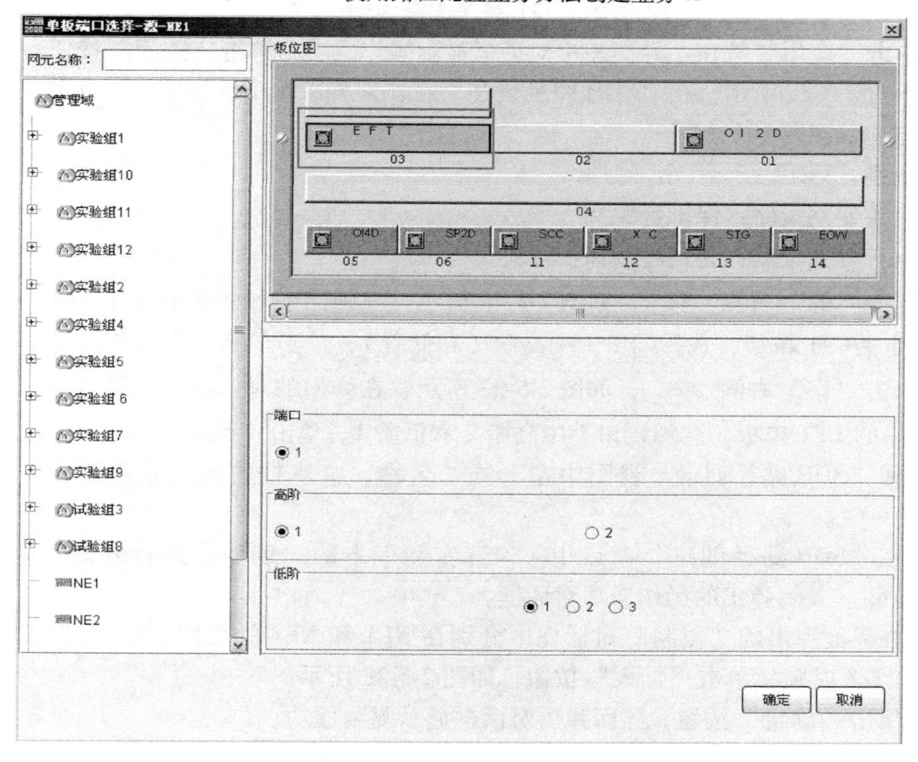

图 2-5-23　选择业务 A 源端单板及端口

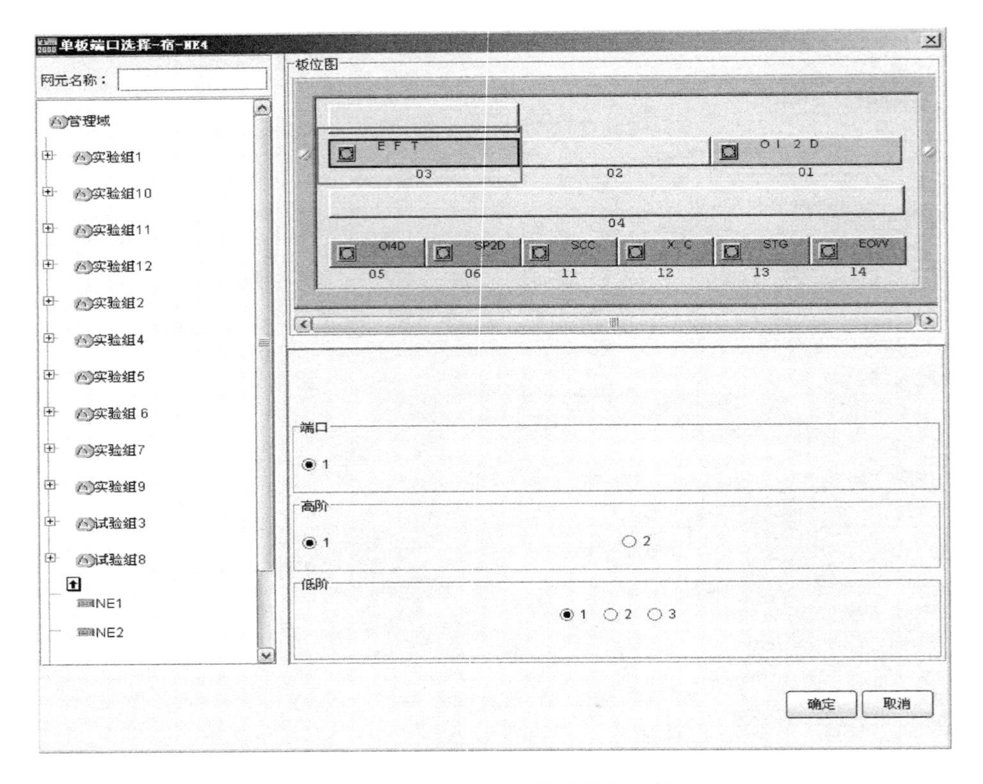

图 2-5-24　选择业务 A 宿端单板及端口

6）单击“应用”按钮。界面弹出对话框显示操作成功，单击“关闭”按钮。

7）如图 2-5-25 所示，在“SDH 路径创建”视图左侧菜单中，按照以下参数进行设置：

➢ 方向：双向
➢ 级别：VC12
➢ 资源使用策略：保护资源
➢ 保护优先策略：子网连接保护优先

8）双击“源”右侧 浏览 ，如图 2-5-26 所示，在弹出的对话框中选择 NE1，单击右侧单板视图中的EFT 单板，选择端口 1 中高阶 2 和低阶 1，单击“确定”按钮。

9）双击“宿”右侧 浏览 ，如图 2-5-27 所示，在弹出的对话框中选择 NE4，单击右侧单板视图中的 EFT 单板，选择端口 1 中高阶 2 和低阶 1，单击“确定”按钮。

10）在“SDH 路径创建”视图中左下侧“名称”文本框中输入此业务名称，可以为默认。

11）在“SDH 路径创建”窗口中，勾选左侧下方的“创建后进行复制”，然后单击“应用”按钮。关闭弹出的操作成功对话框。

12）在界面弹出的“复制”对话框中分别在 NE1 和 NE4 的可用时隙/端口中依次选择 VC4: 2 的 2 ~ 8 时隙，单击“加入”按钮，如图 2-5-28 所示。

13）单击“确定”按钮。界面弹出对话框显示复制成功。

14）单击“取消”按钮，关闭“SDH 路径创建”视图。

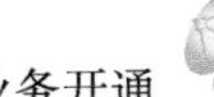

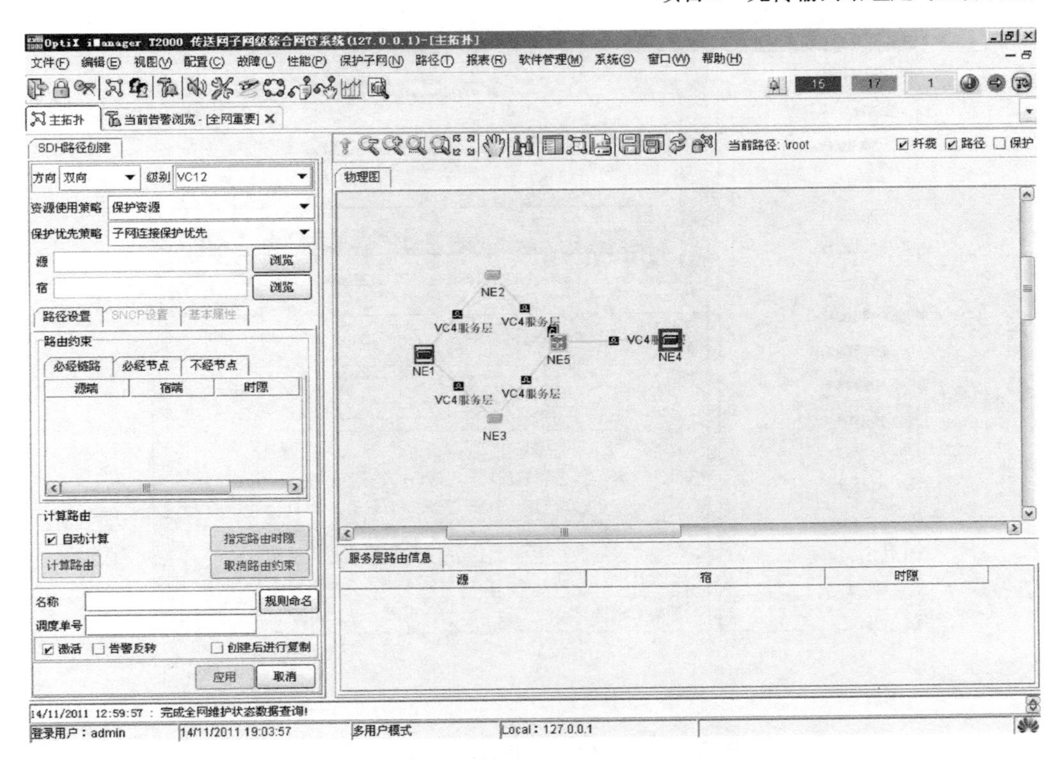

图 2-5-25　使用路径配置业务方法创建业务 B

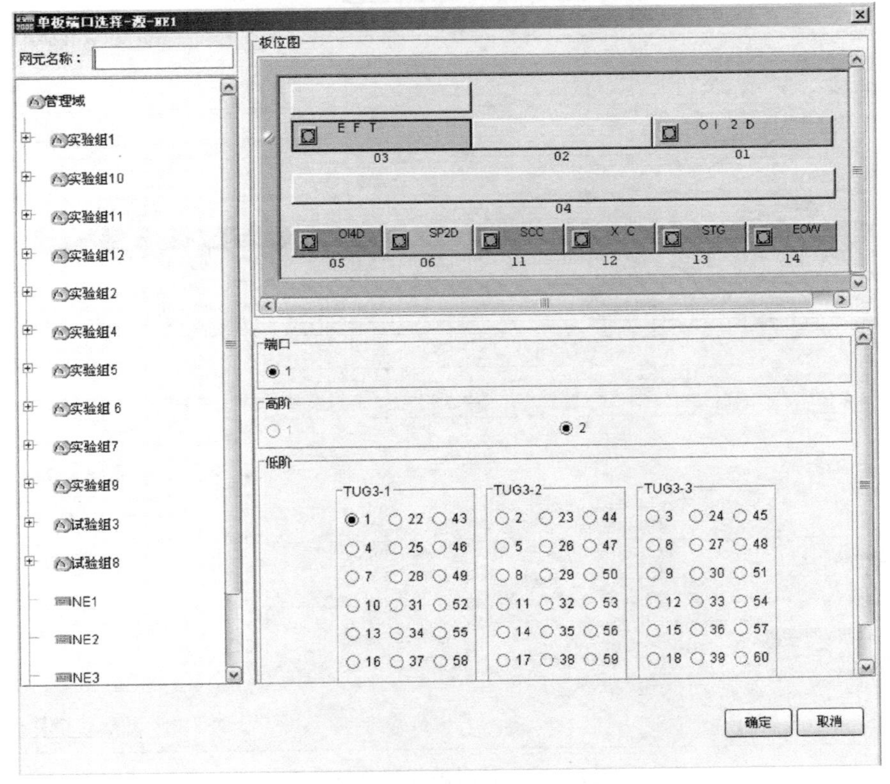

图 2-5-26　选择业务 B 源端单板及端口

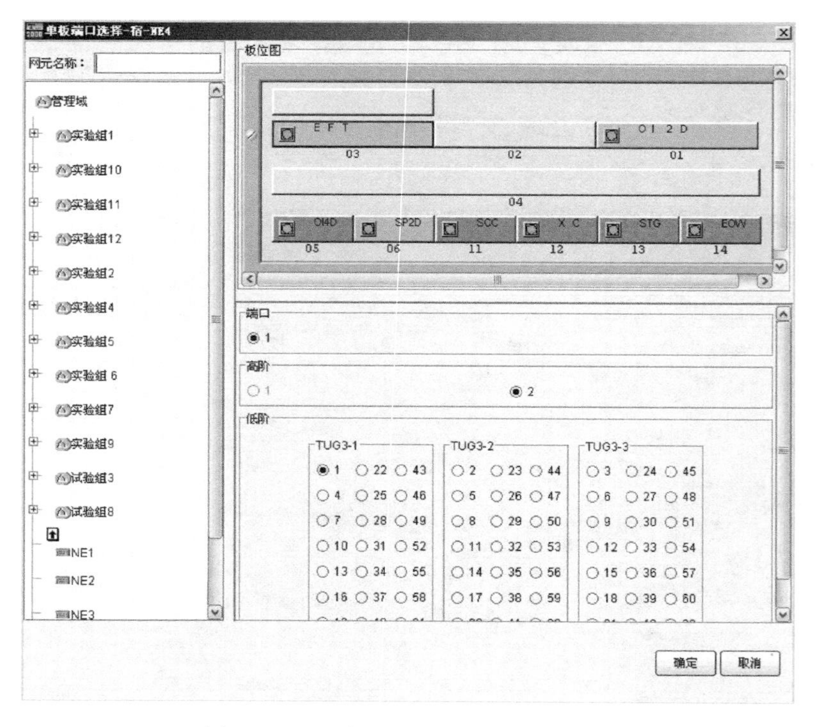

图 2-5-27 选择业务 B 宿端单板及端口

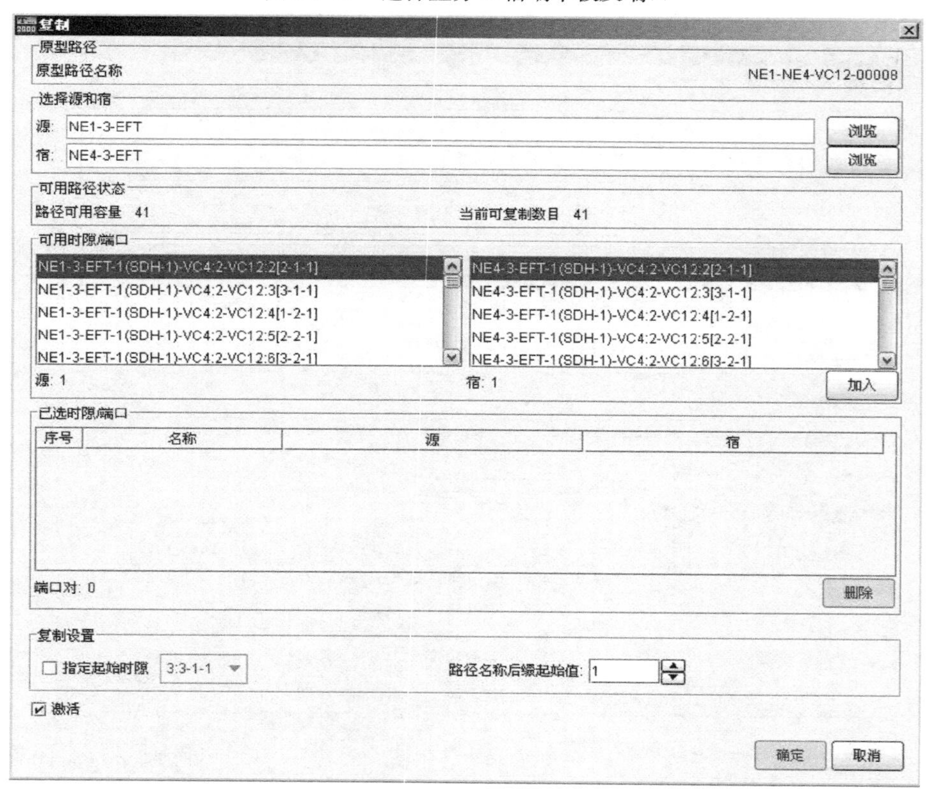

图 2-5-28 按时隙复制业务配置

12. 配置测试帧

OptiX 155/622H 的 EFT 单板支持测试帧功能，用来定位故障。当 NE1 和 NE4 之间的以太网业务不通时，可以在 NE1 与 NE4 之间发送测试帧判断 NE1 和 NE4 之间是否故障。NE1 发送测试帧给 NE4，NE4 收到测试帧后向 NE1 发送响应帧。NE1 根据 NE4 的响应帧，判断 NE1 和 NE4 之间是否故障。

1）在主视图的 NE1 网元图标上单击鼠标右键，选择“网元管理器”，弹出如图 2-5-29 所示的视图。

2）在单板树中选择 NE1 的 3-EFT 板。

3）在功能树中选择“配置→以太网维护→以太网测试”。

4）配置 VCTRUNK1 ~ VCTRUNK2 的测试列表。

配置 VCTRUNK1：

- 发送模式：“Burst”模式
- 发送方向：SDH 方向
- 发送个数：0 ~ 255，建议 20

配置 VCTRUNK2：

- 发送模式：“Continue”模式
- 发送方向：SDH 方向

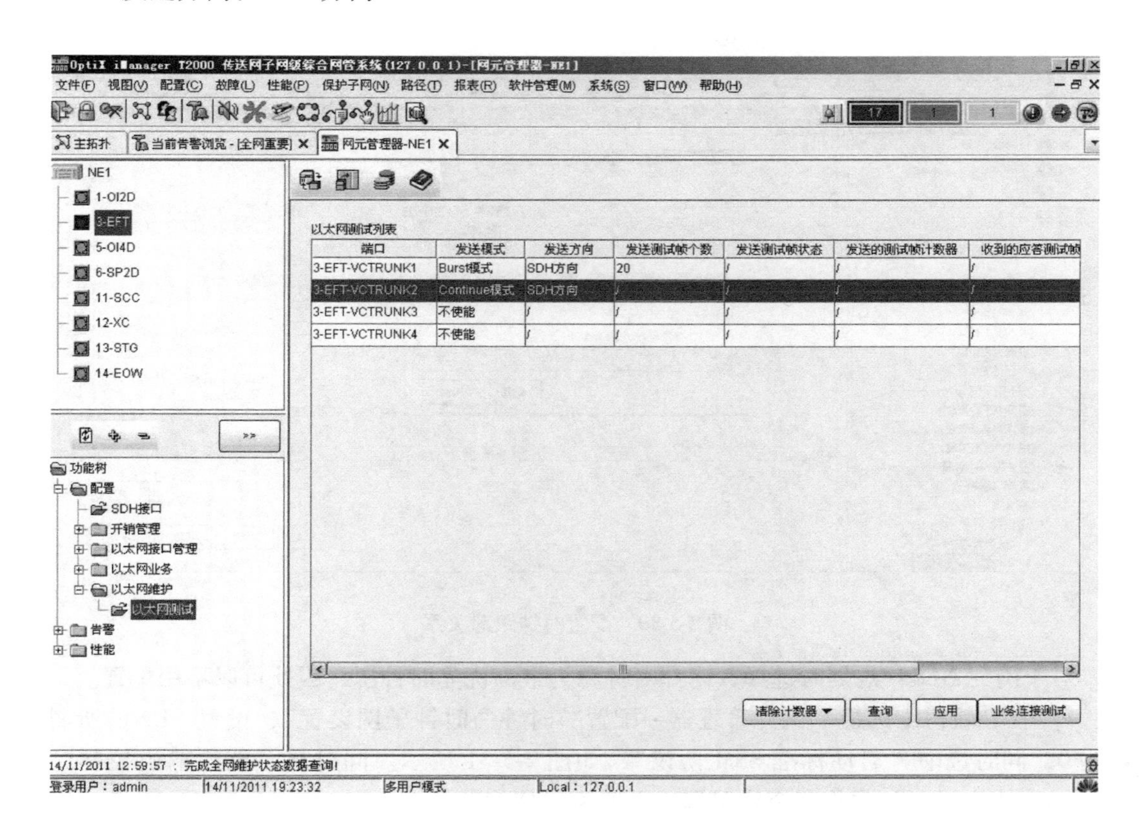

图 2-5-29　配置以太网测试帧

说明：
- 在“Continue”模式下可以不断地发送测试报文，大约每1s发送一个。
- 在“Burst”模式下，发送个数可以设置，发送间隔也约1s。
- 在“不使能”模式下，停止发送测试帧。

5）单击“应用”按钮。

6）参照步骤1）～5），设置NE4的以太网测试列表。

13. 配置时钟跟踪关系

1）以NE2为例，在主视图中用鼠标右键单击网元NE2，选择“网元管理器→配置→时钟”。

2）在导航树中单击“时钟源优先级表”，单击“新建”。

3）在增加时钟源对话框中按照表2-5-2的纤缆关系选择线路板接口，本例以NE5的内部时钟源作为时钟跟踪源，因此选择线路板5-OI4D-1、5-OI4D-2，分别接收NE5传送的和经由NE1传送的NE5的内部时钟信号，如图2-5-30所示。

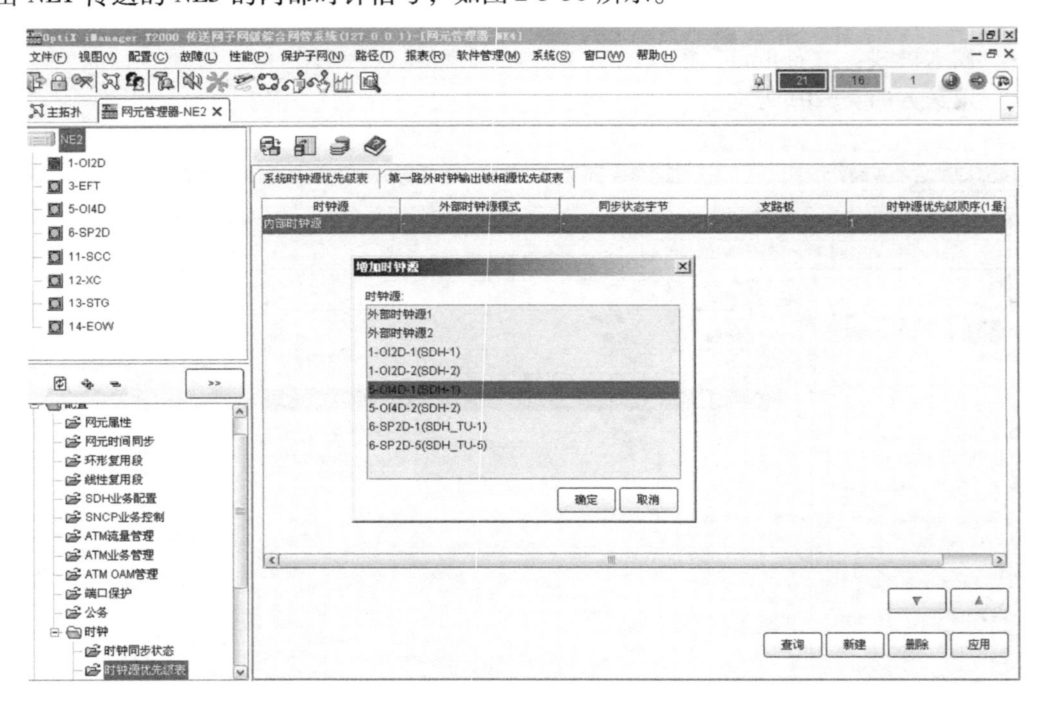

图2-5-30　配置时钟跟踪关系

对于网元NE5，规划时选择其内部时钟源为最高优先时钟源，因此可以不用配置。

4）在导航树中选择“网元管理器→配置→时钟→时钟子网设置”，设置NE2的所属子网为0，同时选中“启动标准SSM协议”，如图2-5-31所示。同时在“SSM输出控制”和“时钟ID使能状态”中将各个线路端口设置为“使能”。

5）依次按照步骤1）～4），配置其他网元的时钟源优先级表及时钟子网设置。对于NE4，由于网元未在环内，因此可以不启动SSM时钟保护协议，子网可以设置为其他值。

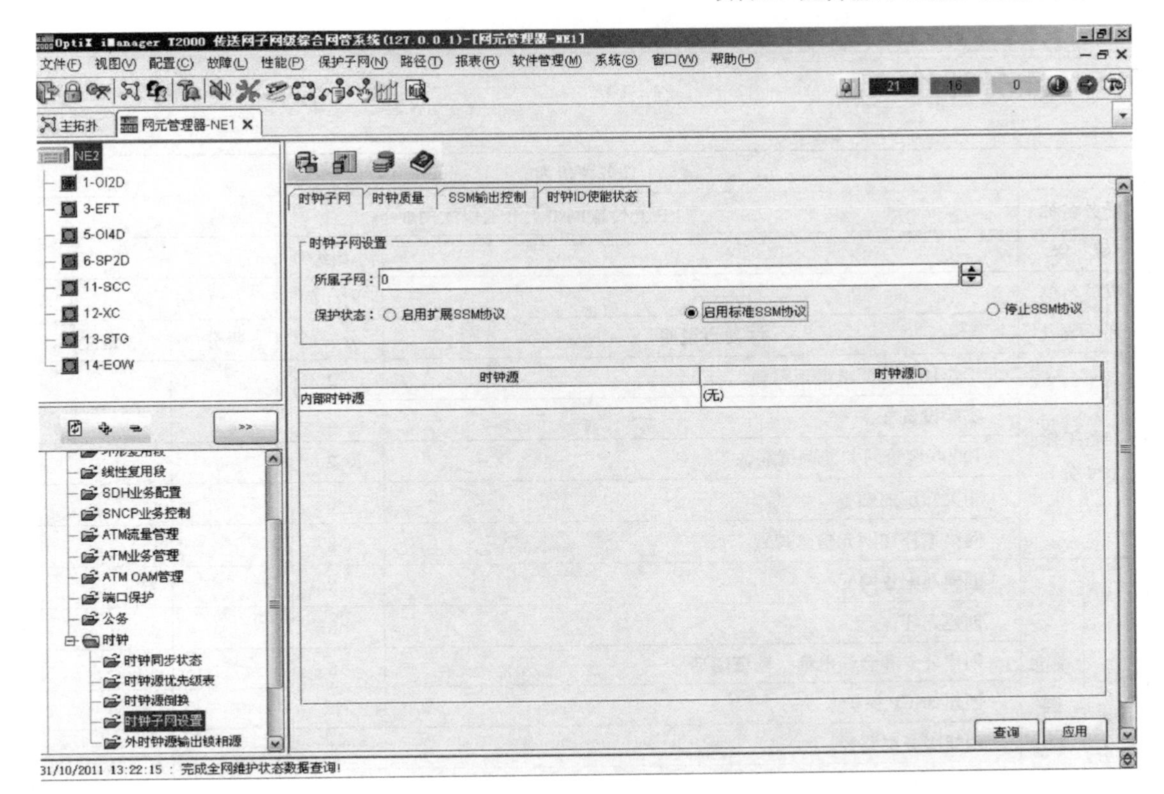

图 2-5-31　配置标准 SSM 协议

14. 配置性能参数

请参考项目 2 中 1.4.2 所述性能参数配置方法。

15. 配置告警参数

请参考项目 2 中 1.4.2 所述告警参数配置方法。

16. 查询业务配置告警

本实验正确配置业务后的告警应只包含业务未接入的告警，即 ETH_LOS 和 ALM_GFP_dCSF，表明网口连接丢失，两种告警的可能原因如下。

ETH_LOS：

1） 端口已使能但端口的网线或光纤没有连接好。

2） 网线或光纤故障。

3） 对端发送部分故障。

4） 本段接收部分故障。

ALM_GFP_dCSF：

1） 未设置外部端口使能。

2） 接口模块有错误，如光模块不存在或不匹配，光/电信号丢失等。

3） 物理链路失败。

TU_LOP_VC12 等表明业务配置错误的告警。业务配置完成后，可查看网管界面右上方的告警，确认业务配置是否正常。

5.5 任务评价

<table>
<tr><td colspan="6">任务评价表</td></tr>
<tr><td colspan="2">任务名称</td><td colspan="4">在光传输网络上开通以太网业务</td></tr>
<tr><td colspan="2">班　级</td><td></td><td>小组编号</td><td colspan="2"></td></tr>
<tr><td colspan="2">成员名单</td><td></td><td>时　间</td><td colspan="2"></td></tr>
<tr><td colspan="2">评价要点</td><td>要点说明</td><td>分　值</td><td>得分</td><td>备注</td></tr>
<tr><td colspan="2" rowspan="5">准备工作（20 分）</td><td>工作任务和要求是否明确</td><td>2</td><td></td><td></td></tr>
<tr><td>实验设备准备</td><td>2</td><td></td><td></td></tr>
<tr><td>T2000 网管的安装调试准备</td><td>2</td><td></td><td></td></tr>
<tr><td>相关知识的准备</td><td>6</td><td></td><td></td></tr>
<tr><td>网络拓扑和网元信息规划</td><td>8</td><td></td><td></td></tr>
<tr><td rowspan="8">任务实施（60 分）</td><td rowspan="8">环带链 SNC 保护</td><td>创建和配置网元</td><td>8</td><td></td><td></td></tr>
<tr><td>创建光纤</td><td>8</td><td></td><td></td></tr>
<tr><td>创建公务和会议电话，验证通话</td><td>8</td><td></td><td></td></tr>
<tr><td>创建 SNCP 保护</td><td>12</td><td></td><td></td></tr>
<tr><td>创建服务层路径</td><td>4</td><td></td><td></td></tr>
<tr><td>创建 SDH 业务</td><td>12</td><td></td><td></td></tr>
<tr><td>查询网元性能</td><td>4</td><td></td><td></td></tr>
<tr><td>查询业务配置告警</td><td>4</td><td></td><td></td></tr>
<tr><td colspan="2" rowspan="4">操作规范（20 分）</td><td>遵守机房工作和管理制度</td><td>4</td><td></td><td></td></tr>
<tr><td>各小组固定位置，按任务顺序展开工作</td><td>4</td><td></td><td></td></tr>
<tr><td>按规范使用操作，防止损坏仪器仪表</td><td>6</td><td></td><td></td></tr>
<tr><td>保持环境卫生，不乱扔废弃物</td><td>6</td><td></td><td></td></tr>
</table>

任务 6　基于 ASON 网元的智能业务配置

6.1 任务描述

本任务主要完成用 OptiX OSN 2500 设备搭建 MESH 智能网络以及智能业务的配置开通与管理，通过任务实施过程了解智能网络的结构与业务配置流程。

本任务主要适用于以下岗位的工作环节和操作技能的训练：

■　安装调试工程师

- 数据配置工程师
- 系统维护工程师

本任务的练习使学生基本掌握如下知识和技能：

- 熟悉 OptiX OSN 2500 设备的板件组成
- 学会结合设备特性对智能网络进行规划
- 学会以 OptiX OSN 2500 设备组建 MESH 环形传输网络
- 学会 MESH 网络上配置智能业务的方法

6.2　任务单

<table>
<tr><td>工作任务</td><td colspan="3">基于 ASON 网元的智能业务配置</td><td>学时</td><td>4</td></tr>
<tr><td>班级</td><td></td><td>小组编号</td><td></td><td>成员名单</td><td></td></tr>
<tr><td>任务描述</td><td colspan="5">学生分组，根据要求利用 OptiX OSN 2500 设备搭建 MESH 智能光网络，进行 MESH 网与传统 SDH 传输网结合配置操作、智能业务和公务电话配置开通等</td></tr>
<tr><td>所需设备及工具</td><td colspan="5">4 部 OptiX OSN 2500 设备、ODF 架、信号电缆、光纤、T2000 网管软件</td></tr>
<tr><td>工作内容</td><td colspan="5">● 智能业务分析
● MESH 网组网规划
● OptiX OSN 2500 设备配置操作
● MESH 网公务配置、保护配置操作
● MESH 网业务配置操作
● MESH 网业务验证操作</td></tr>
<tr><td>注意事项</td><td colspan="5">● 遵守机房工作和管理制度
● 注意用电安全、谨防触电
● 按规范使用操作，防止损坏仪器仪表
● 爱护工具仪器
● 各小组固定位置，按任务顺序展开工作
● 保持环境卫生，不乱扔废弃物</td></tr>
</table>

6.3　知识准备

6.3.1　ASON 相关概念介绍

ASON（Automatically Switched Optical Network），即自动交换光网络，是新一代光传输网络，也称智能光网络。ASON 作为传输网领域的新技术，相对于传统 SDH 网络，在业务配置、带宽利用率和保护方式上更具优势，它在传输网中引入了信令，并通过增加控制平面，增强了网络连接管理和故障恢复能力。它支持端到端业务配置和多种业务恢复形式，通过提供路由选择功能和分级别的保护方式，尽量少的预留备用资源，提高了网络的带宽利用率。

ASON 由智能网元、TE 链路、ASON 域和 SPC（Soft Permanent Connection）组成，如图 2-6-1 所示。

智能网元是 ASON 的拓扑元件。相对于传统网元，智能网元增加了链路管理功能、信令

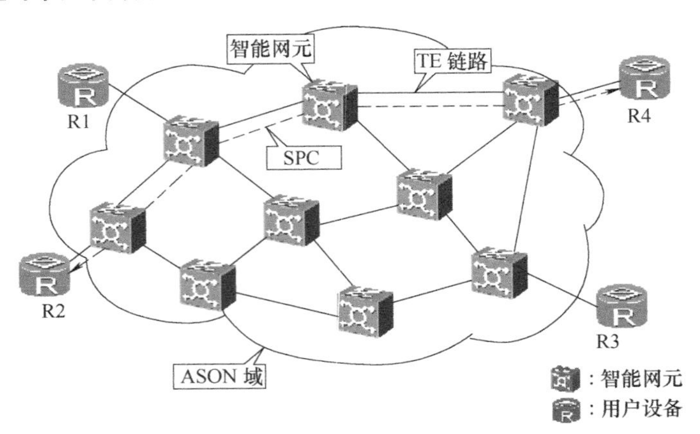

图 2-6-1　智能光网络组成

功能和路由功能，智能网元的节点 ID 是其在控制平面内的唯一标志。节点 ID 格式与 IP 地址格式相同，但节点 ID 与网元 IP 不能在同一网段内。智能网元的网元 ID 与传统网元意义相同，是传送平面内网元的唯一标志。节点 ID 与网元 ID、网元 IP 是相互独立的。智能网元与传统网元的结构区别如图 2-6-2 所示。

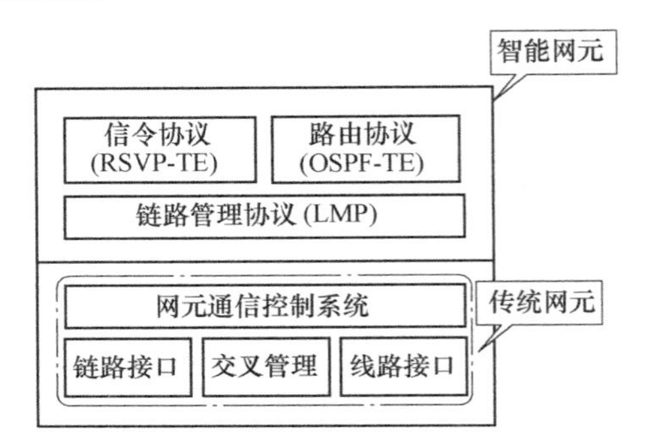

图 2-6-2　智能网元与传统网元的结构区别

TE（Traffic Engineering）链路就是流量工程链路。智能网元将自己的带宽等信息以 TE 链路的形式向网络中的其他智能网元发送，为路由计算提供数据支持。一根站间光纤只包含一条 TE 链路。

成员链路是组成 TE 链路的更小带宽单位，一个 TE 链路可以由几个成员链路组成。

> 说明：
> TE 链路由 OSPF 协议向全网洪泛，每个智能网元都保存全网的 TE 链路信息。成员链路不会向全网洪泛，每个智能网元仅管理和保存自己的成员链路。

PC（Permanent Connection）为永久连接。它是经过预先计算，然后通过网管分别向各个网元下发命令而建立的连接。通常所说的传统业务就是指 PC。

SC（Switched Connection）为交换连接。它是由终端用户（如路由器）向 ASON 控制平面发起呼叫，在控制平面内通过信令建立起的业务连接。

SPC 为软永久连接，是介于 PC 和 SC 之间的业务连接。用户到传送网络部分由网管配置，而传送网络内部的连接由网管向网元控制平面发起请求，由智能网元的控制平面通过信令完成配置。通常所说的智能电路或者智能业务就是指 SPC。

另外，除了 TE 链路和成员链路，ASON 网络还包括控制通道和控制链路，其概念和区别如下：

控制通道由 LMP 协议在相邻节点间创建和维护，并为 LMP 协议报文的交互提供物理承

载通道。控制通道分为光纤内和光纤外两种。光纤内控制通道使用 DCC 通道的 D4 ~ D12 字节，能够自动发现。光纤外控制通道使用以太网链路，需要手工配置。

> ⚠注意：
>
> ■　两个相邻节点之间只有存在可用的控制通道之后，才能进行成员链路和 TE 链路校验。
>
> ■　两个相邻节点之间至少存在一条控制通道，如果相邻节点之间有多条光纤，则可以创建多条控制通道，但 LMP 在一个时间只选择其中一个控制通道发送协议报文。

控制链路即是网元间的协议实体为了实现相互间的交互而建立的通信链路。

使用 OSPF 协议的控制链路是 OSPF 协议在两个节点间创建并维护的，并且会洪泛到全网。因此，每个网元都可以获得全网的控制链路，从而组成控制拓扑。每个网元的 OSPF 根据控制拓扑计算出自己到其他各个网元的最短控制路由，并把这些路由写入转发表，提供给信令 RSVP 发消息报文使用。

控制链路默认建立在纤内（D4 ~ D12 字节），也可以建立在纤外，这时需要把以太网口的 OSPF 协议打开。

> 说明：
>
> 控制链路和控制通道都是建立在 DCC 通道上（D4 ~ D12），但是控制链路和控制通道作用不同，相互独立。控制链路由 OSPF 协议向全网洪泛，每个智能网元都保存全网的控制链路信息。而控制通道不会向全网洪泛，每个智能网元仅管理和保存自己的控制通道。

ASON 分成 3 个平面：控制平面、传送平面和管理平面。

■　控制平面由一组通信实体组成，负责完成呼叫控制和连接控制功能。通过信令完成连接的建立、释放、监测和维护，并在发生故障时自动恢复连接。

■　传送平面就是传统 SDH 网络。它完成光信号传输、复用、配置保护倒换和交叉连接等功能，并确保所传光信号的可靠性。

■　管理平面完成传送平面、控制平面和整个系统的维护功能，能够进行端到端的配置，是控制平面的一个补充，包括性能管理、故障管理、配置管理和安全管理功能。

管理平面主要是指网管等上层管理，传送平面就是传统的 SDH 网络，而控制平面应用了智能软件，使用 LMP、OSPF-TE 和 RSVP-TE 协议。

华为 OptiX GCP 采用的链路管理协议是 LMP（Link Management Protocol），路由协议是 OSPF-TE（Open Shortest Path First-Traffic Engineering），信令协议是 RSVP-TE（Resource Reservation Protocol-Traffic Engineering）。

LMP 是链路管理协议，主用功能为建立和维护相邻节点之间的控制通道和完成成员链路和 TE 链路的校验。

控制通道的建立过程如下：

1）当两个相邻的智能网元启动后，LMP 协议利用 DCC 的 D4 ~ D12 字节或以太网链路发送消息，如图 2-6-3 所示。Node 1 向 Node 2 发送消息，Node 2 对收到的消息进行校验，如校验通过则建立控制通道并返回消息给Node 1，否则Node 2返回校验失败的消息给Node 1，并等待下一次的校验，这样即完成了相邻节点之间控制通道的创建。

2）控制通道创建后，两个节点分别保存此控制通道的相关信息，并以控制通道ID来标志，如图2-6-3所示。

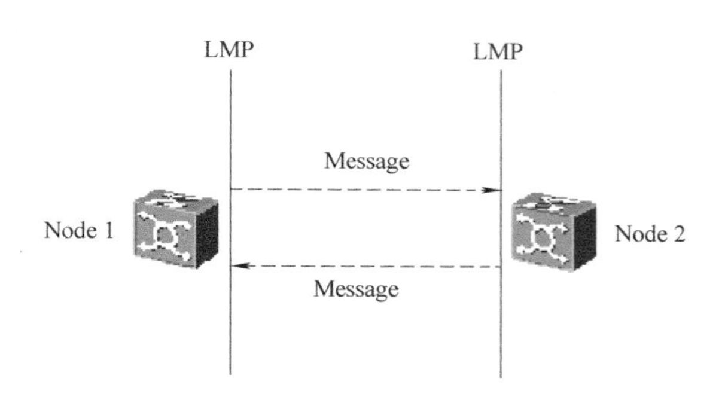

图2-6-3　控制通道的建立

成员链路和TE链路的校验过程如下：

1）在智能网元上添加逻辑单板之后，智能软件将为该单板的光口创建成员链路，并根据光口的属性配置成员链路的属性。属性包括板位号、光口号、带宽和节点ID等。

2）创建成员链路之后，智能软件将创建对应的TE链路。此时LMP将启动成员链路和TE链路的校验。如图2-6-4所示，Node 1向Node 2发送消息，将待校验的内容发送给Node 2，而后Node 2判断信息是否与本节点相同，并将校验的结果反馈给Node 1。校验的目的是验证链路两端的信息是否一致，校验通过后TE链路才能通过OSPF协议向全网洪泛。

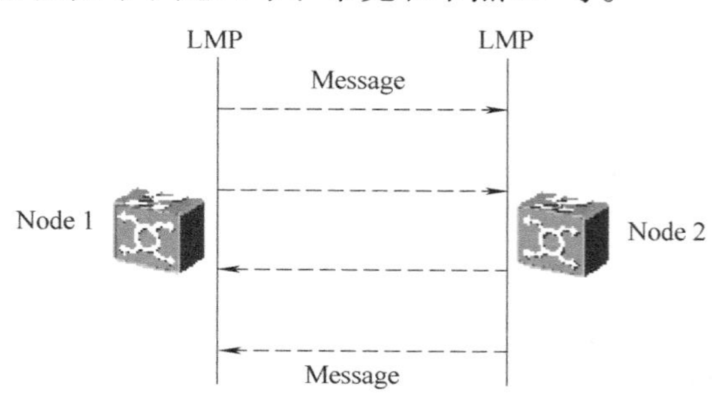

图2-6-4　成员链路和TE链路的校验

路由协议采用OSPF扩展协议OSPF-TE，主要功能如下：

■　建立邻居关系

■　创建并维护控制链路

■　洪泛和收集控制平面的控制链路信息，并据此产生控制平面的路由信息，为控制平面的消息包转发提供路由

■　洪泛和收集传送平面的TE链路信息，为计算业务路径提供网络业务拓扑信息

ASON通过OSPF-TE协议自动发现控制链路。在网络管理方面，当全网物理光纤连接完成之后，智能网元能够自动发现全网控制拓扑，并上报给网管，实时显示到网管上。同时，ASON通过OSPF-TE协议将TE链路向全网洪泛。智能网元通过LMP协议创建相邻网元之间的控制通道后，即可进行TE链路校验。TE链路校验完成后，每个智能网元都通过OSPF-TE将自己的TE链路信息洪泛到整个网络。这样所有网元都得到全网的TE链路信息，也就得到全网的资源拓扑，为路由计算提供业务拓扑信息。

智能软件可实时发现TE链路状态的改变，包括链路增加、链路参数变化和链路删除等，并上报网管，网管进行实时刷新。

RSVP即资源预留协议，是信令的一种。RSVP-TE即扩展RSVP，是RSVP在流量工程方面的扩展。RSVP-TE主要完成以下功能：

■　LSP建立

■　LSP删除

- LSP 属性修改
- LSP 重路由
- LSP 路径优化

> 说明：
> LSP 即标记交换路径，也就是智能业务经过的路径。在 ASON 中，创建智能业务就是创建 LSP。

各过程举例如下：

如图 2-6-5 所示，建立 NE1 到 NE3 的一条双向 VC4 业务。

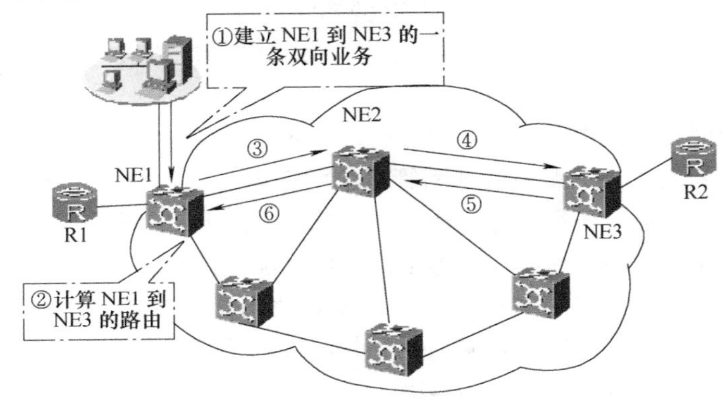

图 2-6-5　LSP 的建立过程

LSP 的建立过程如下：

1）网管向 NE1 下发命令，要求创建一条 NE1 到 NE3 的双向 VC4 业务。

2）NE1 调用 CSPF（Constvained Shortest Path First）约束式最短路径优先算法，根据 OSPF-TE 协议收敛得到控制拓扑和业务拓扑，计算出最合适的业务路由，这里假设是 NE1-NE2-NE3。

3）NE1 按照计算出的路由，通过 RSVP-TE 信令协议向 NE2 发送消息，请求预留资源并建立交叉连接。

4）NE2 通过 RSVP-TE 信令协议向 NE3 发送消息，请求预留资源并建立交叉连接。

5）NE3 完成交叉连接建立后，向 NE2 回送消息。

6）NE2 向 NE1 回送消息。

7）NE1 收到回送消息，并保存相关信息，然后上报网管，LSP 创建成功。

LSP 的删除过程如下：

1）网管向首节点 NE1 下发命令，要求删除一条 NE1 到 NE3 的双向 VC4 业务。

2）NE1 删除本节点上该 LSP 占用的资源，并通过 RSVP-TE 信令向 NE2 发送消息。

3）NE2 收到 NE1 的消息后，删除本节点上该 LSP 占用的资源，并通过 RSVP-TE 信令向 NE3 发送消息。

4）NE3 收到 NE2 的消息后，删除本节点上该 LSP 占用的资源。

LSP 的重路由过程是先创建新 LSP 然后删除旧的 LSP。

当LSP中断时，会向控制平面发起重路由请求，要求建立一条新的LSP。首节点在收到请求后，会重新计算路由并分配资源，进行新LSP的创建。新LSP的创建过程与LSP的建立过程相同。新LSP创建成功后，删除原LSP，过程如上述LSP的删除过程。

LSP的路由修改过程就是智能电路的优化过程。

LSP的路由修改过程如下：

1）首节点接收到网管下发的路由修改命令后，发起新LSP的创建过程，参见LSP的建立过程。

2）新的LSP创建完成后，首节点和末节点同时进行交叉连接的切换，从原有LSP切换到新LSP上。

3）切换完成后，从首节点发起原有LSP的删除过程，如上述LSP的删除过程。

另外，ASON仍然可以采用传统的保护方式，如MSP和SNCP。出现故障时，保护倒换由传送平面完成，不涉及控制平面。

保护通常利用网元间预先分配的容量，简单的如1+1保护，复杂的如MSP保护。保护往往处于网元的控制之下，不需要外部网管系统的介入，保护倒换时间很短，一般在50ms以内。但使用保护的缺点是备用资源无法在网络范围内由大家共享。

恢复则通常利用网元间可用的任何容量，包括低优先级的额外容量。当业务的路由失效时，网络自动寻找失效路由的替代路由，其恢复算法与网络选路算法相同。使用恢复方式时，网络必须预先保留一部分空闲资源，供业务重路由时使用。由于重路由时需要重新计算业务路由，业务恢复时间较长，通常为秒级。

重路由是一种业务恢复方式。当LSP中断时，首节点计算出一条业务恢复的最佳路径，然后通过信令建立起一条新的LSP，由新的LSP来传送业务。在建立了新的LSP后，删除原LSP。ASON中的恢复采用重路由方式。

当同首节点的多条LSP同时进行重路由时，优先级高的LSP优先发起重路由，其重路由成功的机会比低优先级的LSP要大。重路由优先级有三种类型：高、低和延时。延时的级别最低。

6.3.2 ASON功能介绍

ASON在支持传统SDH业务的同时，还支持端到端的智能业务。这时，只需知道源节点、宿节点、带宽和保护级别，即可完成业务的配置。智能网元可以自动选择路由并创建各个节点的交叉连接。当然，还可以通过设置必经节点、排除节点、必经链路和排除链路来约束业务的路由。

1. MESH组网保护和恢复

MESH组网是ASON的主要组网方式之一，这种组网方式具有灵活、易扩展的特点。与传统SDH组网方式相比，MESH组网不需要预留50%的带宽，在带宽需求日益增长的情况下，节约了宝贵的带宽资源；而且在这种组网方式下，恢复路径可以有很多条，提高了网络的安全性，最大程度上利用了整个网络的资源。

2. 智能时钟跟踪

智能网元除了支持传统时钟跟踪模式以外，还支持智能时钟跟踪模式。在一个智能域内，可以把部分或者全部的智能网元设置为智能时钟跟踪模式，组成一个智能时钟子网。

智能时钟子网内各个智能网元能够自动跟踪最优时钟源，实现时钟的自动跟踪和自动倒换，避免时钟互锁，简化了时钟配置操作。当智能域内的网元数量很多时，如果创建单个时钟子网造成时钟跟踪链超过20个网元，则需要创建多个智能时钟子网。各个智能时钟子网形成自己的时钟跟踪关系，跟踪本子网内的基准源，且各个智能时钟子网内的基准源及其链路的变化不会影响到其他智能时钟子网的时钟跟踪关系。通常情况下，一个智能域只需创建一个智能时钟子网。

如果要实现智能时钟跟踪，智能时钟子网内的智能网元必须都启动标准SSM协议。

智能时钟子网的跟踪关系如下：

■　智能时钟子网优先跟踪时钟质量等级最高的基准源。

■　如果多个基准源的质量等级相同，则跟踪优先级最高的基准源。

■　如果多个基准源的质量等级和优先级都相同，则按照“就近原则”进行跟踪，形成多棵时钟跟踪树，避免时钟跟踪路径过长。

■　如果所有基准源都失效，则跟踪Node ID最小的网元的内部时钟源，保证全网时钟同步。

3. SLA

SLA（Service Level Agreement）就是服务等级协定，从业务保护的角度将业务分成多种级别，见表2-6-1。

表2-6-1　智能业务等级

业　　务	保护和恢复策略	实现方式	倒换和重路由时间
钻石级业务	保护与恢复	SNCP和重路由	● 倒换时间<50ms ● 重路由时间<2s
金级业务	保护与恢复	MSP和重路由	● 倒换时间<50ms ● 重路由时间<2s
银级业务	恢复	重路由	重路由时间<2s
铜级业务	无保护不恢复	—	—
铁级业务	可抢占	MSP	—

钻石级业务是保护能力最强的业务，在资源充足的前提下提供永久的1+1保护。主要用于传送重要的话音和数据业务，重要客户专线，如银行、证券、航空等。

钻石级业务是指一条从源节点到宿节点的具有1+1保护属性的业务，也叫1+1业务。在源节点和宿节点之间同时建立起两条LSP，这两条LSP的路由尽量分离。一条称为主LSP，另一条称为备LSP。源节点和宿节点同时向主LSP和备LSP发送相同的业务。宿节点在主LSP正常的情况下，从主LSP接收业务；当主LSP失效后，从备LSP接收业务。

钻石级业务的重路由策略有如下三种：

■　永久1+1钻石级业务：任意一条LSP失效即触发重路由。

■　重路由1+1钻石级业务：两条LSP都失效才触发重路由。

■　不重路由钻石级业务：不管LSP是否失效，都不触发重路由。

金级业务适用于传统语音业务和较重要的数据业务。同钻石级业务相比，金级业务的带宽利用率要高。金级业务需要创建一条LSP，并且LSP所经过的链路必须是TE链路的工作资源或无保护资源。金级业务经过的复用段环或者链第一次断纤时，启动复用段保护倒换实现业务保护；复用段倒换失效时再触发重路由进行业务恢复。

银级业务恢复时间为几百毫秒至数秒，适用于实时性要求不太高的数据业务、小区上网业务等。银级业务也叫重路由业务。如果银级业务的 LSP 失效，将周期性地发起重路由，直至重路由成功。如果网络资源不足，可能造成业务中断。

铜级业务应用很少，一般适用于配置临时业务，如节假日期间的突发业务。铜级业务就是无保护业务。如果 LSP 失效，不会发起重路由，业务中断。

铁级业务应用极少，一般只用于配置临时业务。如在重大节假日期间，业务量猛增的情况下配置铁级业务，充分利用带宽资源。铁级业务又叫可抢占业务。铁级业务使用 TE 链路保护资源或者无保护资源来创建 LSP。如果 LSP 失效，业务中断不会发起重路由。

■ 当铁级业务使用 TE 链路保护资源时，如果发生复用段倒换，铁级业务将被抢占，业务中断。当复用段恢复后，铁级业务将随之恢复。铁级业务中断、被抢占和恢复的时候，都将上报网管。

■ 当铁级业务使用 TE 链路无保护资源时，如果网络资源不足，铁级可能被重路由的银级业务或者钻石级业务抢占，业务中断。

4. 隧道

隧道主要用来装载 VC12 和 VC3 低阶业务。隧道又叫智能服务电路。

当需要创建低阶业务时，首先建立一条 VC4 级别的隧道，保护级别可以是金级、银级或铜级，业务创建时，源节点和宿节点的线路板以及线路板的 VC4 时隙都由网络自动选择。隧道创建完成后，即可创建 VC12 或 VC3 低阶业务。支路板到线路板低阶交叉连接需要手工创建或删除。当智能服务电路重路由或者优化时，源、宿节点的交叉连接将自动切换到新的端口上，不需手工干预。

隧道的属性见表 2-6-2。

表 2-6-2　隧道的属性

属性	金级隧道	银级隧道	铜级隧道
创建条件	金级业务创建条件	银级业务创建条件	铜级业务创建条件
业务恢复	金级业务恢复方式	银级业务恢复方式	不支持重路由
重路由属性	● 支持重路由锁定 ● 支持重路由优先级	● 支持重路由锁定 ● 支持重路由优先级	不支持
业务可返回	支持	支持	不支持
预置恢复路径	支持	支持	不支持
业务关联	不支持	支持	支持
业务转换	● 支持隧道与传统业务相互转换 ● 支持银级隧道与铜级隧道相互转换 ● 支持金级隧道与银级隧道相互转换 ● 支持金级隧道与铜级隧道相互转换		
业务优化	支持优化		
隧道级别	支持 VC4 级别的隧道，不支持 VC12、VC3 级别隧道		

5. 业务关联

业务关联可用于同一条业务从两个不同的接入点接入 ASON 的情况。

业务关联是将两条业务关联起来，在其中一条 LSP 重路由或优化时，尽量与另外一条 LSP 分离，而且不会与关联 LSP 完全重合。

业务关联的属性见表 2-6-3。

表 2-6-3　业务关联的属性

属性	业务关联
优化	关联的两条 LSP 都可以进行优化
重路由	如果一条 LSP 发生重路由，尽量避开与其关联的 LSP
可以关联的业务类型	● 支持两条银级业务相关联 ● 支持两条铜级业务相关联 ● 支持一条银级业务和一条铜级业务相关联 ● 支持两条银级隧道相关联 ● 支持两条铜级隧道相关联 ● 支持一条银级隧道和一条铜级隧道相关联

6. 业务优化

ASON 在经历多次拓扑改变后，各个业务的 LSP 经常不是最优的，为此 ASON 提供优化功能。优化就是新建 LSP 并将被优化的业务倒换到新的 LSP，删除原 LSP，达到在业务不中断的情况下改变并优化业务路由的目的。当然，优化过程中也可以对业务路由进行约束。

目前 ASON 只支持手动优化，优化时不能改变被优化的 LSP 的保护级别。

7. 业务转换

OptiX GCP 支持智能业务之间相互转换，也支持智能业务与传统业务相互转换。而且业务转换是无损转换，不会造成业务中断。

8. 业务返回

ASON 在经历多次拓扑改变后，业务的路由可能不再是原始路由。OptiX GCP 提供全网业务返回功能把所有业务的路由返回到原始路由上。

通常，智能业务建立时的路由就是智能业务的原始路由。智能业务重路由后，如果原始路由恢复，可以手动或者自动把业务调整到原始路由上；并且在智能业务重路由后，可以把当前路由设置为原始路由。

智能业务分为“可返回式业务”和“不可返回式业务”。“可返回式业务”重路由后，如果原始路由故障排除，业务将自动或手动返回到原始路由，且在业务返回前，原始路由的资源不能被其他业务使用。“不可返回式”重路由后，如果原始路由故障排除，业务只能手动返回到原始路由，且业务返回前，原始路由的资源可能被其他业务占用。

9. 预置恢复路径

为了优化网络规划，使得业务路径失效时能够按照用户的想法进行重路由，即提高业务重路由路径的可控性，OptiX GCP 提供了预置恢复路径功能。

OptiX GCP 支持预先设置钻石级、金级和银级智能业务的恢复路径，当智能业务发生重路由时，把业务恢复到已经预置的路径上。

10. 共享 MESH 恢复路径

对于可返回式银级业务，可以为其预留一条恢复路径，当发生重路由时，业务重路由到该恢复路径上，这条恢复路径称为共享 MESH 恢复路径。

带有共享 MESH 恢复路径的业务重路由时，会优先使用共享 MESH 恢复路径上的资源。如果共享 MESH 恢复路径全部资源都可用，则直接使用共享 MESH 恢复路径进行业务恢复。如果共享 MESH 恢复路径只有部分资源可用，另一部分资源存在故障或者由于共享的原因被其他业务占用，则在计算恢复路径时，优先选择共享 MESH 恢复路径上的可用资源。

共享 MESH 恢复路径与预置恢复路径的区别在于：

■ 预置恢复路径功能只是记录预置恢复路径的路由信息，而并不预留实际的资源。这样，预置恢复路径经过的资源可能会被其他业务所使用，当配置预置恢复路径的业务发生重路由时，其预置恢复路径不可用。

■ 共享 MESH 恢复路径功能预留实际的资源，其他业务不能使用该资源，从而尽量保证一次断纤业务能够得以恢复。另外，为了提高资源的利用率，不同业务的共享 MESH 恢复路径可以共享资源。

11. 网络流量均衡

ASON 根据 CSPF 算法计算最佳路由。但是，当两个节点之间的 LSP 很多时，可能会出现多个 LSP 经过相同的路由。网络流量均衡功能将避免这种情况发生。

12. 风险共享链路组 SRLG

在 ASON 中，当某些光纤在同一根光缆中时，需要考虑设置 SRLG。

SRLG（Shared Risk Link Group）就是风险共享链路组。通常位于同一个光缆中的光纤具有相同的风险，即如果光缆被切断，则光缆里的所有光纤都被切断。当智能业务发生重路由时就不应该重路由到具有相同风险的链路上。因此，对于网络中具有相同风险的链路需要正确设置 SRLG，尽量避免智能业务重路由后的 LSP 经过与故障链路具有相同风险的链路，缩短智能业务在发生重路由时的业务恢复时间。可以在 TE 链路管理视图中修改 SRLG 属性。

13. 控制平面告警

为提高网络的可维护性，ASON 支持控制平面告警上报。

控制平面告警可以分为三类：节点告警、链路告警和业务告警。节点告警主要反映 Node ID 和认证码设置是否正确、是否和邻居失去联系。链路告警主要反映链路通断状况、链路时隙及复用段配置是否正确。业务告警主要反映业务是否中断、服务等级是否降低、业务路径是否发生变化。

14. 协议加密

在提高网络安全性方面，为了防止不属于本网络的外部实体对本网络的 OSPF-TE 协议包进行修改，假冒本网络节点发包，接收本网节点所发送的包并进行重复攻击等活动，ASON 提供了协议加密功能，对智能域内的 RSVP 和 OSPF-TE 协议进行加密认证。其中 RSVP 认证配置针对节点，OSPF-TE 认证配置针对接口，即板位、光口。认证支持无认证、简单明文认证、MD5 认证这三种形式。

相邻节点的认证模式与认证密码配置必须完全一致才能通过校验。

6.4　任务实施——基于 ASON 网元的智能业务配置与开通

6.4.1　工程规划

工程规划阶段需规划出网络拓扑结构、各网元 IP 地址、各网元节点 ID、各网元单板配置、纤缆连接关系等。

1. 网络拓扑

本任务 NE1、NE2、NE3 和 NE4 组建 MESH 网络，使用智能恢复功能。NE1、NE2、NE3、NE4 使用 OptiX OSN 2500 设备。同时，整个网络需要配置公务电话。本例仅使用智能网元组建 Mesh 网络，由智能网元的业务接口板配置上/下业务。网络拓扑如图 2-6-6 所示。

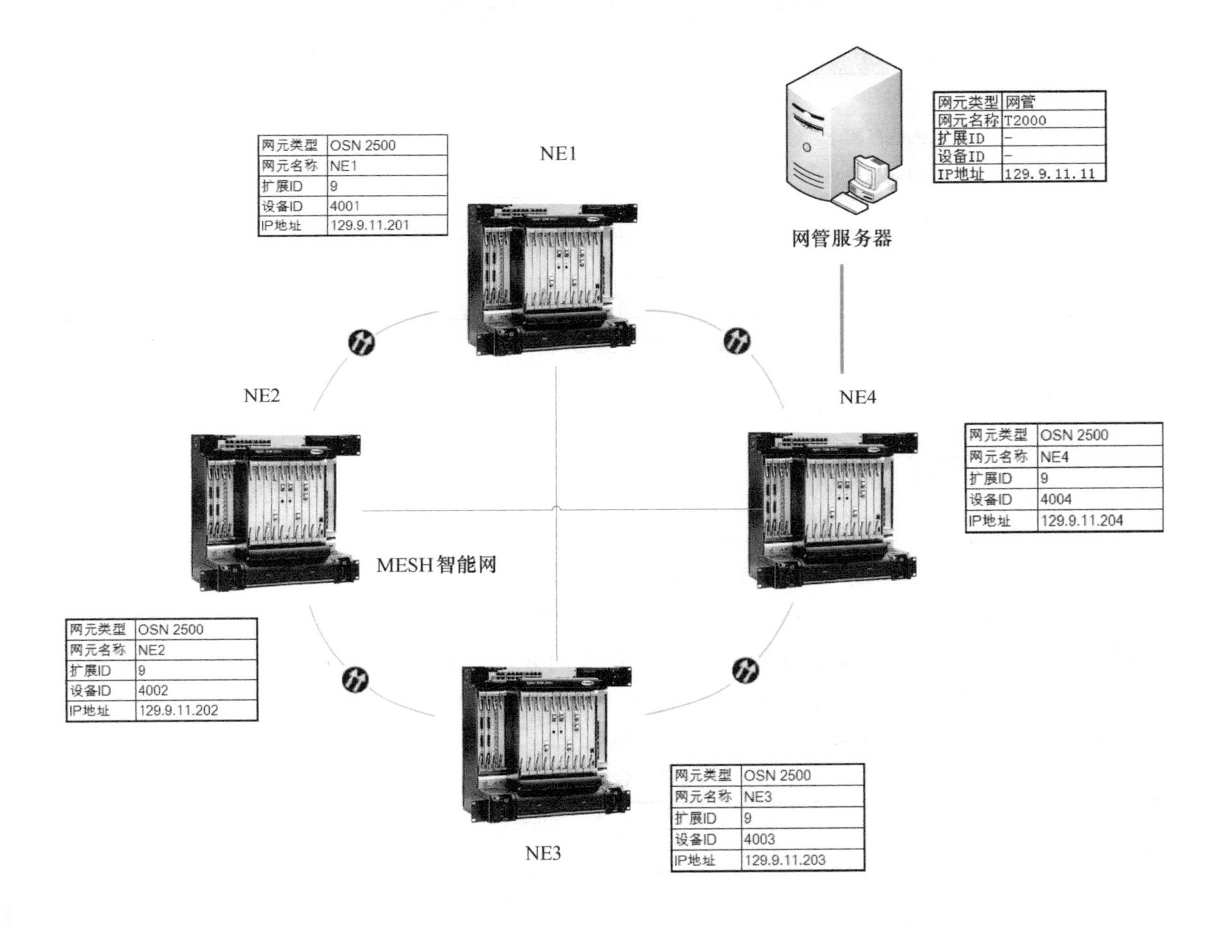

图 2-6-6　MESH 型网络拓扑及 IP 地址分配

NE1 ~ NE4 及网管需要配置为同一网段的 IP 地址，且连接网管服务器的 NE2 需要配置为网关。

在本任务中 NE1 ~ NE4 的设备参数对应关系见表 2-6-4。

表 2-6-4　设备参数对应关系

设备标志	设备名称	设备 ID	设备扩展 ID	节点 ID 分配	地址分配
NE9-4001	NE1	4001	9	172.16.0.1	129.9.11.201
NE9-4002	NE2	4002	9	172.16.0.2	129.9.11.202
NE9-4003	NE3	4003	9	172.16.0.3	129.9.11.203
NE9-4004	NE4	4004	9	172.16.0.4	129.9.11.204

2. 业务需求分析

NE1、NE3 节点间需要组建新的通信线路，包括以太网业务和实时语音业务，节点间的业务需求见表 2-6-5 和表 2-6-6。

表 2-6-5　节点间业务需求（以太网业务）

业务关系	业务 A
业务类型	银级隧道
以太网业务需求	100Mbit/s
源网元	NE1
源单板-端口	3-EFT8A-1
宿网元	NE3
宿单板-端口	3-EFT8A-1

表 2-6-6　节点间业务需求（实时语音业务）

节点	NE1	NE2	NE3	NE4
NE1			VC4	
NE2				
NE3	VC4			
NE4				

由于实时语音业务对恢复时延要求和业务安全性要求较高，因此配置为金级业务；由于 100Mbit/s 的数据业务为普通以太网业务，对恢复时延要求及业务安全性要求不高，且为低阶业务，因此配置为银级隧道业务。

金级业务属性见表 2-6-7。

表 2-6-7　金级业务属性

属性	金级业务
创建要求	源节点和宿节点之间有足够 TE 链路工作资源或 TE 链路无保护资源
复用段	● 支持使用 1:1 线性复用段的工作资源来创建金级业务 ● 支持使用二纤双向复用段环的工作资源来创建金级业务 ● 支持使用四纤双向复用段环的工作资源来创建金级业务
保护和恢复	第一次断纤时，利用复用段倒换进行业务恢复；复用段倒换失效时，再触发重路由进行业务恢复

（续）

<table>
<tr><th colspan="2">属性</th><th>金级业务</th></tr>
<tr><td colspan="2">重路由属性</td><td>● 支持重路由锁定
● 支持重路由优先级
● 支持三种重路由策略：
■ 尽量利用原有路径资源
■ 尽量不利用原有路径资源
■ 最佳路由策略</td></tr>
<tr><td colspan="2">可返回属性</td><td>● 可返回式金级业务支持自动返回
● 不可返回式金级业务支持手动返回</td></tr>
<tr><td colspan="2">预置恢复路径</td><td>支持预置恢复路径</td></tr>
<tr><td colspan="2">业务转换</td><td>支持金级业务与传统业务相互转换
支持金级业务与银级业务相互转换
支持金级业务与铜级业务相互转换</td></tr>
<tr><td colspan="2">业务倒换</td><td>支持人工倒换</td></tr>
<tr><td colspan="2">业务优化</td><td>支持优化</td></tr>
<tr><td colspan="2">智能服务电路</td><td>支持金级智能服务电路</td></tr>
<tr><td rowspan="2">触发重路由的条件</td><td>光口告警</td><td>R_LOS、R_LOF、B2_EXC、B2_SD、MS_AIS、MS_RDI</td></tr>
<tr><td>通道告警</td><td>AU_AIS</td></tr>
</table>

3. 网元单板配置

OptiX OSN 2500 网元单板的配置情况见表2-4-3和表2-4-4。

4. 纤缆连接

按照组网结构建立纤缆的连接关系，见表2-6-8。

表2-6-8　MESH组网纤缆连接关系

<table>
<tr><th colspan="4">本端信息</th><th colspan="4">对端信息</th></tr>
<tr><th>网元名称</th><th>槽位</th><th>单板名称</th><th>端口号</th><th>网元名称</th><th>槽位</th><th>单板名称</th><th>端口号</th></tr>
<tr><td rowspan="3">NE1</td><td>Slot8</td><td>N1SL4</td><td>1</td><td>NE3</td><td>Slot8</td><td>N1SL4</td><td>1</td></tr>
<tr><td>Slot9</td><td>Q1SL4</td><td>1</td><td>NE2</td><td>Slot9</td><td>Q1SL4</td><td>1</td></tr>
<tr><td>Slot10</td><td>Q1SL4</td><td>1</td><td>NE4</td><td>Slot9</td><td>Q1SL4</td><td>1</td></tr>
<tr><td rowspan="3">NE2</td><td>Slot8</td><td>N1SL4</td><td>1</td><td>NE4</td><td>Slot8</td><td>N1SL4</td><td>1</td></tr>
<tr><td>Slot9</td><td>Q1SL4</td><td>1</td><td>NE1</td><td>Slot9</td><td>Q1SL4</td><td>1</td></tr>
<tr><td>Slot10</td><td>Q1SL4</td><td>1</td><td>NE3</td><td>Slot10</td><td>Q1SL4</td><td>1</td></tr>
<tr><td rowspan="3">NE3</td><td>Slot8</td><td>N1SL4</td><td>1</td><td>NE1</td><td>Slot8</td><td>N1SL4</td><td>1</td></tr>
<tr><td>Slot9</td><td>Q1SL4</td><td>1</td><td>NE4</td><td>Slot10</td><td>Q1SL4</td><td>1</td></tr>
<tr><td>Slot10</td><td>Q1SL4</td><td>1</td><td>NE2</td><td>Slot10</td><td>Q1SL4</td><td>1</td></tr>
<tr><td rowspan="3">NE4</td><td>Slot8</td><td>N1SL4</td><td>1</td><td>NE2</td><td>Slot8</td><td>N1SL4</td><td>1</td></tr>
<tr><td>Slot9</td><td>Q1SL4</td><td>1</td><td>NE1</td><td>Slot10</td><td>Q1SL4</td><td>1</td></tr>
<tr><td>Slot10</td><td>Q1SL4</td><td>1</td><td>NE3</td><td>Slot9</td><td>Q1SL4</td><td>1</td></tr>
</table>

5. 网元时间

请参考项目 2 中 1.4.1 的网元时间配置。

6. 时钟分配

在本网络中，没有外部时钟源，因此所有网元可以使用内部时钟源。为了了解时钟源跟踪方式，配置 NE1 ~ NE4 作为智能时钟子网，且配置 NE2 的内部时钟源作为其基准时钟源，时钟源优先级见表 2-6-9。

表 2-6-9　时钟源优先级

网元	时钟源
NE1	—
NE2	内部时钟源（基准时钟源）
NE3	—
NE4	—

6.4.2　基于 ASON 网元的智能业务配置与开通

1. 启动 T2000 网管

请参考项目 2 中 1.4.1 所述网管启动方法。

2. 创建网元

参照图 2-6-7 的网络拓扑结构进行硬件连接。

MESH 型网需要位于网络的网元均为智能网元，智能网元之间两两互连或与邻近网元互连。本任务使用 1 对单模光纤连接网元 OptiX OSN 2500 设备的 NE1 ~ NE4 的线路板（N1SL4 及 Q1SL4）光模块接口，纤缆连接关系和使用接口单板详见表 2-6-8。同时使用 Ethernet 线缆连接 T2000 服务器主机与作为网关网元的设备 Ethernet 接口，本任务使用 NE4 作为网关网元。纤缆连接关系如图 2-6-7 所示。

连接后的操作步骤参见项目 2 中 4.4.2 所述创建网元方法。

本任务不能使用预配置功能进行业务配置。

3. 创建单板

1）在主视图上，双击 NE4 图标，打开网元配置向导。

2）选择“手工配置”，单击“下一步”按钮，出现提示对话框。

3）对提示内容进行确认，单击“确定”按钮，进入“设置网元属性”窗口。

4）确认对于 NE4 网元属性为：

■　设备类型为 OptiX OSN 2500 +

■　子架类型：I 型子架

5）单击“下一步”，进入网元面板图。单击“查询物理板位”，或手工添加已安装在设备子架上的单板，网元侧已安装的单板将在面板图上显示，如图 2-6-8 所示。

6）单击“下一步”按钮。选择“校验开工”，单击“完成”按钮，将配置数据下发到网元侧。

7）按照步骤 1）～步骤 6）的方法，配置 NE1、NE2、NE3。

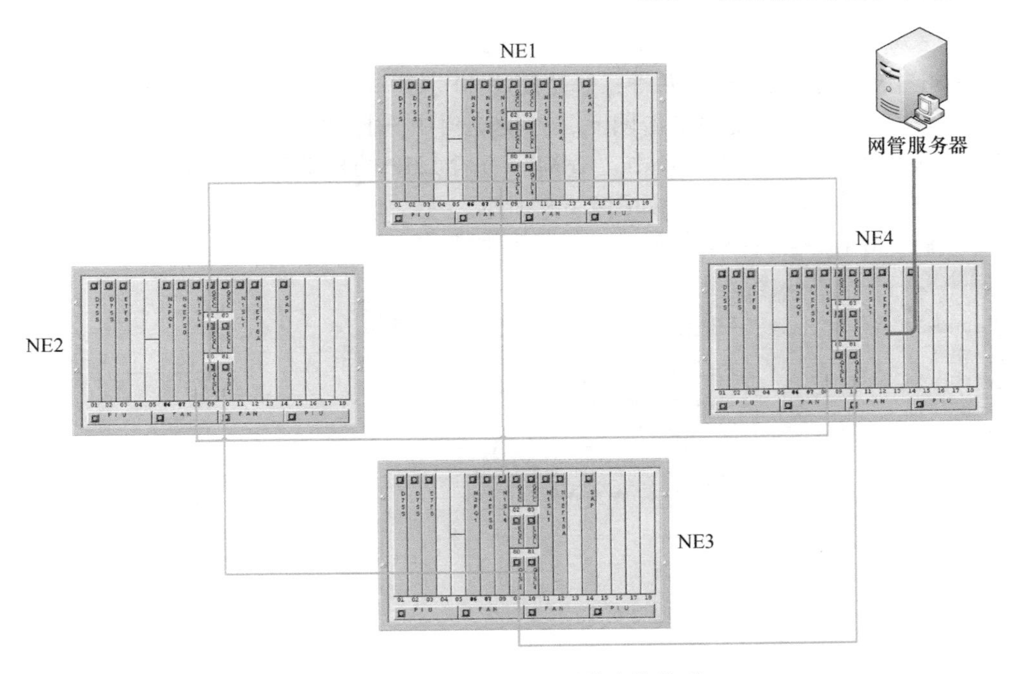

图 2-6-7　MESH 型网络纤缆连接关系

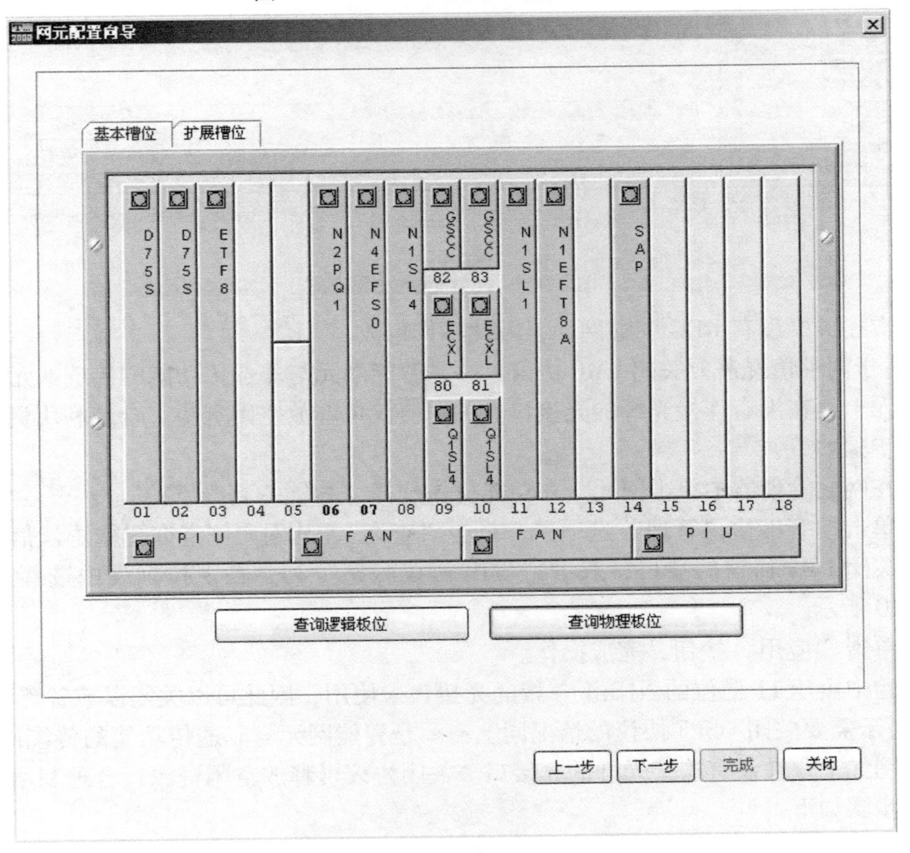

图 2-6-8　已安装的单板视图

4. 管理 ASON 协议

1）LMP 协议的发现方式有两种：一是使用 J0 字节（默认），二是使用 D4～D12 字节。修改方法为：在网元管理器中单击网元，在功能树中选择“智能→LMP 协议管理”，单击“LMP 自动发现方式”选项卡，单击“查询”查看 LMP 的自动发现方式，然后双击“配置方式”设置 LMP 自动发现方式，如图 2-6-9 所示。

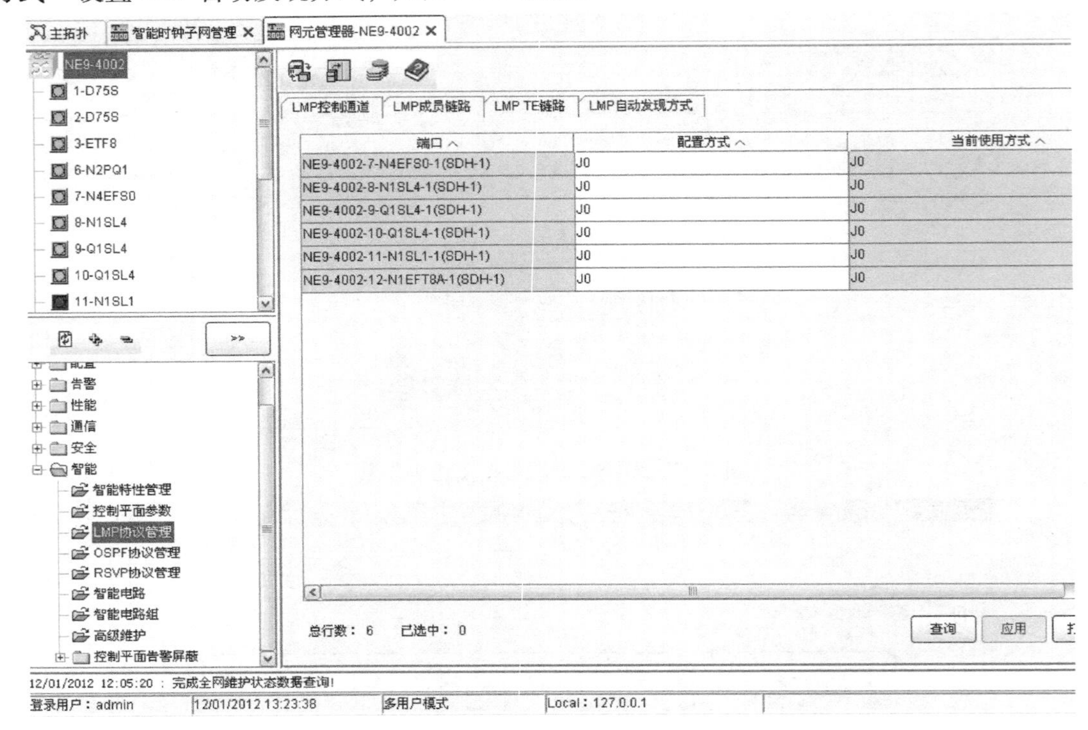

图 2-6-9　配置链路发现方式

由于本任务中没有 REG 中继网元，因此不作修改。

2）对于两种情况需要关闭 LMP 协议：一是智能网元与非透传功能的传统网元相连，二是智能网元上存在没有连接光纤的光接口。关闭协议可释放空闲资源，合理利用资源。

操作步骤如下：

① 在网元管理器中单击网元，在功能树中选择“智能→高级维护”。

② 单击“智能协议管理”选项卡，单击“查询”，从网元侧查询智能协议信息，然后选择需要关闭 LMP 协议的端口，双击“LMP 协议状态”列，在下拉列表中选择“禁止”，如图 2-6-10 所示。

③ 单击“应用”按钮，完成操作。

本实验中由于 11 槽位的 N1SL1 单板的光接口未使用，因此可以关闭以节省资源。

3）对于需要关闭 OSPF 协议的情况同上：一是智能网元与非透传功能的传统网元相连，二是智能网元上存在没有连接光纤的光接口。关闭协议可释放空闲资源，合理利用资源。

操作步骤如下：

① 在网元管理器中单击网元，在功能树中选择“智能→高级维护”。

② 单击“智能协议管理”选项卡，单击“查询”，从网元侧查询智能协议信息，然后

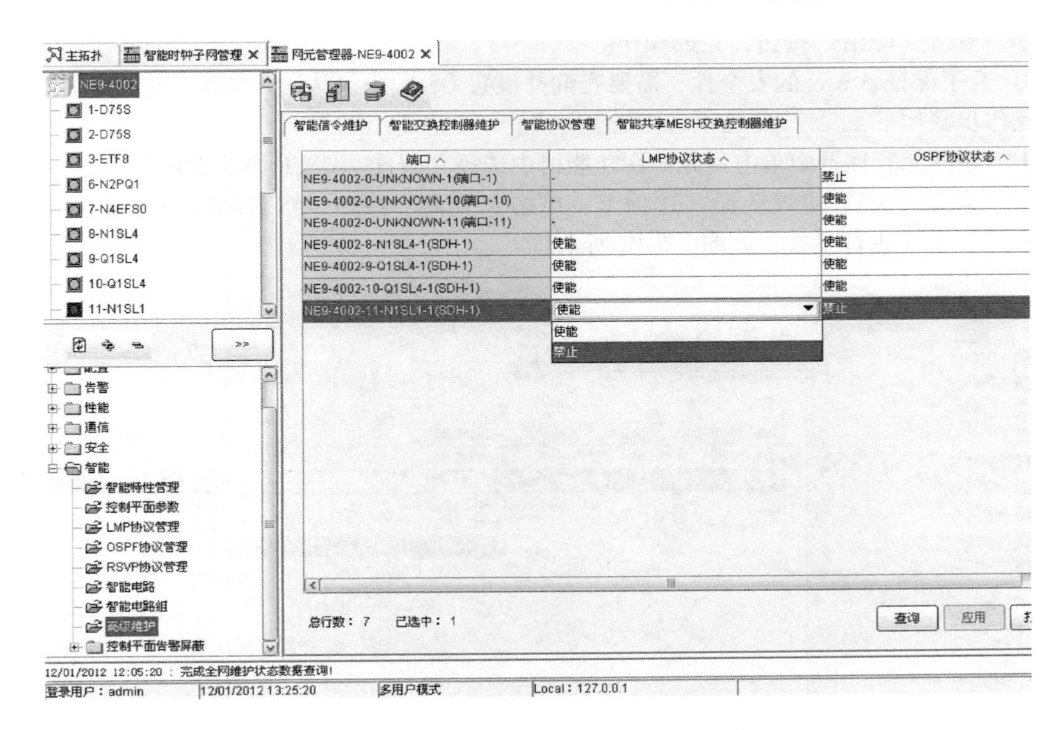

图 2-6-10　关闭空闲单板光口的 LMP 协议

选择需要关闭 OSPF 协议的端口，双击“OSPF 协议状态”列，在下拉列表中选择“禁止”，如图 2-6-11 所示。

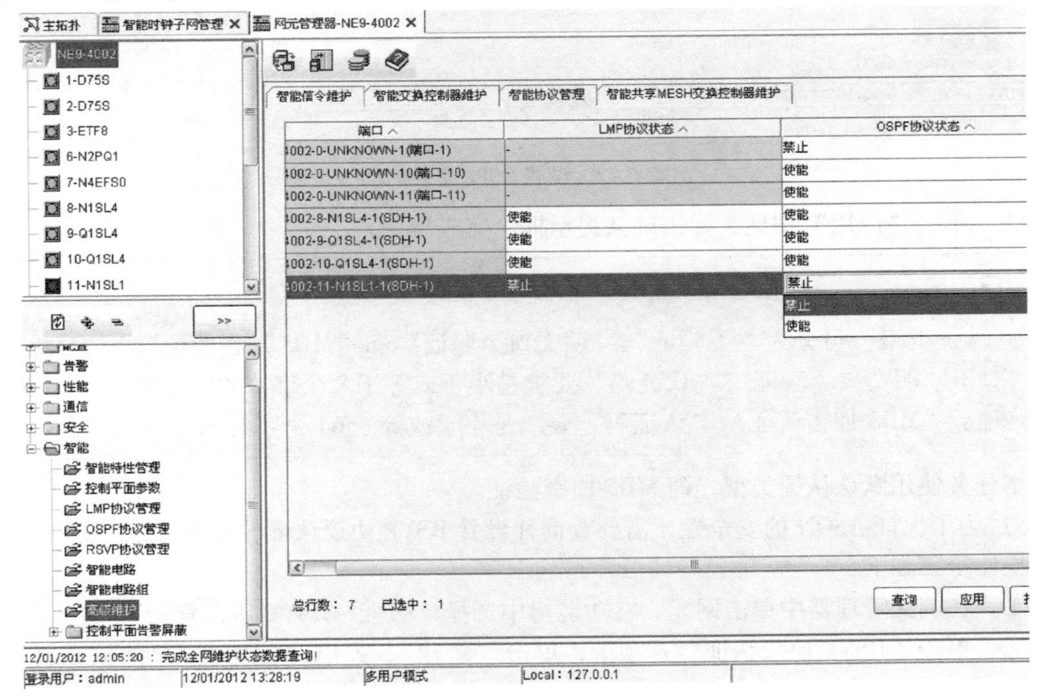

图 2-6-11　关闭空闲单板光口的 OSPF 协议

③ 单击“应用”按钮，完成操作。

4）为了保证 ASON 的安全性，需要查询并设置 OSPF 协议认证，加密 OSPF 协议。

操作步骤如下：

① 在网元管理器中单击网元，在功能树中选择“智能→OSPF 协议管理”。

② 单击“OSPF 协议认证”选项卡，单击“查询”按钮，双击端口的“认证类型”、“认证码”，分别进行设置，如图 2-6-12 所示。

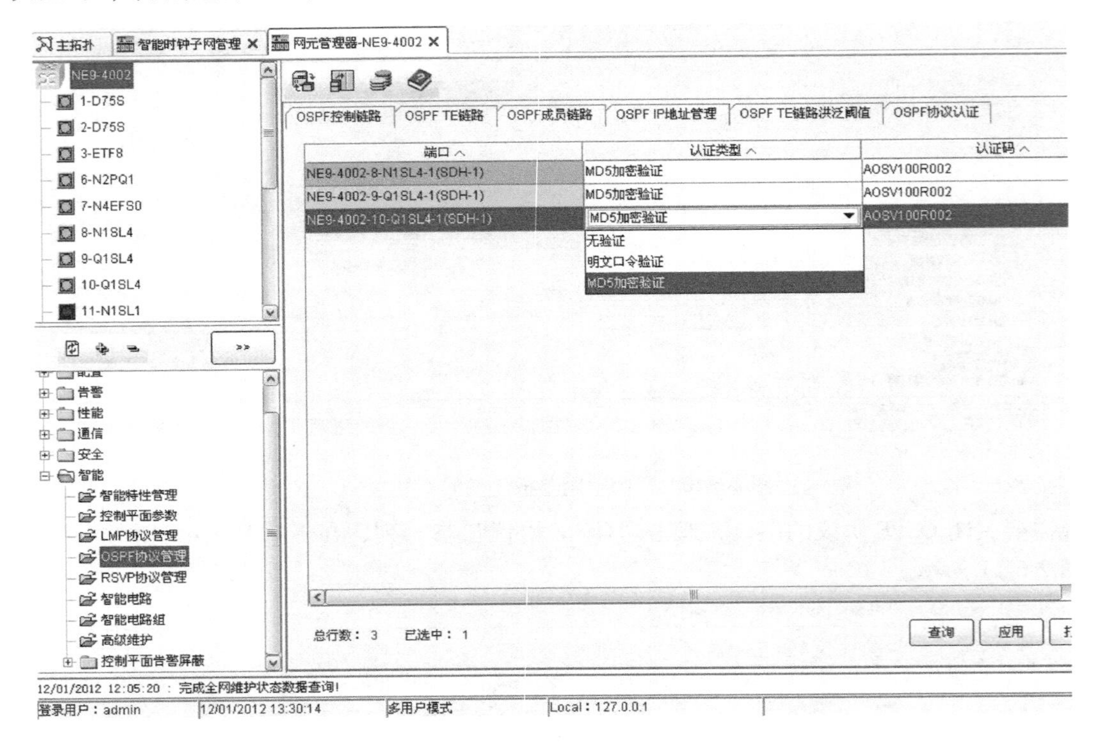

图 2-6-12 设置 OSPF 协议认证

③ 单击“应用”按钮，弹出确认提示框，完成操作。

> 说明：
> “认证类型”可分为“无验证”、“明文口令验证”和“MD5 加密验证”。
> 对于“明文口令验证”，“认证码”要求是小于或等于 8 个字符的字符串。
> 对于“MD5 加密认证”，“认证码”要求是小于或等于 64 个字符的非空字符串。

本任务使用默认认证类型，即 MD5 加密验证。

5）为了保证 ASON 的安全性，需要查询并设置 RSVP 协议认证，加密 RSVP 协议。

操作步骤如下：

① 在网元管理器中单击网元，在功能树中选择“智能→RSVP 协议管理”。

② 单击“RSVP 协议认证”选项卡，单击“新建”，弹出“创建 RSVP 协议认证”对话框。

③ 分别设置“邻居节点”、“认证类型”、“认证码”，如图 2-6-13 所示。

④ 单击“应用”按钮，弹出确认提示框，完成操作。

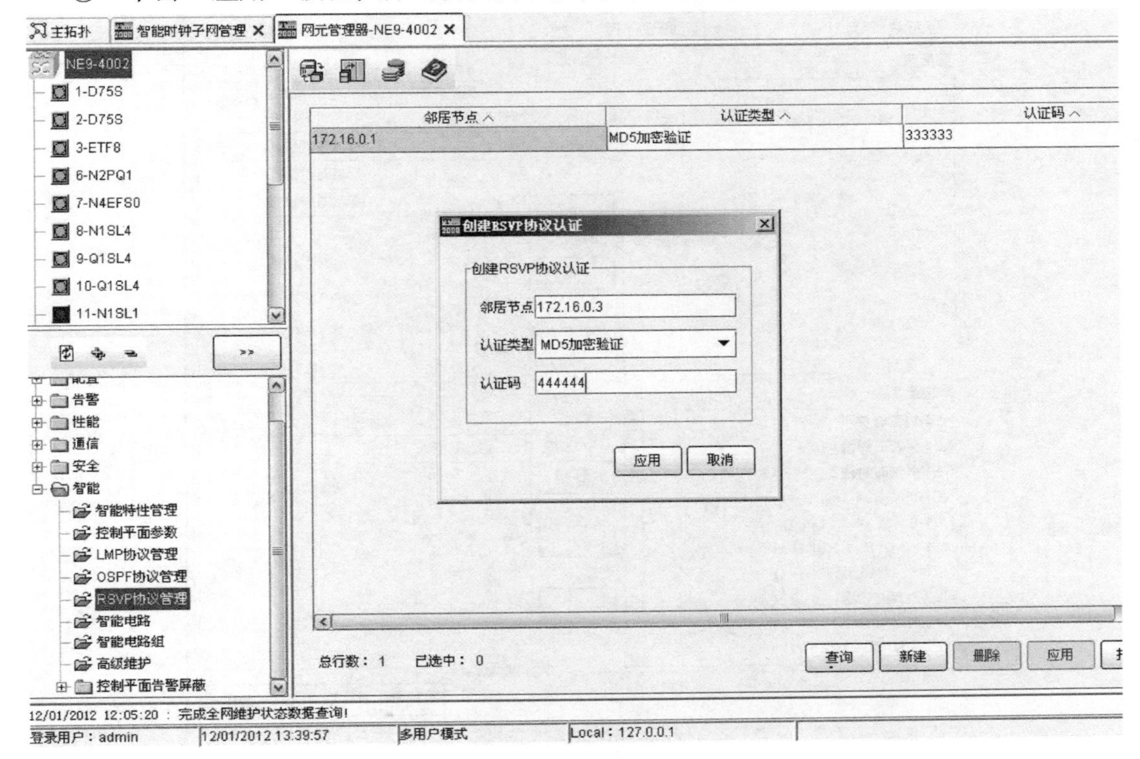

图 2-6-13　设置 RSVP 协议认证

本任务使用 MD5 加密认证类型，邻居节点按照表 2-6-4 进行设置，认证码需符合说明要求。

5. 创建智能时钟子网

1）在主菜单中选择“配置→智能时钟子网管理”。

2）单击“创建子网”。

3）在出现的对话框中设置下面的信息，如图 2-6-14 所示。

■ 子网 ID 号：1。

■ 网元：NE1、NE2、NE3 和 NE4。

■ SSM 协议模式：标准时钟模式。

■ 基准源：NE2 内部时钟源。

4）单击“确定”按钮。

5）在“智能时钟子网管理”视图中，单击“查询”按钮。

6）选择“基准源管理”选项卡，查询基准源的状态，如图 2-6-15 所示。

7）在主菜单中选择“配置→时钟视图”。

8）在时钟视图中，单击鼠标右键选择“全网时钟同步状态查询”，可以看到子网内的时钟跟踪关系。

6. 创建/修改智能域

通常，智能网元数据配置完毕后，所有智能网元都可以被检测到，并加入到默认域中。

1）在主菜单中选择“配置→SDH 智能→智能拓扑管理”，弹出“SDH 智能拓扑管理”

图 2-6-14　创建智能时钟子网

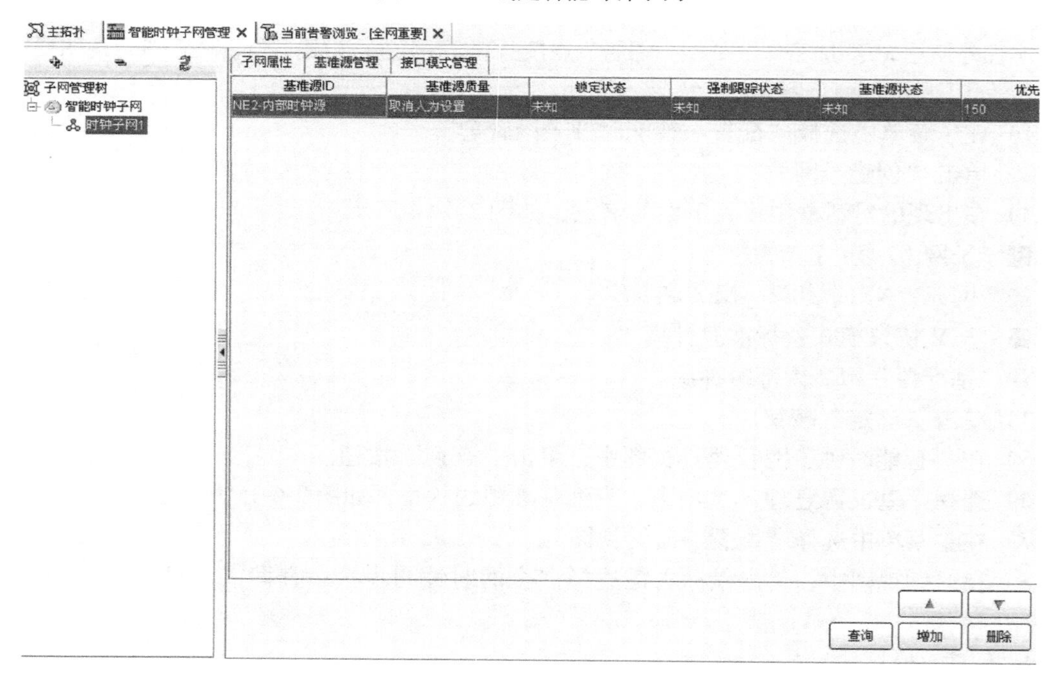

图 2-6-15　查询基准源状态

对话框，如图2-6-16所示。

2）在根目录下，单击“智能网元”选项卡，在对应的智能域中查看智能网元属性。

3）在视图左边子网名称上单击鼠标右键，弹出对话框，单击“修改域名称”。

4）在弹出对话框的“新域名称”中输入智能域名称。

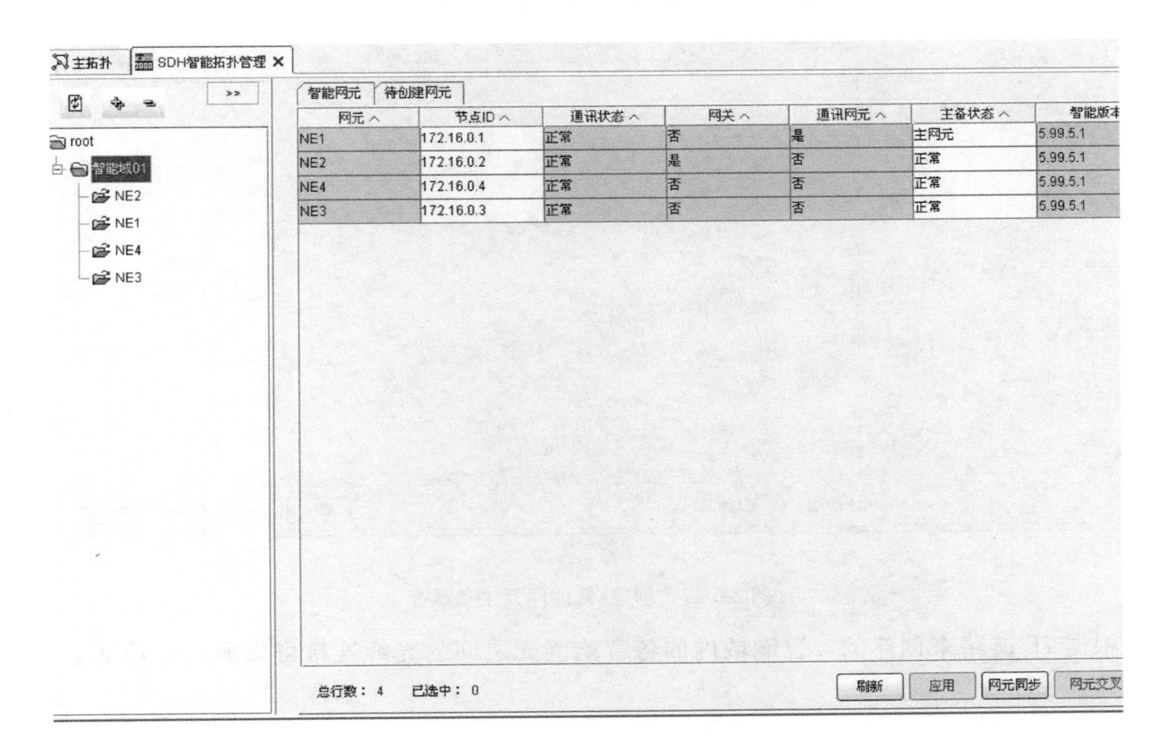

图2-6-16　创建/修改智能域

5）单击“确定”按钮，完成操作。

6）单击视图右下方的“网元同步”按钮，手工同步网元，确保所有网元都加入到了新的智能域。

7. 创建/修改网元主备状态

ASON中每个智能网元都存储全网的拓扑信息，网管只需要与一个网元进行通信（即主网元）。“主网元”表示与网管通信的网元，当“主网元”与网管通信中断时，“备网元”可以代替“主网元”，保持ASON与网管的通信。通常，选择网关网元为主网元。本实验中选择NE4作为主网元，修改网元主备状态的步骤如下：

1）在主菜单中选择“配置→SDH智能→智能拓扑管理”。

2）在根目录下，单击“智能网元”选项卡，在对应的智能域中查看智能网元属性。

3）单击NE1所在行的“主备状态”选项，在下拉列表中选择“备网元”。

4）单击NE4所在行的“主备状态”选项，在下拉列表中选择“主网元”，单击“应用”按钮，完成操作，如图2-6-17所示。

8. 光纤自动创建

在ASON中，TE链路的数量等于光口数量，即一个光口对应一条TE链路，光纤的创建

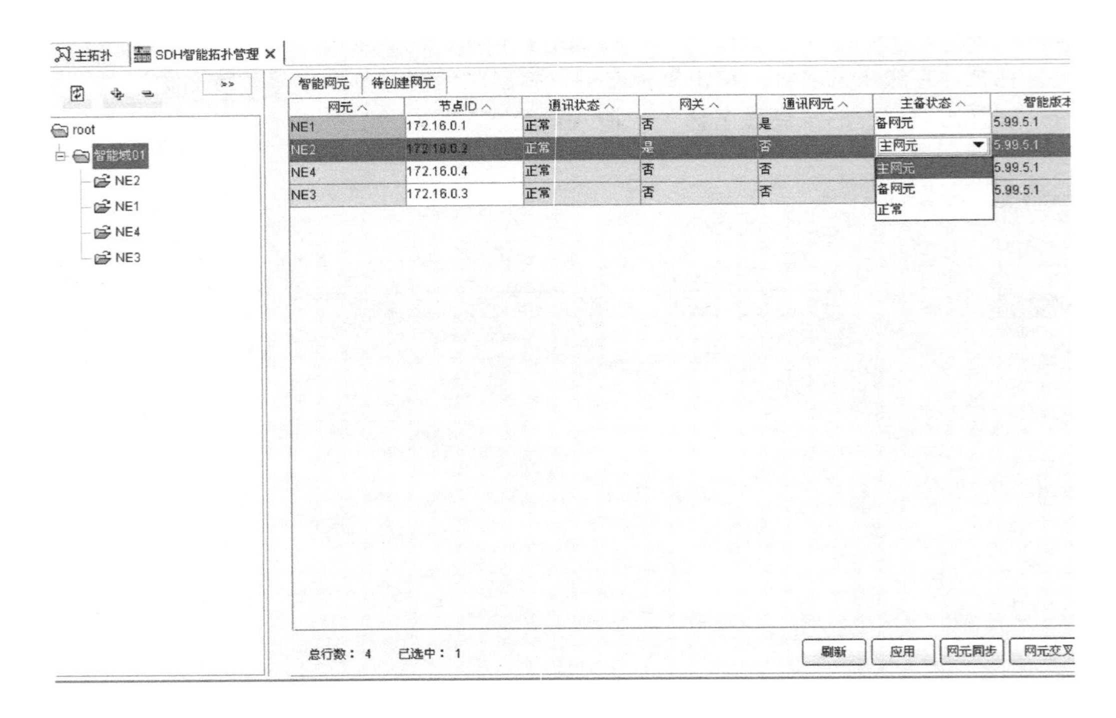

图 2-6-17　创建/修改网元主备状态

是根据 TE 链路来创建的。智能域内的各智能网元之间的光纤连接可以通过此功能自动创建。

1）在主菜单中选择“配置→SDH 智能→TE 链路管理”。

2）在弹出界面中，查看网管自动发现的 TE 链路信息，查看有无告警。

3）选取“源端”为“NE1-8-N1SL4-1（SDH-1）”，“宿端”为“NE2-9-Q1SL4-1（SDH-1）”的 TE 链路，单击“维护→创建光纤”，如图 2-6-18 所示，在弹出的对话框中单击“关闭”按钮，完成光纤建立操作。

4）依次选取其余 TE 链路或全选所有 TE 链路，按照步骤 3）完成其余光纤的创建操作。

9. 规划复用段

在建立任何级别的智能业务之前，必须先确认复用段的规划，并且进行必要的业务规划。规划时要充分考虑到今后的扩容要求，并合理利用带宽资源。ASON 支持创建智能业务的复用段类型有：

■　1∶1 线性复用段

■　二纤双向复用段

■　四纤双向复用段

本任务中根据光口资源和业务需求选择配置二纤双向复用段，依次选择 NE1 ~ NE4 建立二纤复用段环形保护子网，具体配置方法参见任务 2 的 2.5 节“二纤双向复用段保护环网络组建及业务开通”。

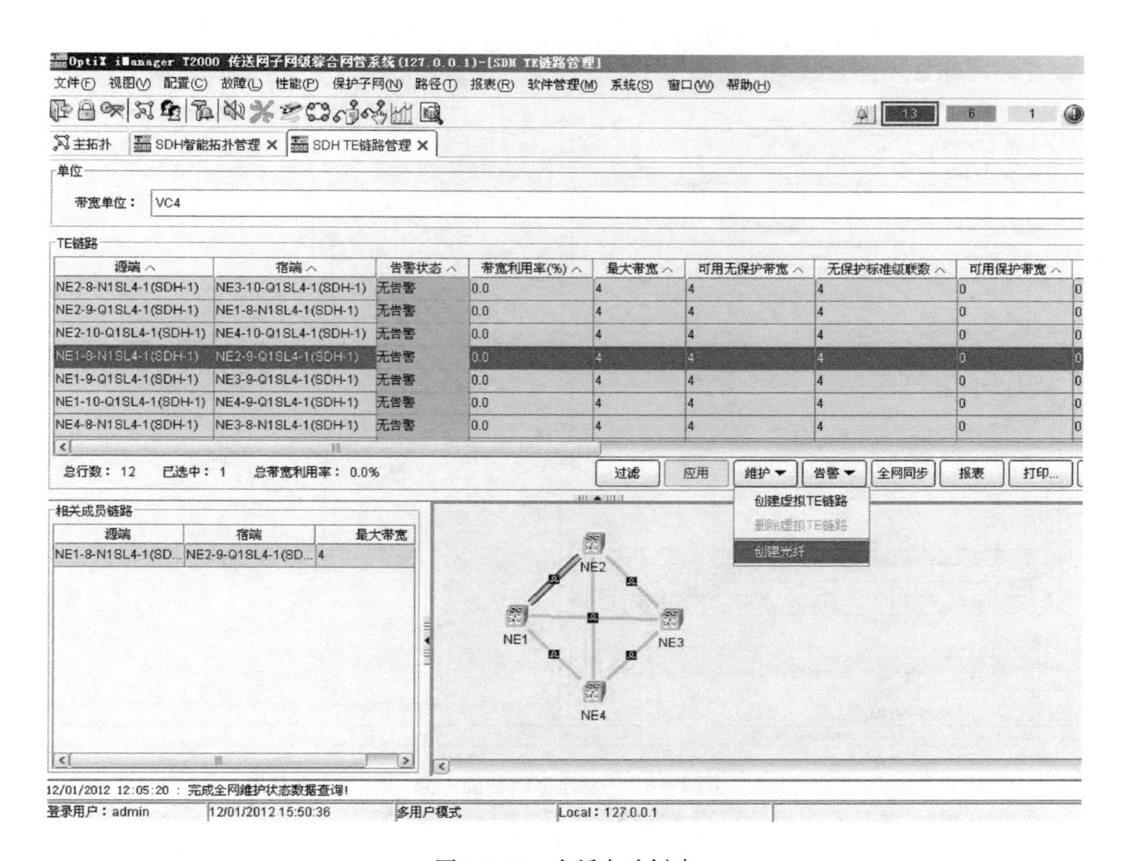

图 2-6-18　光纤自动创建

10. 配置及验证公务电话与会议电话

请参考项目2中1.4.2所述公务电话和会议电话配置方法。

11. 创建智能业务（金级话音业务）

1）在主菜单中选择“配置→SDH智能→智能电路管理”。

2）单击“新建”按钮，进入创建向导窗口，如图2-6-19所示。

3）在“基本信息”选项卡中输入电路的基本信息。

■　名称：NE1-NE3-ASON -0001。

■　智能电路属性：智能电路。

■　保护类型：金级。

■　级联类型：无级联。

4）在“路由属性”选项卡中输入电路的重路由属性，如图2-6-20所示。

■　返回模式：不可返回。如果是可返回式金级业务则选择“可返回”。

■　优先级：高优先级。

■　锁定状态：未锁定。

■　选路策略：尽量利用原有路径资源。

5）设置源网元。在右边的拓扑图上，双击源网元NE1，在弹出的对话框中选择板位、端口和时隙，单击“确定”按钮，如图2-6-21所示。

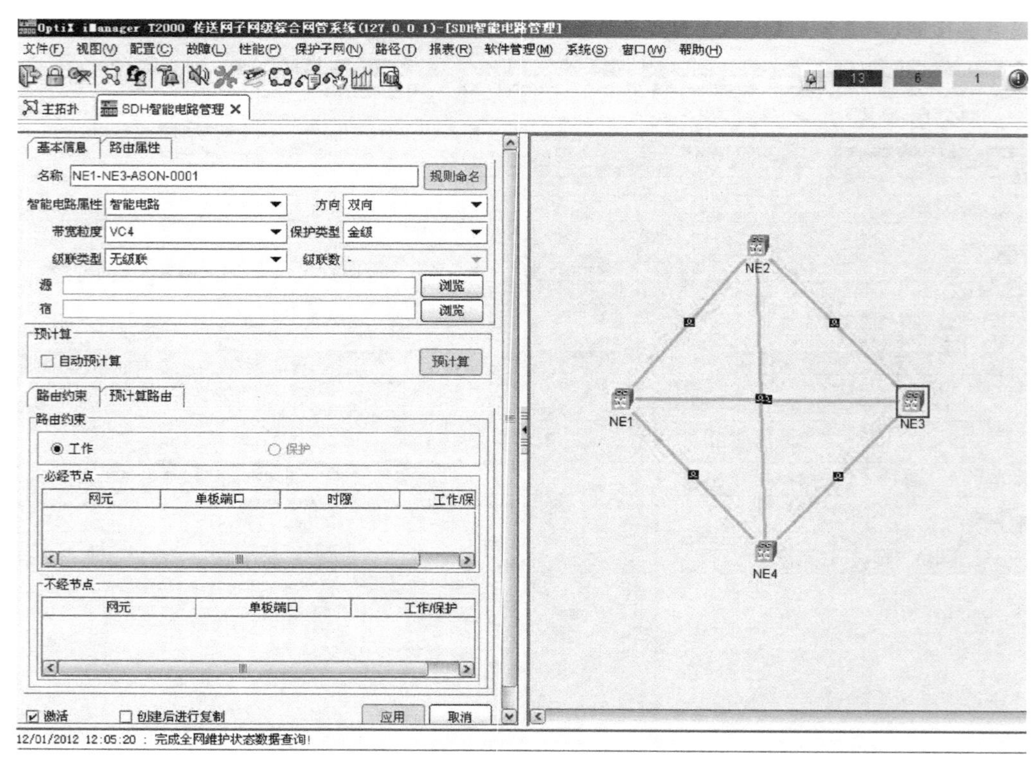

图 2-6-19　创建金级智能电路

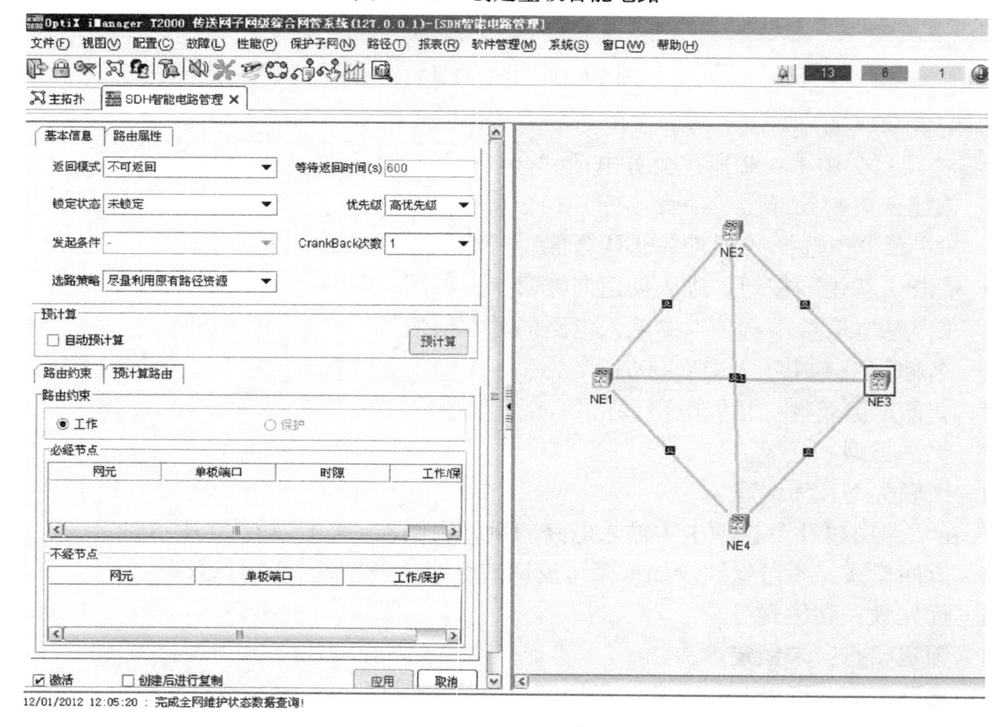

图 2-6-20　配置智能电路重路由属性

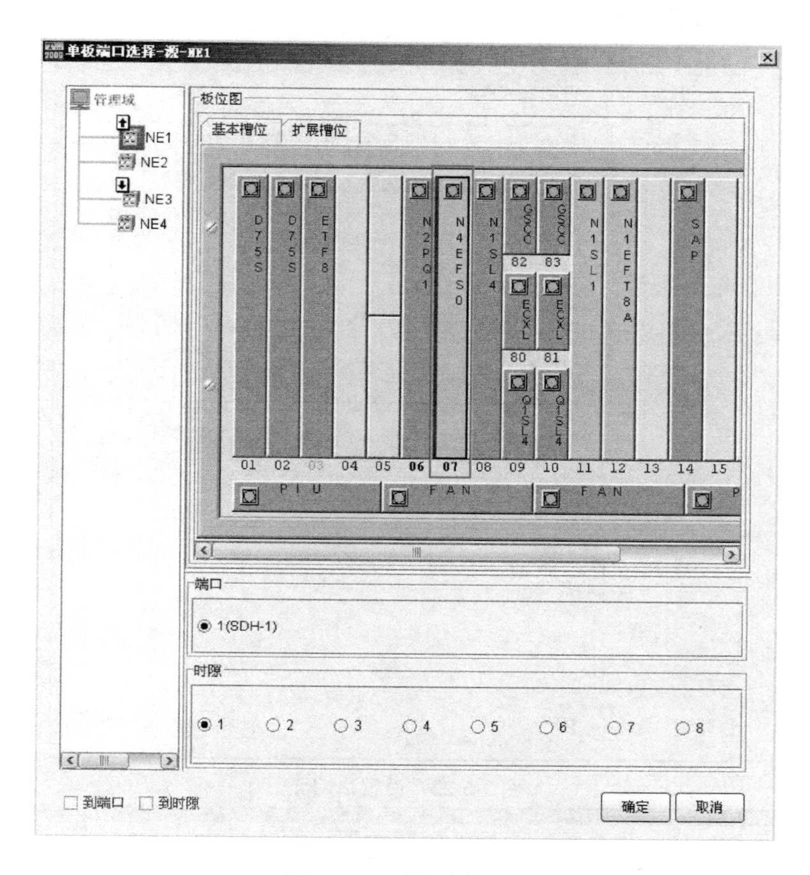

图 2-6-21　设置源网元

6）设置宿网元。与步骤 5）相同，在右边拓扑图上，双击宿网元 NE3，在弹出的对话框中选择板位、端口和时隙，单击“确定”，如图 2-6-22 所示。

7）确认电路信息和路由约束已输入正确，单击“应用”按钮。创建成功后，提示操作成功。

8）单击“关闭”按钮。如果提示计算路由失败，请检查路由约束是否正确，链路资源是否足够。然后从第一步重新开始配置。

9）单击“取消”按钮，回到 SDH 智能电路管理界面，可以看到业务的具体描述，如图 2-6-23 所示。

12. 创建隧道业务（银级以太网业务）

1）在主菜单中选择“配置→SDH 智能→智能电路管理”。

2）单击“新建”，进入创建向导窗口，如图 2-6-24 所示。

3）在“基本信息”栏输入电路的基本信息。

■　名称：NE1-NE3-ASON -0002。

■　智能电路属性：智能服务电路。

■　保护类型：银级。

■　级联类型：无级联。

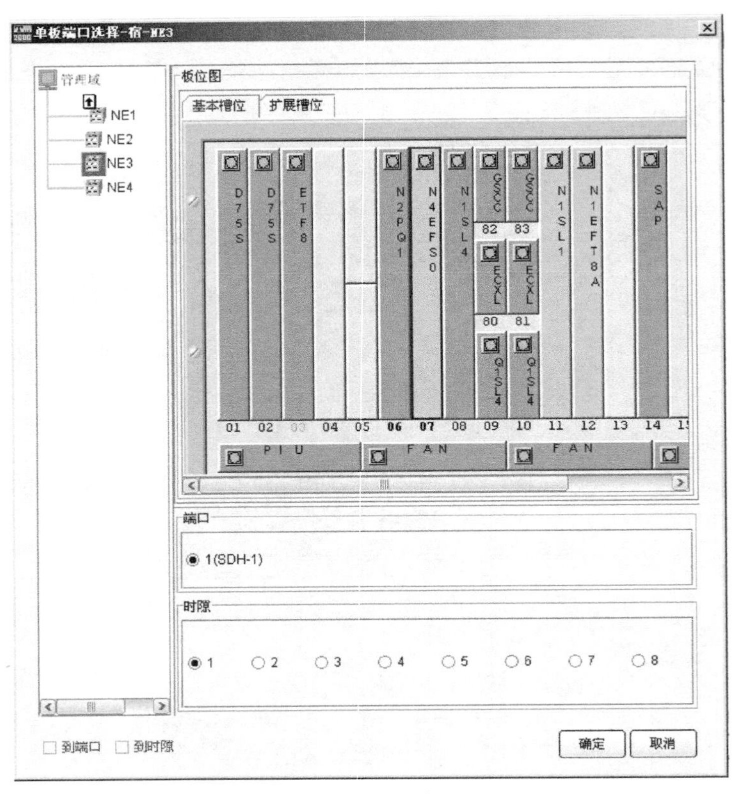

图 2-6-22　设置宿网元

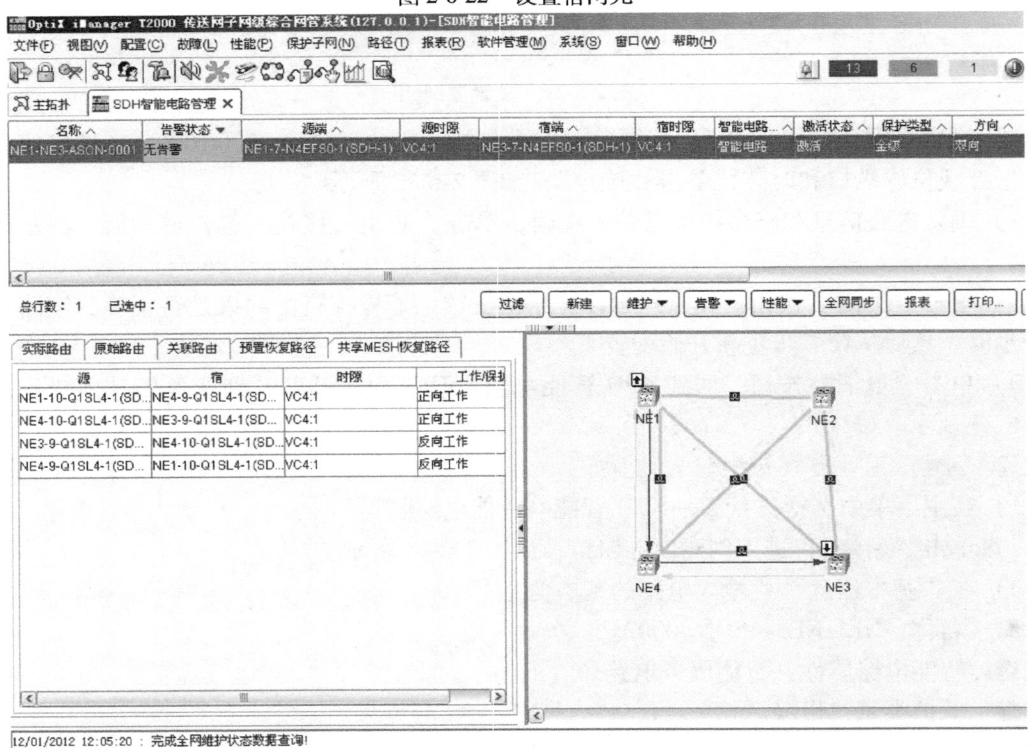

图 2-6-23　SDH 智能电路管理界面（业务 A）

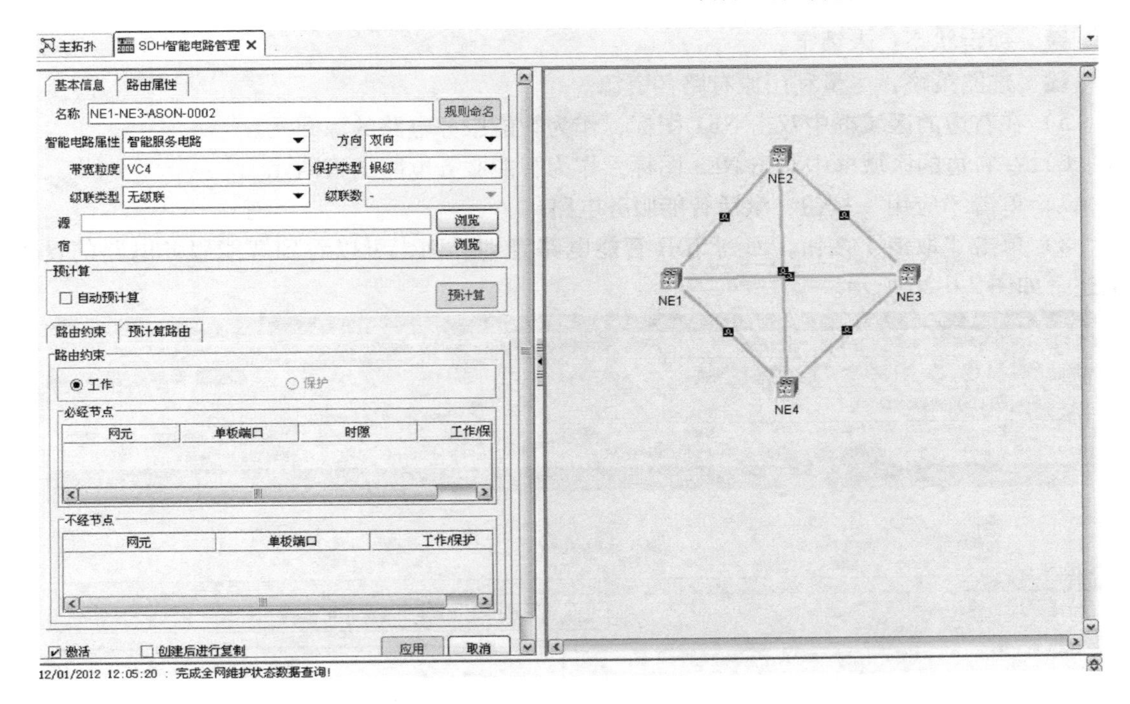

图2-6-24　创建银级智能服务电路

4）在“路由属性”选项卡中输入电路的重路由属性，如图2-6-25所示。

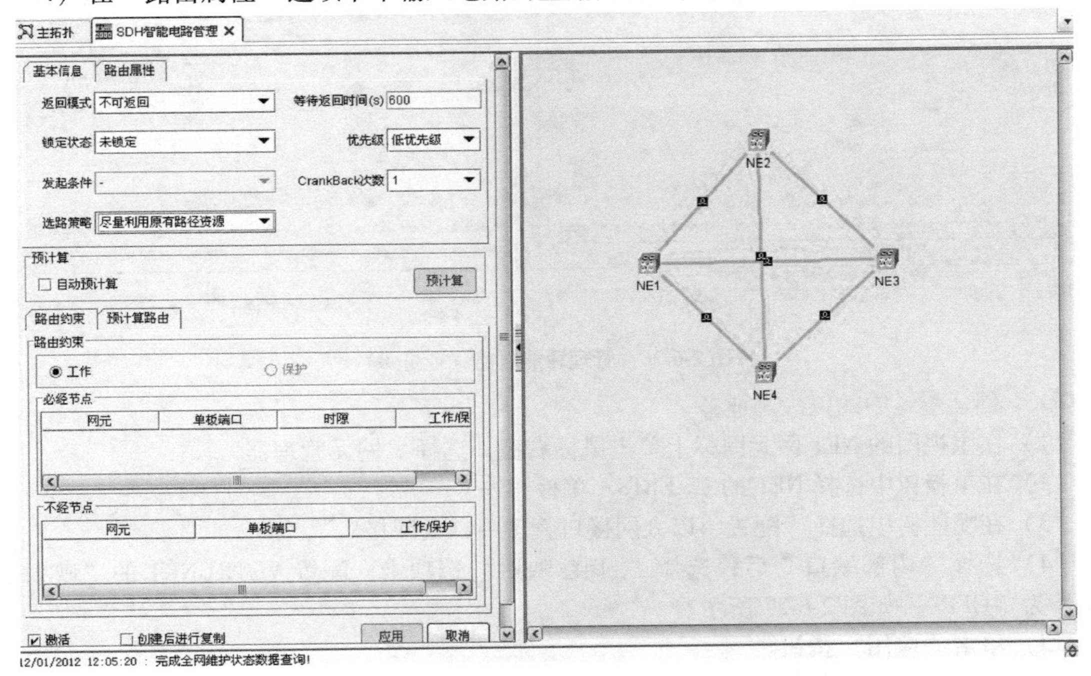

图2-6-25　配置重路由属性

■　返回模式：不可返回。如果是可返回式银级业务则选择“可返回”。

■　优先级：低优先级。

■ 锁定状态：未锁定。

■ 选路策略：尽量利用原有路径资源。

5）在右边的区域框中双击 NE1 图标，作为智能服务电路的源网元。

6）在右边的区域框中双击 NE3 图标，作为智能服务电路的宿网元。

7）单击“应用”按钮，激活智能服务电路。

8）单击“取消”按钮，回到 SDH 智能电路管理界面，可以看到智能服务电路的具体描述，如图 2-6-26 所示。

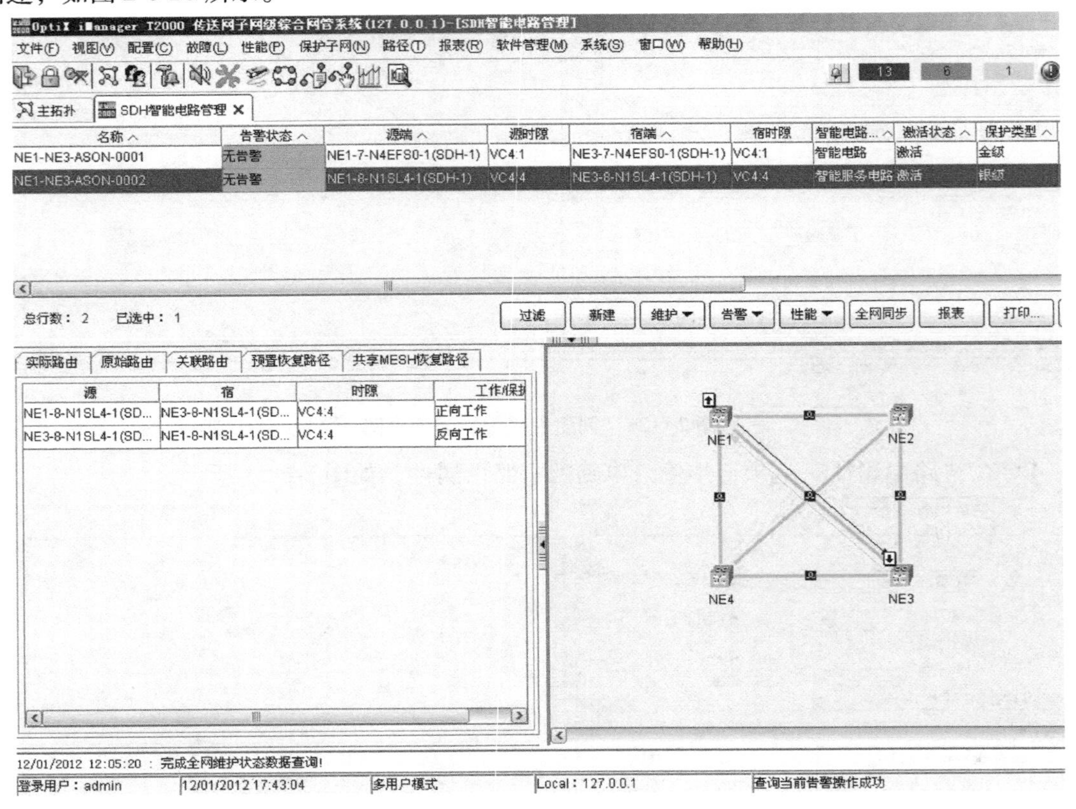

图 2-6-26 管理智能电路（业务 B）

13. 创建隧道中的以太网业务

1）在主视图的 NE1 网元图标上单击鼠标右键，选择“网元管理器”。

2）在单板树中选择 NE1 的 12-EFT8A 单板。

3）在功能树中选择“配置→以太网接口管理→以太网接口”。

4）选择“内部端口”后，选择“封装/映射”选项卡。配置 VCTRUNK1 的“映射协议”为“GFP”，如图 2-6-27 所示。

5）单击“应用”按钮。

6）选择“绑定通道”选项卡，并单击“配置”，配置绑定通道。

➢ 可配置端口：VCTRUNK1

➢ 可选绑定通道，级别 VC3-xv

➢ 可选绑定通道，方向：双向

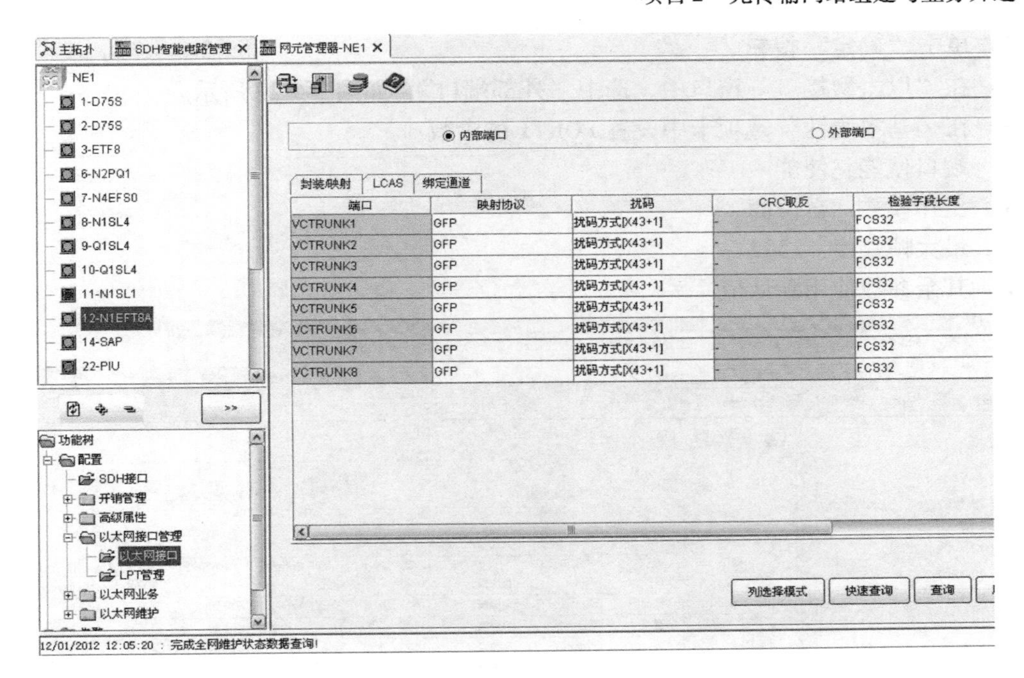

图 2-6-27　配置以太网映射协议

➢ 可选资源：VC4-1

➢ 可选时隙：VC3-1

配置后的结果如图 2-6-28 所示。

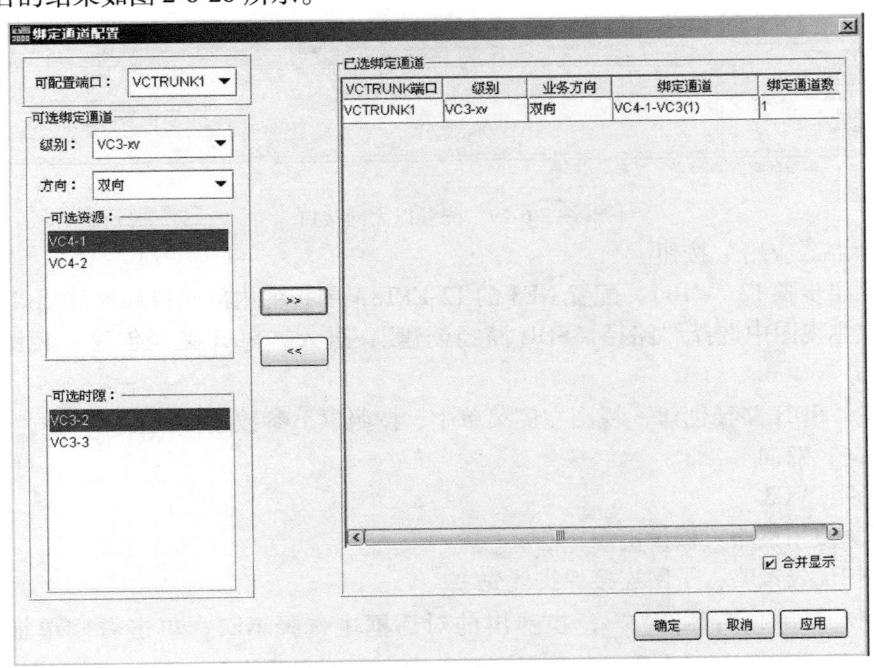

图 2-6-28　绑定业务通道

7）单击“确定”按钮。

8）在“以太网接口”窗口中，选中“外部端口”，如图 2-6-29 所示。

9）在“基本属性”选项卡中设置 PORT1 的参数：

➢ 端口使能：使能

➢ 工作模式：自协商

➢ 最大帧长度：1522

➢ 其余参数使用默认值

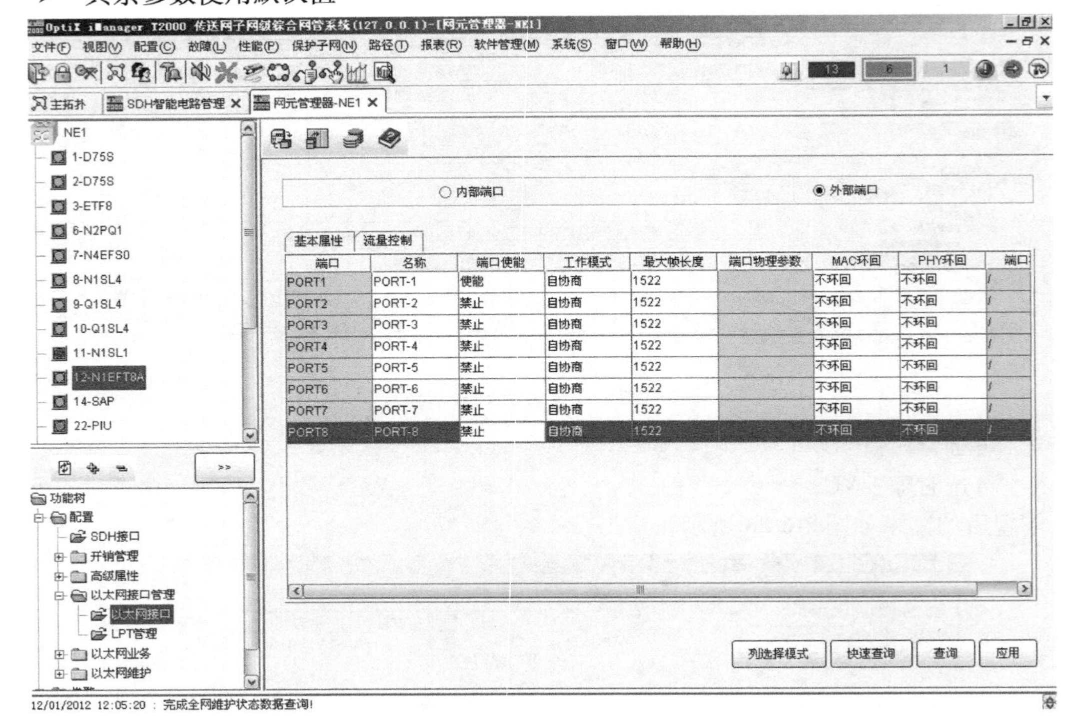

图 2-6-29　配置以太网接口

10）单击“应用”按钮。

11）参照步骤 1）～10），配置 NE3 的 12-EFT8A 单板的内部端口和外部端口。

12）在主视图中选择“路径→SDH 路径创建”，进入“SDH 路径创建”视图，如图 2-6-30 所示。

13）在“SDH 路径创建”视图左侧菜单中，按照以下参数进行设置：

➢ 方向：双向

➢ 级别：VC3

➢ 资源使用策略：保护资源

➢ 保护优先策略：子网连接保护优先

14）双击“源”右侧 浏览 ，在弹出的对话框中选择 NE1，单击右侧单板视图中的 N1EFT8A 单板，如图 2-6-31 所示，选择端口 1 中高阶 1 和低阶 1，单击“确定”按钮。

15）双击“宿”右侧 浏览 ，在弹出的对话框中选择 NE3，单击右侧单板视图中的 N1EFT8A 单板，如图 2-6-32 所示，选择端口 1 中高阶 1 和低阶 1，单击“确定”按钮。

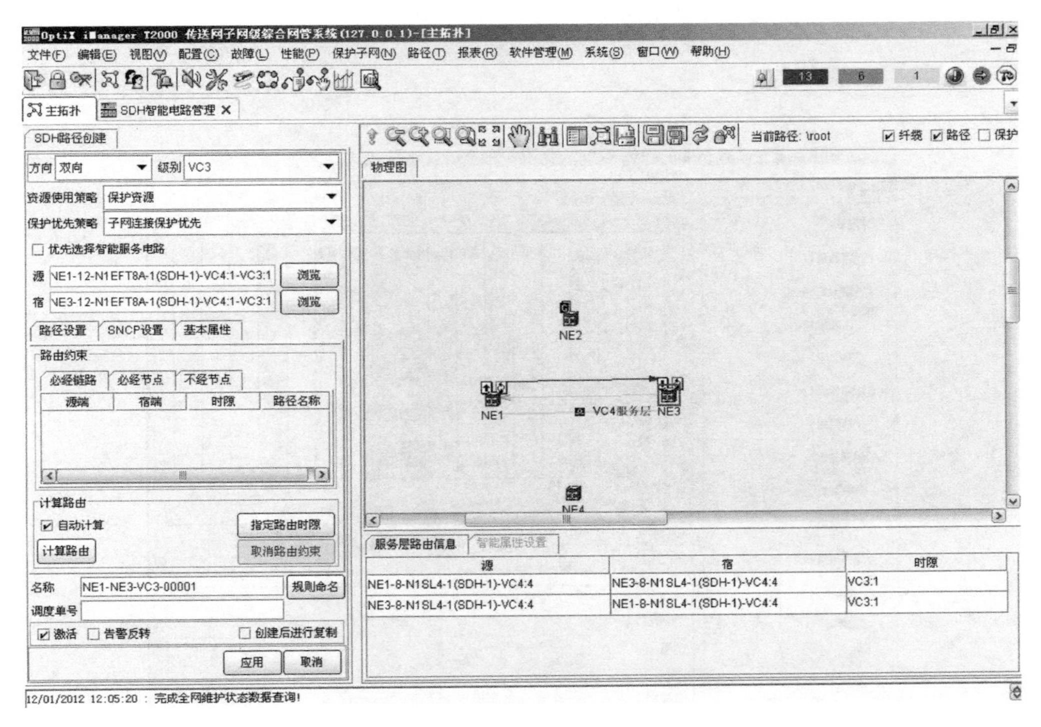

图 2-6-30　创建业务 B 服务层路径

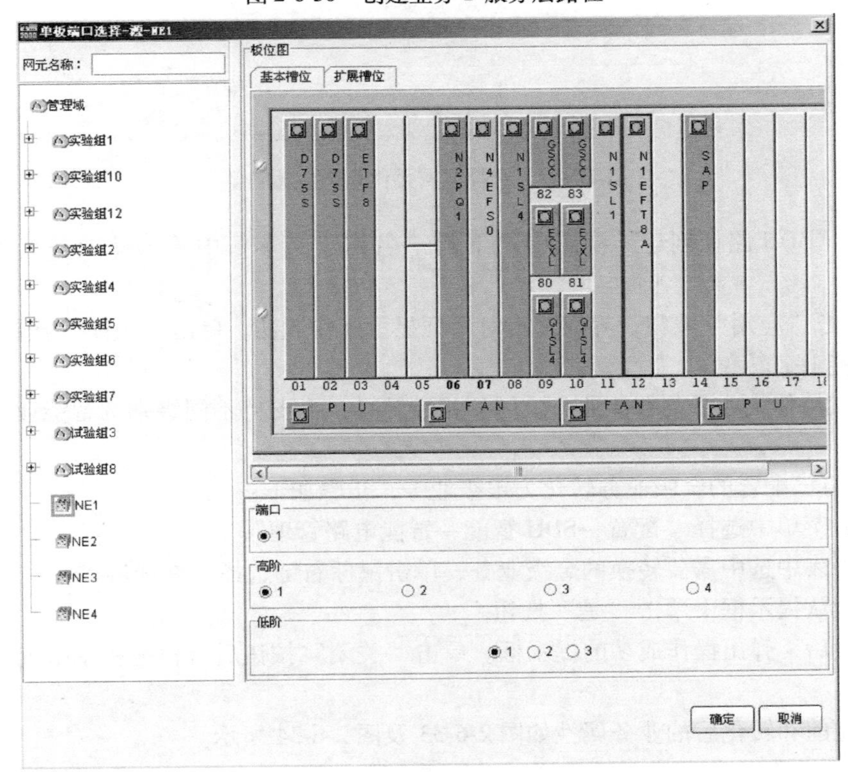

图 2-6-31　选择源网元业务单板及端口

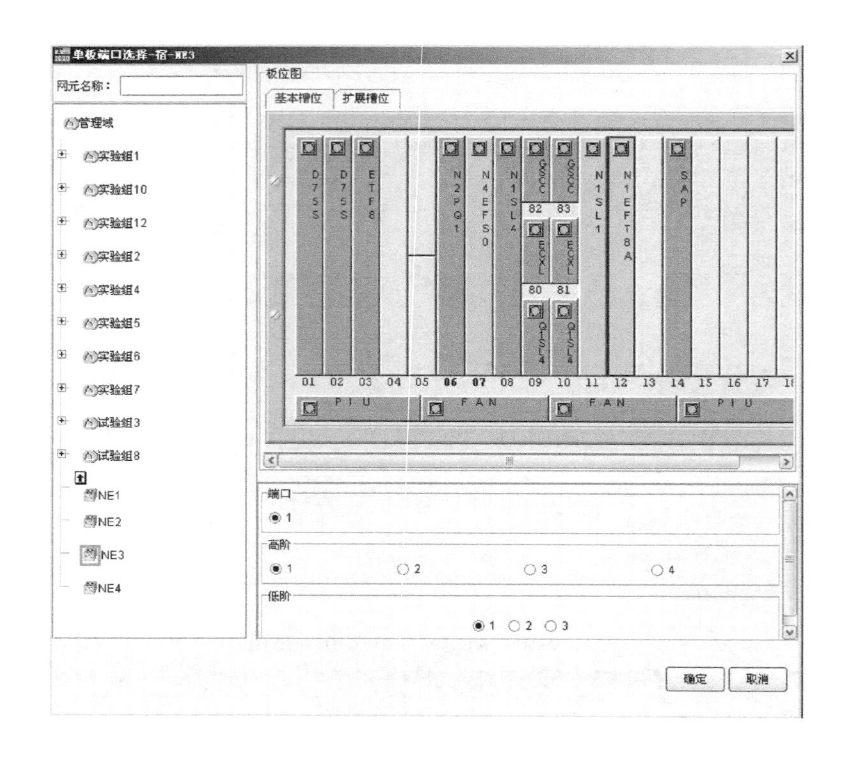

图 2-6-32　选择宿网元业务单板及端口

16）在“SDH 路径创建”视图中左下侧“名称”文本框中输入此业务名称，可以为默认。

17）单击“应用”按钮，界面弹出对话框显示操作成功，单击“关闭”按钮。

14. 智能业务转化

ASON 支持传统业务与智能业务之间的相互转换，也支持不同级别的智能业务之间的在线转换。

本任务将已配置的金级业务转化为银级业务，步骤如下：

1）在主菜单中选择“配置→SDH 智能→智能电路管理”。

2）在列表中选中需要转换的金级业务，单击鼠标右键选择“在线转换→银级”。

3）在确认提示框中单击“是”按钮。

4）转换后，弹出操作成功的提示框。单击“关闭”按钮后可根据提示查询智能电路的重路由属性。

5）转化前和转化后的业务属性如图 2-6-33 及图 2-6-34 所示。

可以看到重路由属性由“/”变为“高优先级”，证明业务已由 MSP 保护为主的金级业务转化为高优先级重路由的银级业务。

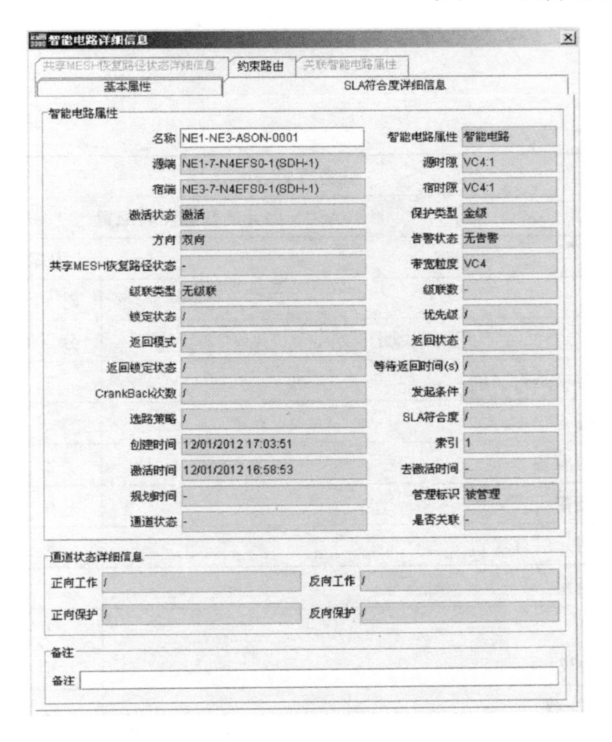

图 2-6-33　转化前智能业务属性

图 2-6-34　转化后智能业务属性

6.5 任务评价

<table>
<tr><td colspan="6">任务评价表</td></tr>
<tr><td>任务名称</td><td colspan="5">基于 ASON 网元的智能业务配置</td></tr>
<tr><td>班　级</td><td></td><td>小组编号</td><td colspan="3"></td></tr>
<tr><td>成员名单</td><td></td><td>时　间</td><td colspan="3"></td></tr>
<tr><td>评价要点</td><td>要点说明</td><td>分　值</td><td>得分</td><td colspan="2">备注</td></tr>
<tr><td rowspan="5">准备工作
（20 分）</td><td>工作任务和要求是否明确</td><td>2</td><td></td><td colspan="2"></td></tr>
<tr><td>实验设备准备</td><td>2</td><td></td><td colspan="2"></td></tr>
<tr><td>网管 T2000 的准备</td><td>2</td><td></td><td colspan="2"></td></tr>
<tr><td>相关知识的准备</td><td>6</td><td></td><td colspan="2"></td></tr>
<tr><td>网络拓扑和网元信息规划</td><td>8</td><td></td><td colspan="2"></td></tr>
<tr><td rowspan="8">任务实施
（60 分）</td><td>创建和配置网元</td><td>8</td><td></td><td colspan="2"></td></tr>
<tr><td>自动创建光纤</td><td>8</td><td></td><td colspan="2"></td></tr>
<tr><td>管理 ASON 协议</td><td>8</td><td></td><td colspan="2"></td></tr>
<tr><td>创建/修改智能域</td><td>12</td><td></td><td colspan="2"></td></tr>
<tr><td>创建/修改网元主备状态</td><td>4</td><td></td><td colspan="2"></td></tr>
<tr><td>创建智能业务</td><td>12</td><td></td><td colspan="2"></td></tr>
<tr><td>创建隧道业务</td><td>4</td><td></td><td colspan="2"></td></tr>
<tr><td>智能业务转化</td><td>4</td><td></td><td colspan="2"></td></tr>
<tr><td rowspan="4">操作规范
（20 分）</td><td>遵守机房工作和管理制度</td><td>4</td><td></td><td colspan="2"></td></tr>
<tr><td>各小组固定位置，按任务顺序展开工作</td><td>4</td><td></td><td colspan="2"></td></tr>
<tr><td>按规范使用操作，防止损坏仪器仪表</td><td>6</td><td></td><td colspan="2"></td></tr>
<tr><td>保持环境卫生，不乱扔废弃物</td><td>6</td><td></td><td colspan="2"></td></tr>
</table>

单元练习题

一、选择题

1. 下列哪一项不是 STM-N 帧结构的组成部分（　　）。

A. 管理单元指针　B. 段开销　　C. 通道开销　　D. 净负荷

2. 下面对两纤单向通道保护环描述正确的有（　　）。

A. 单向业务、分离路由

B. 双向业务、分离路由

C. 单向业务、一致路由

D. 双向业务、一致路由

3. STM-N 的复用方式是（　　）。

A. 字节间插　　B. 比特间插　　C. 帧间插　　D. 统计复用

4. 不是路径保护的是（　　）。

A. SNC/N　　B. 环网的复用段保护　　C. 环网的通道保护　　D. 复用段保护

5. 链形网保护类型中路径保护包含（　　）。

A. 1+1 线性保护　　B. 1∶N 线性保护　　C. 1∶1 线性保护　　D. 包括 A 和 B

6. 环形网复用段保护包含（　　）。

A. 二纤单向复用段保护

B. 二纤双向复用段共享保护

C. 四纤双向复用段共享保护

D. 以上都是

7. 环形网通道保护包含（　　）。

A. 二纤单向通道保护

B. 二纤双向通道保护

C. A 和 B 都是

D. 二纤双向复用段共享保护

8. 下列是 SDH 的自愈保护机制的有（　　）。

A. 路径保护

B. 子网连接保护

C. 环间双节点互通连接保护

D. 以上都是

二、填空题

1. SDH 网络主要依靠（　　　）和（　　　）这两种互不相同的作用机制，保证通信业务在故障情况下可以得到保持。

2. STM-N 的帧结构由 3 部分组成：（　　　），包括（　　　）和（　　　）、（　　　）、（　　　）。

3. RSOH 在 STM-N 帧中的位置是第（　　　）到第（　　　）行的第 1 到第（　　　）列，共（　　　）个字节。MSOH 开销在 STM-N 帧中的位置是第（　　　）到第（　　　）行的第 1 到第（　　　）列，共（　　　）个字节。

4. 环形网复用段保护包含（　　　）保护、（　　　）保护和（　　　）保护。

5. 复用段保护可简单分为（　　　）和（　　　）。

6. 以太网业务类型有（　　）、EVPL、EPLAN 和 EVPLAN 四种，其中 EFT 仅支持（　　）业务。

7. AU-PTR 是用来指示信息净负荷的第（　　　）个字节在 STM-N 帧内准确位置的指示符，以便信号的接收端能根据这个指针值所指示的位置找到信息净负荷。管理单元指针位于 STM-N 帧中第（　　　）行的 9×N 列，共 9×N 个字节。

8. 双端倒换需要（　　　）协议，由于在 1+1 保护结构中，工作通路的发端永久地桥接于（　　　）段和（　　　）段，因此切换与否的判决只是由收端作出。

9. SNCP 每个传输方向的保护通道都与工作通道走（　　　）的路由。

10. SNCP 采用的是（　　　）的工作方式，业务在（　　　）和（　　　）子网连接上同时传送，当（　　　）子网连接失效或性能劣化到某一规定的水平时，在子网连接的接收端根据优选准则选择（　　　　）子网连接上的信号。

11. ASON 分成 3 个平面：（　　　　）、（　　　　）和（　　　　）。

12. ASON 由（　　　　）、（　　　　）、（　　　　）和（　　　　）组成。

13. ASON 带 SDH 环有（　　　　）和（　　　　）两种方式。

14. SPC 是介于（　　　　）和（　　　　）之间的业务连接。

三、简答题

1. OSN2500 有哪些接口？各有什么作用？
2. 简述环形网在不同保护方式上的原理区别。
3. 简述 SDH 业务配置的基本过程。
4. 简述以太网业务配置的基本过程。
5. 简述配置时钟子网的作用及过程。
6. 简述告警查询的方法和处理告警的思路。
7. 简述业务配置前应进行哪些规划和准备工作。
8. 简述 OptiX 155/622H 设备和 OSN 2500 在支持能力上的主要区别。

项目3　光传输网络维护与故障处理

任务1　光传输网络日常维护

1.1　任务描述

本任务主要完成 OptiX 155/622H 设备及 OSN 2500 设备的例行维护项目，包括维护目的、维护周期、维护标准和维护步骤等方面。

传输设备硬件维护是网络运营的重要工作。设备日常维护实验，可以帮助学生学习和掌握如下岗位工作环节所要求的安全知识和操作技能：

- 现场维护工程师
- 网络监控工程师
- 系统维护工程师

本任务的练习使学生基本掌握如下知识和技能：

- 通过检查设备的当前状态，可以确认设备的运行状况，及时发现故障。
- 通过检查设备的保护机制，可以保证在出现故障时业务能够受到保护。
- 通过对设备防尘网的清洁，可以使设备处于一个良好的运行状态。

1.2　任务单

工作任务	光传输网络日常维护				学时	4
班级		小组编号		成员名单		
任务描述	学生分组，进行设备的安全操作、网管监测以及例行维护					
所需设备及工具	OptiX 155/622H 设备、OptiX OSN 2500 设备、ODF 架、信号电缆、光纤、T2000 网管软件、维护工具等					
工作内容	● 检查网元和单板状态 ● 查询设备告警 ● 查询异常事件 ● 查询单板版本信息 ● 检查光功率 ● 浏览时隙分配图 ● 验证 MSP 保护倒换 ● 检查智能业务的激活状态 ● 清洁防尘网 ● 检测备件					

（续）

注意事项	● 遵守机房工作和管理制度 ● 注意用电安全，谨防触电 ● 按规范操作，防止损坏仪器仪表 ● 爱护工具仪器 ● 各小组固定位置，按任务顺序展开工作

1.3 知识准备

1.3.1 安全操作指引

本节介绍设备维护过程中的安全操作指引，包括必须遵循的人身安全规范和设备操作安全规范，避免在操作设备时，造成人身伤害和设备损坏。

1. 警告和安全标志

了解和掌握常见的警告和安全标志，并在操作和维护设备的过程中严格遵守，可有效保证人身和设备安全。

OptiX 155/622H 上的警告和安全标志以及这些标志的含义请参考表 1-2-1。

2. 正确使用光纤

在使用光纤前，需要使用专用的工具清洁光纤接头。

清洁光纤接头和激光器的光接口专用的清洁工具和材料如下：

- 专用清洁溶剂（优先选用异戊醇，其次为丙醇，禁止使用乙醇和含甲醛溶剂）
- 无纺型镜头纸
- 专用压缩气体
- 棉签（医用棉或其他长纤维棉）
- 专用的卷轴式清洁带
- 光接头专用放大镜

更换光纤时，暂时不使用的光纤，应该用防尘帽将光纤接头盖住。连接光纤时，在光功率过高的情况下，需要使用光衰减器，避免接收光功率过高对光接口造成损坏。直出光模块不能直接连接光衰减器，必须通过 ODF 连接。

3. 静电防护

在设备维护前，请做好防静电措施，避免对设备造成损坏。

为防止人体静电损坏敏感元器件，必须佩戴防静电手腕，同时将防静电手腕的另一端插在设备子架的防静电插孔中。如果没有防静电手腕，也可以佩戴防静电手套。

单板在不使用时必须保存在防静电保护袋中。防静电保护袋中一般应放置干燥剂，用于保持袋内干燥。

4. 安全使用网管

为保证网管系统的稳定运行，在使用网管的时候需要遵循一定的使用原则：

- 请在网管系统安装阶段设置好服务器的系统时间，如果必须修改服务器系统时间，一定要先退出 T2000 服务器，修改完成后再重新启动 T2000 服务器。

➢ 不要随便修改T2000服务器计算机的名字和IP地址。

➢ 保障网管计算机工作电源的稳定，建议使用UPS（Uninterrupted Power Supply）供电。

➢ 在UNIX平台下，登录T2000服务器操作系统时，请使用账号“t2000”登录；在Windows平台下，必须使用安装T2000时的账号和密码登录。请不要更改Windows的登录账号和密码。

➢ T2000使用过程中，要严格保证网元侧和网管侧的数据一致。当网元上的数据配置完成且运行正常时，利用手工或自动同步功能，保持网元和网管数据的一致性。当网元数据出现错误时，首先确认网管上保存的网元数据是否正确，然后将网管侧的数据下载到网元，恢复网元数据。

➢ 定期备份网管数据库，以便最大限度地减小系统出现异常时造成的损失。

➢ T2000登录账号是管理员级别时，具有“关闭服务器”的操作权限。请小心此操作，不要错误地关闭了正在工作中的服务器。

➢ T2000的License文件必须从合法的渠道获得，并妥善保存。

1.3.2 ASON智能网维护注意事项

1. 关闭激光器

在维护过程中，如果需要关闭某个光接口的激光器，并且有智能业务经过该光接口，那么建议在关闭激光器之前，将经过该光接口的智能业务优化到其他路径上，或者在没有实际运行业务的情况下设置这些智能业务的重路由锁定状态为“锁定”。

不要频繁打开或关闭有TE链路的激光器。

2. 环回光接口

在使用尾纤进行光接口环回操作时，如果有智能业务经过该光接口，那么建议将经过该光接口的智能业务优化到其他路径上，或者在没有实际运行业务的情况下设置这些智能业务的重路由锁定状态为“锁定”。

3. 插拔光纤

在进行插拔光纤操作时，如果有智能业务经过这些光口，那么建议将经过这些光接口的智能业务优化到其他路径上，或者在没有实际运行业务的情况下设置这些智能业务的重路由锁定状态为“锁定”。

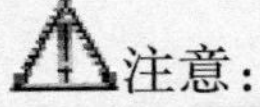

- 不要频繁插拔有TE链路的光纤。
- 禁止在有业务运行的光口上进行插拔光纤的操作。

4. 更换或复位主控板

智能软件运行在主控板上，并且实时保存网络数据，因此不能长时间没有主控板。在更换主控板时，需要先观察当前网络状态。只有在没有重路由，也没有其他人员在操作智能业务时才可以更换主控板。

注意：

禁止在建立智能业务、删除智能业务或者重路由时更换或复位主控板。

5. 网管系统维护注意事项

网管软件在正常工作时不应退出，尽管退出网管系统不会中断网上的业务，但会使网管在关闭时间内对智能软件失去监控能力，破坏对智能软件监控的连续性。

另外，也要保证网管计算机的安全性，防止损害网管计算机系统。

1.4 任务实施——网管操作与例行维护

一、网管操作

1. 检查网元和单板状态

1）进入T2000网管的主视图，查看网元图标的颜色，应为绿色。如果图标为其他颜色，请参考下列说明进行处理：

- 网元图标为灰色，说明网元通信中断。
- 网元图标为蓝色，说明网元处于未知状态。
- 网元图标为红色，说明网元发生了紧急告警。
- 网元图标为橙色，说明网元发生了主要告警。
- 网元图标为黄色，说明网元发生了次要告警。
- 网元图标为紫色，说明网元发生了提示告警。

2）双击网元图标，网元板位图左上角的网元状态应为“运行态”。

3）单击网元板位图中的图标打开“图例”，将显示单板各种状态的说明。

4）对照图例，查看单板的工作状态。单板图标应为绿色。如单板处于其他状态，请参考下列说明处理。

- 浅绿色：物理单板在位而网管上没有添加该单板。单击该板位，在右键菜单中选择“添加单板”。
- 蓝色：单板处于运行态且不在位，应检查单板，确保单板已经安装或单板与母板的接触良好。
- 灰色：单板处于安装态，重新配置单板数据。

5）单板右下角显示 ：单板处于备用状态。如果是原主用板处于备用状态，需要处理主用板故障。

6）单板左下角显示或右上角显示：单板设置了环回。根据实际需要决定是否解除单板的环回设置。

2. 查询全网告警

1）单击T2000界面右上方当前紧急告警指示灯（红色），浏览当前全网紧急告警。

2）单击T2000界面右上方当前主要告警指示灯（橙色），浏览当前全网主要告警。

3）单击 T2000 界面右上方当前次要告警指示灯（黄色），浏览当前全网次要告警。

4）可选操作：选中某一条与智能相关的告警，单击鼠标右键选择“告警影响的原始路由”。此时界面跳转到“SDH 智能电路管理”窗口，可查看具体影响的原始路由信息。

5）在第一步弹出的告警浏览窗口中，单击“过滤”，在弹出的对话框中，将参数“告警层次”设置为“控制平面”，可以浏览控制平面告警，如图 3-1-1 所示。

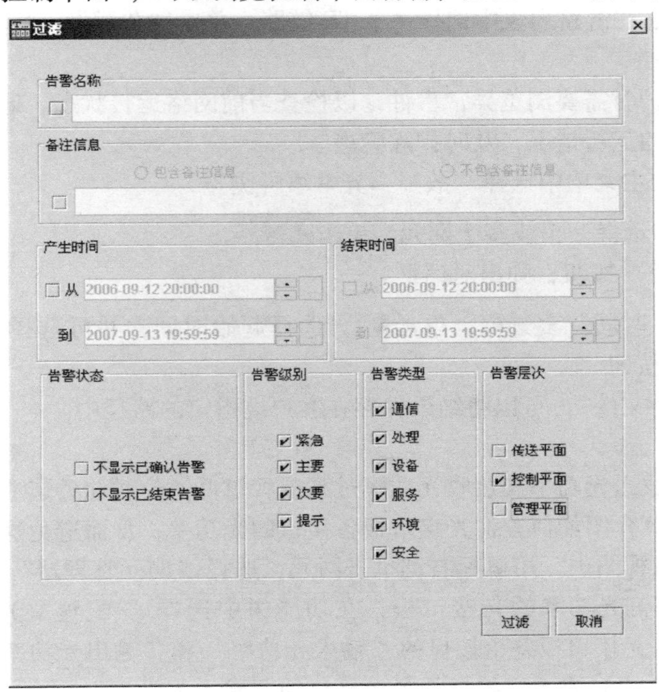

图 3-1-1　“过滤”对话框

6）查询指定智能电路的当前告警或历史告警，了解 ASON 的故障情况，利于维护。在主菜单中选择“配置→SDH 智能→智能电路管理”。在电路列表中选择一条智能电路，单击“告警”，选择“当前告警”。弹出窗口，显示该智能电路的当前告警。

7）可选操作：在电路列表中选择一条智能电路，单击“告警”，选择“历史告警”。弹出窗口，显示该智能电路的历史告警。

8）可选操作：选中某一条与智能路径相关的告警，单击鼠标右键选择“告警影响的原始路由”。此时界面跳转到“SDH 智能电路管理”窗口，可查看具体影响的原始路由信息。

9）可选操作：选中某一条与智能路径相关的告警，单击鼠标右键选择“告警影响的智能路径”。此时界面跳转到“SDH 智能电路管理”窗口，可查看具体影响的智能电路信息。

> 说明：
>
> 选择一条告警，只有当该告警影响了 SDH 智能电路时，“告警影响的智能路径”才显示在右键菜单中。

10）可选操作：选中某一条与 TE 链路相关的告警，单击鼠标右键选择“告警影响的

TE 链路”。此时界面跳转到“SDH TE 链路管理”窗口，可查看具体影响的 TE 链路信息。

11）查询 TE 链路的当前告警或历史告警，了解 ASON 的故障情况，利于维护。在主菜单中选择“配置→SDH 智能→TE 链路管理”。在链路列表中选择一条 TE 链路，单击“告警”，选择“当前告警”。弹出窗口，显示该 TE 链路的当前告警。

12）可选操作：在链路列表中选择一条 TE 链路，单击“告警”，选择“历史告警”。

3. 查询异常事件

在进行例行维护时需要浏览异常事件，以检查当前网络运行状态。通过浏览当前性能事件，判断当前设备的运行情况，及时排除隐患。

1）在 T2000 的主菜单中选择“故障→异常事件浏览”。

2）在左窗格中选择一个或多个网元，单击 >> 。

3）单击“过滤”按钮，弹出对话框。

4）选择“产生时间”复选框，单击 ... ，选择起始时间，并可选择需要查看的事件名称，单击“确定”按钮。

5）单击“存为文件”，可以将结果保存在客户端指定的路径中。

4. 检查光功率

光接口的平均发送光功率和接收光功率过高或者过低，会对业务造成影响，产生误码或者损坏光器件。本节介绍如何查询光接口板各接口的光功率，从而避免这种情况。

1）在 T2000 主视图中，用鼠标右键单击网元，选择“网元管理器”。

2）选中需要查询光功率的光接口板，在功能树中选择“ 配置→光功率管理”。单击“查询”按钮，得到光接口板各个接口的“输入光功率”和“输出光功率”。

3）以步骤 1）~2）查看光接口板各个接口的“输入光功率”、“输出光功率”、“输入下门限”和“输入上门限”。查询到的光功率需要满足：

- 小于该光接口过载光功率指标值 5dB。
- 大于该光接口接收灵敏度指标值 3dB。

> 说明：
> - 光功率的值与基准值的差大于 4dB，显示为”严重预警“。
> - 光功率的值与基准值的差大于 2dB 小于 4dB，显示为“一般预警”。

4）参考相关技术指标或者工程文档中的光功率指标，确认输入光功率和输出光功率都在指标范围内，且没有超过输入下门限和输入上门限。如果不满足指标要求，参考相关文档进行故障处理。

典型光接口的光功率指标见表 3-1-1。

5. 查询单板版本信息

通过查询单板信息报表和单板制造信息报表来查看单板的版本配套信息。

各单板的 BIOS 版本、主机软件版本、单板软件版本、逻辑版本和 PCB 版本需要与主机软件版本相配套。查询单板时，需提供单板所在的网元和槽位等信息；在配置单板或更新单板后要及时更新单板信息报表，以方便对单板的管理。

表 3-1-1　典型光接口的光功率指标

项目	指标值				
线路码型	NRZ				
光接口类型	I-1	S-1.1	L-1.1	L-1.2	Ve-1.2
光源类型	MLM	MLM	MLM、SLM	SLM	SLM
工作波长/nm	1260～1360	1261～1360	1263～1360	1480～1580	1480～1580
发送光功率/dBm	－15～－8	－15～－8	－5～0	－5～0	－3～0
接收灵敏度/dBm	－23	－28	－34	－34	－34
过载光功率/dBm	－8	－8	－10	－10	－10
最小消光比/dB	8.2	8.2	10	10	10

注：MLM 表示多纵模（Multi-Longitudinal Mode），SLM 表示单纵模（Single-Longitudinal Mode）。

操作说明：

1）在主菜单中选择“报表→单板信息报表”。

2）选择“单板信息报表”选项卡。

3）在左边的对象树中选择网元或网元下的单板，单击 >> 。在右边可以浏览生成的报表。

4）单击“查询”按钮，从网元侧查询实际信息。在查询到的结果中：

➢ 主控板的软件版本即为设备的主机软件版本。

➢ 各单板的软件版本即为单板软件版本。

5）在主菜单中选择“报表→单板制造信息报表”。

6）选择“单板制造信息报表”选项卡。

7）在左边的对象树中选择网元或网元下的单板，单击 >> 。在右边可以浏览生成的报表。

8）单击“查询”按钮，从网元侧查询实际信息。

6. 浏览时隙分配图

通过浏览时隙分配图，查看保护子网所占用的时隙情况，了解保护分配情况是否正常。

1）在 T2000 的主菜单中选择“报表→时隙分配图”。

2）在“生成时隙分配图”对话框中选择一个保护子网。单击“开始”，T2000 将自动生成该保护子网的时隙分配图，并保存在 client \ report 目录下。

3）进入 client \ report 目录，双击 SVG 格式文件浏览时隙分配图。

7. 备份网管数据

通过备份网管数据库，在网管升级或更换网管时，可以直接到备份数据库中读取数据，不用再从网元侧上载数据。

1）启动“数据库管理工具”。

➢ 在 UNIX 平台上，在 CDE 桌面上单击鼠标右键，选择“工具→终端”打开一个终端窗口。在“/T2000/server/database”目录下运行“T2000DM. sh”。

➢ 在 Windows 平台上，打开“资源管理器”，在“C：\ T2000 \ server \ database ”目录下运行“T2000DM. exe”。

2）在左边的“数据库服务器列表”中，选择“T2000DBServer”。

3）在弹出的对话框中，输入用户 sa 的密码。

> 说明：
> 用户 sa 的密码是在安装 T2000 时输入的，默认密码是空。

4）单击“备份数据库”，弹出对话框。

5）指定备份出来的数据库文件所要存放的目录。

6）单击“备份”按钮，开始备份 T2000 数据库。备份完后单击“确定”按钮关闭。

8. 备份智能网元数据

备份智能网元数据后，如果智能网元的数据库丢失，则可以通过网管恢复网元数据，避免业务丢失。本内容介绍如何备份智能网元配置数据。

操作步骤：

1）在 T2000 主菜单中选择“软件管理→备份/恢复数据库包”。导航树中将显示已经添加的网元。

2）在左边对象树上添加支持该功能的网元。如果网元已经添加，则该步骤可省略。

3）在左边的导航树选中要进行备份的网元，单击鼠标右键，选择“ 登录网元”，单击 >> 。选中的网元被添加到右边操作列表，可同时添加多个网元。

4）在操作列表中选择一个网元，从“协议”的下拉列表中选择“ECC”或者“IP over DCC”。

> 说明：
> ECC 功能支持远程备份/恢复，IP over DCC 功能只支持本地网元操作。

5）如果采用 IP over DCC 协议，则在主菜单中选择“ 软件管理→FTP 设置”。单击“启动”按钮，启动 IP over DCC 协议。

> 说明：
> 单击“浏览”按钮可以更改主目录路径。用户名和密码可以根据需要设置。

6）在“备份/恢复”选项的下拉列表中选择“备份”。

7）单击“文件”栏后面的 。

➢ 如果采用 ECC 协议，则弹出“选择文件”对话框，选择一个文件夹作为备份目录。

➢ 如果采用 IP over DCC 协议，则弹出“选择文件”对话框。根据步骤 5）设置的信息填写当前 FTP 文件设置。选择 FTP Server 上的主目录作为备份目录。

8）单击“开始”，开始备份。

9. 检查智能业务的激活状态

定期检查智能业务的激活状态，保证智能业务正常运行。

操作步骤：

1）在主菜单中选择“配置→SDH 智能→智能电路管理”。在“SDH 智能电路管理”界面中单击“过滤”按钮。

2）在“过滤”窗口中，选中“未激活”，过滤所有未激活的智能业务。

3）如果有未激活的智能业务，则按照下面的步骤处理。

① 在“SDH智能电路管理”窗口，查看该业务的宿节点，然后删除该业务。如果“SDH路径管理”窗口中存在该业务，也需删除。

② 打开末节点的“网元管理器”窗口。在功能树中，选择“智能→高级维护”。

③ 在“智能信令维护”选项卡中，打开“查询方式”下拉列表，在列表中选择“查询本节点为宿的智能电路”，单击“查询”按钮，可以看到这条未激活智能业务。

④ 用鼠标右键单击该业务，选择“降级智能信令”，从末节点降级业务，使得该业务转换为传统业务。

⑤ 从主菜单中选择“路径→SDH路径搜索”，进行路径搜索。

⑥ 路径搜索完成后，选择“路径→SDH路径管理”，查看搜索出来的传统业务。用鼠标右键单击该业务，选择“升级为智能业务”，在弹出“升级为智能电路”窗口中，选择合适的业务属性，单击“确定”按钮完成升级。

二、例行维护

1. 清洁防尘网

清洁防尘网的目的是为了保证设备及时散热，本内容介绍清洁防尘网的方法。

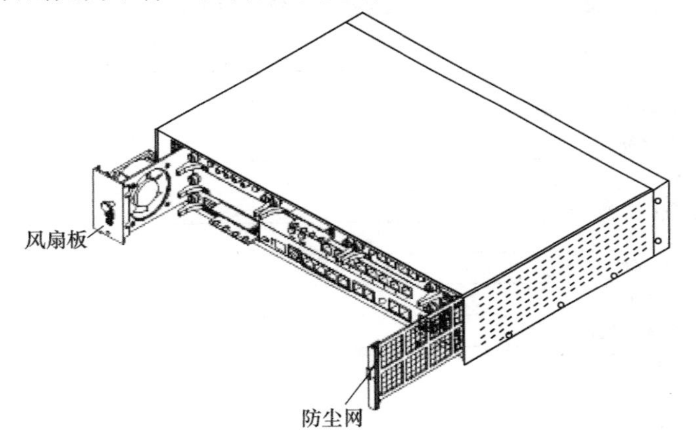

图3-1-2　OptiX 155/622H防尘网位置示意图

1）抽出机盒的防尘网。OptiX 155/622H设备防尘网的位置如图3-1-2所示，OptiX OSN 2500设备防尘网的位置如图3-1-3所示。

2）将粘贴在防尘网上的海绵撕下后用水冲洗干净，并在通风处吹干。

3）清理工作完成后，将海绵重新粘贴在防尘网上，然后将防尘网沿子架下方的滑入导槽轻轻插回原位置。

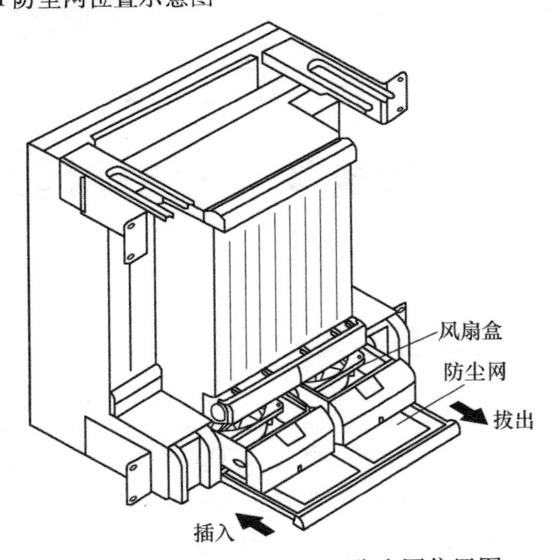

图3-1-3　OptiX OSN 2500防尘网位置图

2. 维护备件

通过备件的定期维护，保证备件随时可以替换网上的单板，提高维护效率。本内容介绍备件维护的主要原则。

备件的维护原则如下。

1）备件检查原则：

➢ 定期检查备件版本及质量，对备件进行测试。

➢ 备件的软件版本、PCB 版本和 FPGA 版本应当与网络运行的单板版本保持一致。

➢ 网络升级时应当及时提供相应的备件，并同步升级现有备件的版本。

2）备件存放原则：

➢ 备件必须按要求存放，由专人保管，保证备件专用。

➢ 备件要存放在防静电袋中，不能相互摩擦，并放在专门的防静电柜中，不能和其他杂物堆放在一起。

➢ 存取备件时要佩戴防静电手套。

➢ 备件出入库信息记录必须及时更新，以便及时补充相应的备件。

1.5 任务评价

任务评价表				
任务名称	光传输网络日常维护			
班　级		小组编号		
成员名单		时　间		
评价要点	要点说明	分　值	得分	备注
准备工作（10 分）	工作任务和要求是否明确	2		
	实验设备准备	2		
	相关知识的准备	6		
任务实施（70 分）	检查网元和单板状态	8		
	查询全网告警	8		
	查询异常事件	8		
	备份网管数据	12		
	备份智能网元数据	12		
	检查智能业务的激活状态	12		
	维护备件	10		
操作规范（20 分）	遵守机房工作和管理制度	4		
	各小组固定位置，按任务顺序展开工作	4		
	按规范使用操作，防止损坏仪器仪表	6		
	保持环境卫生，不乱扔废弃物	6		

任务 2　光传输网络常见故障分析与处理

2.1 任务描述

本任务主要完成 OptiX 155/622H、OptiX OSN 2500 设备的硬件告警和硬件故障处理的认知练习，从而掌握 SDH 硬件设备故障的产生原理、特点以及处理方法等几个方面的知识和技能。

光传输设备在网络运行过程中，可能会出现各种告警和故障，及时准确地识别、定位和处理这些告警和故障是网络维护的重要工作。本实验通过模拟光传输网络中常见的故障现象或问题，帮助学生学习和掌握实际传输网络中定位、处理常见故障的方法和思路，锻炼学生在如下岗位工作环节的排查思路和操作技能：

■　网络监控工程师

■　系统维护工程师

■　现场维护工程师

本任务的练习使学生基本掌握如下知识和技能：

■　通过检查设备的告警，确认设备的运行状况，及时发现故障。

■　通过对设备的排查定位操作，初步判断出现故障的原因和网元设备。

■　通过解决已知常见设备故障，可以使传输网络处于一个良好的运行状态。

2.2　任务单

<table>
<tr><td>工作任务</td><td colspan="3">光传输网络常见故障分析与处理</td><td>学时</td><td>4</td></tr>
<tr><td>班级</td><td></td><td>小组编号</td><td></td><td>成员名单</td><td></td></tr>
<tr><td>任务描述</td><td colspan="5">学生分组，进行光传输网络相关的故障排查、故障处理、故障处理验证</td></tr>
<tr><td>所需设备及工具</td><td colspan="5">OptiX 155/622H、OptiX OSN 2500 设备、ODF 架、信号电缆、光纤、2000 网管软件、维护工具等</td></tr>
<tr><td>工作内容</td><td colspan="5">● 掌握故障判断与定位的常用方法
● 熟悉故障处理的过程示例与流程
● 故障定位
● 业务中断故障处理
● 误码故障处理
● 设备对接故障处理
● 复用段保护倒换故障处理
● 以太网故障处理
● ASON 网络链路故障处理
● ASON 网络业务创建故障处理
● ASON 网络业务中断故障处理</td></tr>
<tr><td>注意事项</td><td colspan="5">● 遵守机房工作和管理制度
● 注意用电安全，谨防触电
● 按规范使用操作，防止损坏仪器仪表
● 爱护工具仪器</td></tr>
</table>

2.3 知识准备

2.3.1 故障定位的基本原则

故障定位的关键是：将故障点准确地定位到单站。

故障定位的基本原则可总结为四句话：先外部，后传输；先网络，后网元；先高速，后低速；先高级，后低级。

这四句话的解释如下：

■ 先定位外部，后定位传输。

在定位故障时，应先排除外部的可能因素，如光纤断、对接设备故障或电源问题等。

■ 先定位网络，后定位网元。

在定位故障时，首先要尽可能准确地定位出是哪个站的问题。

■ 先排除高速部分，后排除低速部分。

从告警信号流中可以看出，高速信号的告警常常会引起低速信号的告警，因此在故障定位时，应先排除高速部分的故障。

■ 先分析高级别告警，后分析低级别告警。

在分析告警时，应首先分析高级别的告警，如紧急告警、主要告警，然后再分析低级别的告警，如次要告警和提示告警。

2.3.2 故障判断与定位的常用方法

传输故障定位的常用方法可简单地总结为“一分析，二环回，三换板”。

当故障发生时，首先通过对告警、性能事件、业务流向的分析，初步判断故障点范围。然后，通过逐段环回，排除外部故障或将故障定位到单个网元，以至单板。最后，更换引起故障的单板，排除故障。

对于较复杂的故障，需要综合使用表 3-2-1 所示的方法进行故障定位和处理。

表 3-2-1　复杂故障定位和处理的方法

常用方法	适用范围	操作特点
告警和性能分析法	通用	● 全网把握，可初步定位故障点 ● 不影响正常业务 ● 依赖于网管
环回法	分离外部故障，将故障定位到单站、单板	● 不依赖于告警、性能事件的分析 ● 快捷
替换法	将故障定位到单板，或分离外部故障	● 简单 ● 对备件有需求 ● 需要与其他方法同时使用
配置数据分析法	将故障定位到单站或单板	● 可查清故障原因 ● 定位时间长 ● 依赖于网管

（续）

常用方法	适用范围	操作特点
更改配置法	将故障定位到单板	● 风险高 ● 依赖于网管
仪表测试法	分离外部故障，解决对接问题	● 通用、具有说服力、准确度高 ● 对仪表有需求 ● 需要与其他方法同时使用

1. 告警和性能分析法

告警和性能分析法是定位故障的方法之一。

SDH 信号的帧结构里定义了丰富的、包含系统告警和性能信息的开销字节。因此，当 SDH 系统发生故障时，一般会伴随有大量的告警和性能事件信息，通过对这些信息的分析，可大概判断出所发生故障的类型和位置。

1）获取告警和性能事件信息的方式有以下两种：

① 通过网管查询传输系统当前或历史发生的告警和性能事件数据。

② 通过设备机柜和单板的运行灯、告警灯的状态，了解设备当前的运行状况。

2）通过网管获取故障信息，定位故障的特点是：

① 全面：能够获取全网设备的故障信息。

② 准确：能够获取设备当前存在哪些告警、告警发生时间以及设备的历史告警；能够获取设备性能事件的具体数值。

③ 如果告警和性能事件太多，则可能会面临无从着手分析的困难。

④ 完全依赖于计算机、软件、通信三者的正常工作，一旦以上三者之一出问题，通过该途径获取故障信息的能力就将大大降低，甚至于完全失去。

3）通过设备上的指示灯获取告警信息，进行故障定位。OptiX 设备上有不同颜色的运行和告警指示灯，这些指示灯的状态，反映出设备当前的运行状况或存在告警的级别。

2. 环回法

环回法是 OptiX 设备定位故障最常用、最行之有效的一种方法。

环回操作分为软件、硬件两种，这两种方式各有所长：

1）硬件环回相对于软件环回而言环回更为彻底，但它操作不是很方便，需要到设备现场才能进行操作；另外，光接口在硬件环回时要避免接收光功率过载。

2）软件环回虽然操作方便，但它定位故障的范围和位置不如硬件环回准确。比如，在单站测试时，若通过光口的软件内环回，业务测试正常，并不能确定该光板没有问题；但若通过尾纤将光口自环后，业务测试正常，则可确定该光板是好的。软件环回操作及应用见表 3-2-2。

由于支路板环回、线路板环回可将故障定位到单站，同时可初步定位支路板、线路板是否存在故障，因此在实际中使用最多，需要维护人员熟练掌握。

交叉板环回可初步定位单站故障是线路侧故障还是交叉故障，同时还可定位出是哪一侧的线路板故障。但由于交叉板环回操作起来比较复杂，一般很少使用。

在进行环回操作前，需确定对哪个通道、哪个时隙环回，应该在哪些位置环回，应该使用外环回还是内环回。具体可分四个步骤进行。

表 3-2-2　OptiX 光网络设备软件环回操作及应用

支持软件环回的单板	操作工具	软件环回操作类型	环回级别	应　用
支路板	网管	内环回、外环回	按通道环回	可分离交换机故障和传输故障，且可初步判断支路板是否存在故障。不需要更改业务配置
线路板	网管	内环回、外环回	按 VC4 通道环回、按光接口环回	将故障定位到单站，且可初步判断线路板是否存在故障。不需要更改业务配置
交叉板	网管	线路环回	按业务通道环回	单站故障的定位中，需要更改业务配置，对操作人员要求较高

1）通过咨询、观察和测试等手段，选取其中一个的确有故障的业务通道作为分析处理的对象。

2）从多个有故障的站点中选择其中的一个站点。

3）从所选择一个站点的多个有问题的业务通道中，选择其中的一个业务通道。

> 说明：
> 由于自环第一个 VC4 通道，可能会影响 ECC 通信，因此尽量不要选择第一个 VC4 通道内的业务。

对于所选择出来的业务通道，先分析其中一个方向的业务。

① 画出所选取业务一个方向的路径图。在路径图中表示出：该业务的源和宿、所经过的站点、所占用的 VC4 通道和时隙。

② 根据所画出的业务路径图，采取逐段、逐站环回的方法，定位出故障站点。

4）故障定位到单站后，通过线路板和交叉板线路、支路环回，进一步定位可能存在故障的单板。最后结合其他方法，确认存在故障的单板，并通过换板等方法排除故障。

3. 替换法

替换法就是使用一个工作正常的物件去替换一个被怀疑工作不正常的物件，从而达到定位故障、排除故障的目的。这里的物件，可以是一段线缆、一个设备或一块单板。

替换法既适用于排除传输外部设备的问题，如光纤、中继电缆、交换机、供电设备等的问题；也适用于故障定位到单站后，用于排除单站内单板的问题。

替换法的优势是：简单，对维护人员的要求不高，是一种比较实用的方法。但该方法对备件有要求，且操作起来没有其他方法方便。插拔单板时，若不按规范执行，还可能导致板件损坏等其他问题的发生。

4. 配置数据分析法

在某些特殊的情况下，如外界环境条件的突然改变，或由于误操作，可能会使设备的配置数据——网元数据和单板数据遭到破坏或改变，导致业务中断等故障的发生。此时，在将故障定位到单站后，可使用配置数据分析法进一步定位故障。

通过查询，分析设备当前的配置数据是否正确来定位故障。配置数据包括复用段的节点参数、线路板和支路板通道的环回设置、支路通道保护属性、通道追踪字节等。例如，某支路板的 SNCP 保护不倒换，我们就需要查看该支路板的通道属性是否已配置为保护。

对于网管误操作，还可以通过查看网管的操作日志来进行确认。

配置数据分析法适用于故障定位到单站后故障的进一步分析。该方法可以查清真正的故障原因。但该方法定位故障的时间相对较长，且对维护人员的要求非常高。一般只有对设备非常熟悉，且经验非常丰富的维护人员才使用。

5. 更改配置法

更改配置法所更改的配置内容可以包括时隙配置、板位配置、单板参数配置等。因此更改配置法适用于故障定位到单站后，排除由于配置错误导致的故障。另外更改配置法最典型的应用就是用来排除指针调整问题。

若怀疑支路板的某些通道或某一块支路板有问题，可以更改时隙配置将业务配置到另外的通道或另一块支路板；若怀疑某个槽位有问题，可通过更改板位配置进行排除；若怀疑某一个 VC4 有问题，可以将时隙调整到另一个 VC4。

在升级扩容改造中，若怀疑新的配置有错，可以重新下发原来的配置来定位是否配置问题。

但需要注意的是，我们通过更改时隙配置，并不能将故障确切地定位到是哪块单板的问题——线路板、支路板、交叉板还是母板问题。此时，需进一步通过“替换法”或“环回法”进行故障定位。因此，该方法适用于没有备板的情况下，初步定位故障类型，并使用其他业务通道或板位暂时恢复业务。

应用更改配置法在定位指针调整问题时，可以通过更改时钟的跟踪方向以及时钟的基准源进行定位。

由于更改配置法操作起来比较复杂，对维护人员的要求较高。因此，通常只在没有备板的情况下，为了临时恢复业务而使用，或在定位指针调整问题时使用。此外在使用该方法前，应保存好原有配置，同时对所进行的步骤予以详细记录，以便于故障定位。

6. 仪表测试法

仪表测试法一般用于排除设备外部问题以及与其他设备的对接问题。

1）若怀疑电源供电电压过高或过低，则可以用万用表进行测试。

2）若怀疑设备与其他设备对接不上是由于接地的问题，则可用万用表测量对接通道发端和收端同轴端口屏蔽层之间的电压值。若电压值超过 0.5V，则可认为接地有问题。

3）若怀疑对接不上是由于信号不对，则可通过相应的分析仪表观察帧信号是否正常、开销字节是否正常、是否有异常告警等。

通过仪表测试法分析定位故障，说服力比较强。缺点是对仪表有需求，同时对维护人员的要求也比较高。

2.4 任务实施1——业务中断类故障分析与处理

与业务中断故障相关的信号流是：业务信号流、告警信号流和时钟信号流。

业务信号在一个网元内由业务处理板（线路板和支路板）和交叉时钟板处理，接口板和交叉时钟板之间的信号由母板上的总线连接。

业务信号的流向是：从线路板和支路板接入的信号，经过开销处理或映射，形成 VC4，送入交叉时钟板；经过交叉，再由交叉时钟板输出到线路板和支路板。线路板和交叉时钟板、支路板和交叉时钟板之间都是通过总线连接。

告警信号包括再生段告警、复用段告警、通道告警。在SDH的帧结构中有着丰富的开销字节，包括再生段开销、复用段开销、通道开销。正是借助于这些开销字节传递的告警和性能信息，使得SDH系统具有很强的在线告警和误码监测能力。通过对这些告警信息的产生方式和检测方式的了解，可以做到对故障的快速定位。

时钟信号流分为时钟提取信号流和时钟分配信号流。

- 时钟提取信号流的流向是从支路板、线路板、外部时钟源到交叉时钟板。
- 时钟分配信号流的流向是由交叉时钟板分配到支路板、线路板。

导致业务中断问题的常见原因见表3-2-3。

表3-2-3 业务中断问题的常见原因

故障类别	故障原因
外部原因	电源异常
	光纤、电缆、接头异常
	交换或其他接入设备异常
	环境（温度、湿度）异常
	接地异常、雷击
数据配置	配置错误
	误操作
	运行过程中的软件问题
设备硬件	单板失效或性能劣化
误码	误码过多导致业务中断
指针调整	指针调整过大导致业务中断
设备对接	对接设备失配或设置不正确导致业务不通
保护倒换	保护倒换功能异常导致业务中断

2.4.1 处理电源故障

1）通过网管查询当前是否存在网元功耗越限告警NE_POWER_OVER。当存在该告警时，可能原因为：

① 网元安装的所有逻辑单板的功耗值均超过了门限值。

② 网元上插上的物理单板的功耗值总和超过了门限值。

处理该告警需要在网管上删除未使用的逻辑单板，或拔出网元上未使用的物理单板。

2）通过网管查询当前是否存在电源失效告警POWER_ABNORMAL。当存在该告警时，电源工作异常，可能会造成单板无法正常工作。

处理该告警需要：确定该告警产生的单板。硬复位该单板后，查看告警是否消除。若告警未消除，更换上报该告警的单板。

3）在设备处于运行状态时，在电源分接盒的电源接线端子处，测量电压，检查电压是否在允许的范围内。如果电源异常，则业务中断故障可能是由于电源故障引起的，此时需要进一步定位故障点。

4）断开PIU电源板上的电源开关，测量电源分接盒电源接线端子处的电压，检查电压

是否在允许的范围内。如果电压异常，则可判断为外部供电设备或线缆有问题；如果电压正常，则可能是PIU电源板的故障。

5）如果故障定位到PIU电源板，则可更换电源板。

6）如果定位到外部故障时，则需要电源工程师协助处理。

2.4.2　处理接地故障

接地故障的常见原因包括：

1）PGND、BGND接地不良，接地电阻大于10Ω。

2）BGND与PGND之间的电位差大于0.5V。

3）PGND、BGND与交流零线共地。

4）两台对接设备的PGND不是联合接地。

5）音频、中继电缆接地不良。

处理该故障的方法：

1）检查用户机房的地线排是否接触良好。

2）检查传输设备机柜与机房地线排的接触是否良好。

3）检查机柜的正门和侧门与机柜的接触是否良好。

4）检查子架与机柜接触是否良好。

5）检查信号电缆的接地是否良好。

6）检查DDF、ODF的接地是否良好。

7）检查网管设备、各种用电设备的接地是否良好。

8）检查对接设备是否联合接地。

可以使用仪表测试BGND、PGND的接地电阻值是否符和指标要求，也可以采用仪表检查对接信号的波形是否变形、失真。

2.4.3　处理环境异常问题

1）检查环境的温、湿度值是否符合指标要求。具体指标值如下：

■　温度：0～45℃

■　相对湿度：10%～90%

2）检查是否有设备温度越限告警TEMP_ALARM、TEMP_OVER，防尘网是否堵塞，风扇运转是否正常。

3）检查设备周围是否有强烈的干扰源。由于运行环境异常导致的业务中断，通常设备会产生误码或指针调整，可以通过分析这些误码或指针调整来帮助定位故障。

4）检查设备内部是否有老鼠等小动物或其排泄物，机柜的防鼠网是否安装到位。

2.4.4　处理光纤、电缆接头异常

1. 处理光纤、电缆接头异常

首先要进行以下各项常规检查，确定故障发生的位置。

1）通过网管查询是否有光纤、电缆、接头异常所引发的常见告警，如R_LOS、R_LOF、T_ALOS、P_LOS等。

2）检查光纤、电缆是否被割断。

3）检查光纤是否熔接错误。

4）检查接头是否松动。

5）检查光纤的弯曲度是否在允许的范围内：弯曲半径≤60mm。

2. 对于常见告警的处理

对于常见告警的处理方法介绍如下：

（1）R_LOS 告警　当存在 R_LOS 告警时，表示线路接收侧信号丢失。该告警产生后，线路接收侧业务中断，系统自动向下游下插 AIS 信号，自动向上游站点回告 MS_RDI，上游站点会产生 MS_RDI 告警。

告警 R_LOS 产生的可能原因如下：

1）光纤原因 1：断纤。

处理该告警的方法如下：

① 在网管上查询告警，根据告警参数 1 确定上报告警的光口号。

> 说明：
>
> 在网管中浏览告警时，选中该告警，在“告警详细信息”中会显示该告警的相关参数。告警参数的格式为“告警参数（十六进制）：参数 1 参数 2…参数 n”，如告警参数（十六进制）：0x01 0x08…。

对于 R_LOS 告警，其参数定义为：

参数 1：表示告警单板实际光口号。

参数 2：固定为 0x00，无意义。

参数 3：固定为 0x01，无意义。

② 判断是否断纤。使用 OTDR（Optical Time-Domain Reflectometer）仪表测量光纤，通过分析仪表显示的线路衰减曲线判断是否断纤及断纤的位置。

③ 当线路出现断纤现象时，请更换光纤。

2）光纤原因 2：本端单板光接口处未连接尾纤或者尾纤连接错误。

处理该告警的方法如下：

① 在网管上查询告警，根据告警参数 1 确定上报告警的光口号。

② 在子架侧，拔下故障光接口板 OUT 端口的尾纤。

③ 用短尾纤将光功率计连接到该光接口板 OUT 端口。

④ 打开光功率计电源，根据光接口类型设置光功率计工作波长，测得光接口板的发光功率为 A。将拔下的尾纤插回原 OUT 端口。

⑤ 在 ODF 架侧，将连接到该 OUT 端口的尾纤，连接到光功率计上，测得光功率值 B。

⑥ 拔下对应光接口板上 OUT 端口的尾纤，光功率计显示“LO”状态，接收不到光信号。

⑦ 比较 A 与 B：

■ 如果差值小于 1dBm，说明尾纤连接正确，且尾纤衰耗在正常值范围内。

■ 如果差值大于 1dBm，则排除尾纤故障或布放错误问题，检查尾纤端子是否清洁。方法同断纤的检查方法。

⑧　将原先插在 IN 端口上的尾纤插入 OUT 端口，用同样的方法检查 IN 端口的尾纤连接。

⑨　恢复子架侧和 ODF 架侧尾纤连接。

3）光纤原因 3：线路衰耗过大，造成输入光功率过低。

①　测量对端单板的发送光功率和本端单板的接收光功率，两者之差即为该段线路实际光功率衰耗。将此值与工程设计中的线路衰耗比较，若衰耗过大，可参照以下思路定位和排除故障。

②　该段光纤线路中是否光纤连接头众多，接触是否良好。若接触不良，在光纤连接头处，将接头向光模块内推紧。

③　该段光纤线路中是否有易受天气影响的架空光缆。如果有架空光缆，建议给架空光缆提供外界保护。若无，忽略此步。

④　该段光纤线路中光纤类型及衰耗系数是否正常，是否与工程设计文档要求一致。若不一致，请更换光纤。

说明：

衰耗系数的定义为：每公里光纤对光信号功率的衰减值，其表达式为

$$a = 10 \lg Pi/Po$$

式中，Pi 为输入光功率值（W）；Po 为传输 1km 后输出的光功率值（W）；a 的单位为 dB/km。

4）激光器原因 1：本端光口未使用，却开启激光器。

检查单板光接口处是否连接未使用的光纤，若光纤未使用，请关闭光口激光器。

①　在 T2000 主视图中双击需要操作的网元，打开网元的状态图。

②　用鼠标右键单击需要操作的子架网元，在弹出的菜单中选择“网元管理器 ”，进入“网元管理器”窗口。

③　在“网元管理器”中选择需要操作的单板，在功能树中选择“配置→SDH 接口”。

④　单击“按功能”，在下拉列表框中选择“激光器开关”。

⑤　选择需要操作的光口激光器端口，选择“关闭”来修改激光器状态。

⑥　单击“应用”。

5）激光器原因 2：对端激光器关闭，造成无光信号输入。

查询对端对应单板的激光器是否处于关闭状态，若激光器关闭，请开启光口激光器。

①　在 T2000 主视图中双击需要操作的网元，打开网元的状态图。

②　用鼠标右键单击需要操作的子架网元，在弹出的快捷菜单中选择“网元管理器 ”，进入“网元管理器”窗口。

③　在“网元管理器”中选择需要操作的单板，在功能树中选择“配置→SDH 接口”。

④　单击“按功能”，在下拉列表框中选择“激光器开关”。

⑤　选择需要操作的光口激光器端口，选择“开启”来修改激光器状态。

⑥　单击“应用”按钮。

6）单板原因 1：本端接收单板故障，线路接收失效。

①　通过 T2000 在本端查询单板的光功率是否在正常发送范围内，具体单板光功率指标参见各设备手册的硬件描述。

② 若本端单板发送光功率正常，内环回单板的收发接口。

③ 如果仍有紧急告警，说明本端单板故障，请更换本端故障单板。

7）单板原因 2：对端发送单板故障（包括时钟板故障），线路发送失效。

① 通过 T2000 在对端查询单板的光功率是否在正常发送范围内，具体单板光功率指标参见各设备手册的硬件描述。

② 若光功率不正常，可能是对端单板故障，更换对端故障单板。

（2）R_LOF 告警　R_LOF 告警表示线路接收侧帧丢失，当本站光口接收侧连续 5 帧没有接收到正确的 A1、A2 字节时就会上报该告警。该告警产生后，线路接收侧业务中断，系统自动向下游下插 AIS 信号，自动向上游站点回告 MS_RDI，上游站点会产生 MS_RDI 告警。

告警 R_LOF 产生的可能原因如下：

1）光纤错连。

2）接收光功率异常。

3）对端站发送信号无帧结构。

4）本站接收方向故障。

处理该告警的方法如下：

1）检查光纤是否错连，如两个速率不一致的单板连在一起。更正错误的连接后查看告警是否消除。

2）若告警未消除，在网管上查看本站接收光功率是否正常。

3）如果接收光功率过低：

■ 清洁本站尾纤接头和线路板接收光口，查看告警是否消除。

■ 检查本站的法兰盘和光衰减器是否连接正确，光衰减器的衰减值是否过大。正确使用法兰盘和光衰减器后，查看告警是否消除。

4）如果接收光功率过高，则增加光衰减器，调整接收光功率至正常范围，查看告警是否消除。

■ 若告警未消除，检查对端站的发射光功率是否正常。

■ 若不正常，说明对端站发射功率过高，参见 OUT_PWR_ABN 告警。更换产生该告警的单板。

5）若发射光功率正常，则对本站线路板进行光纤环回。若此时本站告警消除，表示对端站发送信号无帧结构，请更换对端站对应线路板。若告警未消除，更换本站线路板，查看告警是否消除。

6）若告警仍未消除，则检查光缆是否有故障，消除光缆故障后，查看告警是否消除。

（3）告警 3：T_ALOS　T_ALOS 告警表示 E1 或 T1 接口模拟信号丢失。如果 2 Mbit/s 或 1.5 Mbit/s 接口没有任何业务输入时，上报此告警，该告警会造成 PDH 业务中断。

告警 T_ALOS 产生的可能原因如下：

1）E1 或 T1 业务未接入。

2）DDF 架侧 E1 或 T1 接口输出端口脱落或松动。

3）电缆故障。

4）接口板故障。

5）单板故障。

处理该告警的方法如下：

1）在网管中查询该告警，确定产生告警的单板。

2）检查该单板相应通道的E1或T1业务是否接入，保证相应通道的业务已接入后，查看告警是否消除。如果告警未消除，转至下一步。

3）在DDF架处对告警通道的业务自环（硬件内环回）。

■　如果告警消除，表示对端设备故障，排除对端设备故障后，查看告警是否消除。

■　如果告警未消除，转至下一步。

4）在接口板处对该通道进行自环（硬件内环回）。

■　如果告警消除，表示信号电缆连接故障，排除信号电缆连接故障后，查看告警是否消除。

■　如果告警未消除，转至下一步。

5）在网管上对该通道进行内环回设置。

■　如果告警消除，表示接口板故障，重新插拔，更换接口板后，查看告警是否消除。

■　如果告警未消除，转至下一步。

6）若告警仍未消除，请更换上报告警的单板。

（4）P_LOS告警　P_LOS告警表示34M/45M接口模拟信号丢失。该告警会造成PDH业务中断。

告警P_LOS产生的可能原因如下：

1）高级别告警衍生低级别告警。处理该告警的方法如下：

①　在网管上查询告警，根据告警参数确定上报告警的通道号。

②　在网管上查看支路板对应通道是否有TU_AIS、TU_LOP告警，优先排除高级别告警。

■　TU_AIS告警为TU告警指示。如果单板检测出TU通道全为1时，上报此告警。

■　TU_LOP告警表示TU指针丢失。如果单板检测到TU_PTR的值连续8帧为无效指针值或TU_PTR连续8帧为NDF反转时，上报此告警。

2）对端设备故障。处理该告警的方法如下：

①　在网管上查询告警，根据告警参数确定上报告警的通道号。

②　在DDF架将告警通道的业务自环（硬件内环回），注意不要出现光功率过载。

③　若自环后告警未消除，转至原因4）。若自环后告警消除，表示对端设备故障，请优先处理对端设备故障。

3）电缆故障。处理该告警的方法如下：

①　在网管上查询告警，根据告警参数确定上报告警的通道号。

②　在接口板处对该通道业务进行自环（硬件内环回），注意不要出现光功率过载。

③　若自环后告警未消除，转至原因5）。若自环后告警消除，表示信号电缆连接故障。检查电缆，排除信号电缆连接故障。

4）接口板故障。处理该告警的方法如下：

①　在网管上查询告警，根据告警参数确定上报告警的通道号。

②　在网管上对该通道业务进行内环回。

③　若环回后告警未消除，转至原因5）。若环回后告警消除，表示接口板故障。重新

插拔单板。

④ 若告警未消除，更换故障单板。

5）处理板故障。处理该告警的方法如下：

① 在网管上查询告警，根据告警参数确定上报告警的通道号。

② 在网管上对该通道业务进行内环回。

③ 若环回后告警未消除，表示处理板故障，更换故障单板。

2.4.5 处理数据配置异常

故障定位和排除的过程中需要检查数据配置。特别在设备安装调测和设备升级时业务中断的情况下需要检查数据配置。查询的项目包括网络、网元、网管的数据配置以及单板型号。另外，更换单板后，需要保持新单板与原单板的型号一致。

同时，人为的误操作也可能造成业务中断，包括：

■ 设置硬件或软件环回

■ 设置业务未装载

说明：

支路板上的某通道如果没有业务，应设置该支路业务为未装载，以抑制相关的告警上报。

设置业务未装载是为了避免无用告警对正常维护工作的干扰，忽视对已开通业务通道告警的警觉性。

处理方法如下：

■ 检查支路板或线路板是否设置了环回。如果设置了环回，在网管上可以查询到环回告警 LOOP_ALM，需要在网管或设备上解除软件或硬件环回。

■ 在网管上检查是否设置了“业务未装载”。如果设置“业务未装载”，在网管上可以查询到通道未装载告警 LP_UNEQ 等，需要将“业务未装载”改为“业务装载”。

2.5 任务实施2——误码类故障分析与处理

产生误码问题的常见原因有三个方面：外部原因、设备原因和数据配置错误，见表3-2-4。

表3-2-4 产生误码问题的常见原因

故障类别	故障原因
外部原因	接收光功率过低、过高，色散过大
	电缆性能劣化
	环境问题（外部干扰、温度过高/低等）
	接地不良
设备原因	线路板、时钟单元、交叉单元、支路板故障
	风扇异常
数据配置	时钟配置错误

2.5.1　处理外部原因故障

处理外部原因导致的误码故障，需要检查光功率、电缆、外部干扰、接地、环境温度等。首先进行下述各项项目检查，确定故障发生位置。

(1) 检查光功率　光功率异常是引起误码的常见原因。以线路板光功率为例，若光功率过大或过小，都会导致接收光模块接收光信号不正常，并引起 B1、B2、B3 或 BIP 误码。所以，设备上报大量各种类型的误码时，我们首先要测试本站接收光功率是否正常。

光功率过大的处理步骤如下：

1) 检查线路板的类型是否与传输距离匹配，若不匹配，更换为匹配的线路板。

2) 如果没有合适的线路板更换，在接收端加上适当的光衰减器。

光功率过小的处理步骤：

1) 检查对端站的发光功率是否异常，若异常，更换对端站的故障线路板。

2) 检查 ODF、衰减器、法兰盘、线路板的接口连接是否紧密。

3) 检查 ODF、衰减器、法兰盘、线路板的接口是否清洁。

4) 检查光纤的弯曲度是否在允许的范围内：弯曲半径≥60mm。

5) 如果是线路板光功率异常，检查本站的线路板类型。若接收灵敏度与传输距离不匹配，更换为匹配的线路板。

(2) 检查电缆　连接到传输设备的电缆劣化，通常会引起误码。检查连接到设备上的电缆是否正确，防止电缆的漏焊、虚焊、接触不良。

在 OptiX 系列设备与其他设备对接时，如果对接设备报误码，应该检查对接电缆是否正常。操作步骤如下：

1) 检查电缆是否有老化、外皮脱落现象。

2) 检查电缆的连接点是否接触良好。

3) 检查对接设备的电缆是否有老化、外皮脱落现象。

(3) 检查外部干扰　外部的各种电磁干扰也可能导致误码故障。例如外界电子设备产生电磁干扰、设备供电电源产生的电磁干扰和雷电以及高压输电线产生的电磁干扰。

操作步骤如下：

1) 检查是否有外界电子设备带来的电磁干扰，如传输机房内的开关、风扇、空调、各种射频器等。

2) 检查是否有来自设备供电电源的电磁干扰，如浪涌电压、工频干扰等。

3) 检查是否有雷电和高压输电线产生的电磁干扰。

(4) 检查接地　设备接地不良也可能导致误码故障。

处理接地故障的方法参见“2.4.2 处理接地故障”中的内容。

(5) 检查环境温度　机房的环境温度必须达到规定的标准，机房的温度过高和过低，都有可能引起误码。

检查环境温度的操作步骤如下：

1) 检查子架风扇是否出现故障。

2) 检查子架风扇防尘网积尘是否过多，设备通风是否通畅。

3) 检查机房内空调是否能正常调节机房温度。

2.5.2 处理设备原因故障

排除外部原因后，需要检查是否是因为设备本身的原因导致产生误码。OptiX 系列设备的下列单板发生故障时，通常会引发误码。

1. 光（电）接口板劣化

如果线路检测到 B1、B2 和 B3 误码，我们一般怀疑这与光（电）接口板和时钟单元有关。首先检查接口板是否有告警产生，若只是线路板报 B1、B2、B3 误码，则可能是线路板的问题。

光（电）接口板劣化，往往是该接口板的某个或几个 VC4 通道发生劣化，这时与该接口板相连的对端站应上报误码。在定位该类误码时，我们要注意误码的上报特点，如果误码总是出现在某几个 VC4 中，而这几个 VC4 又是由某块光（电）接口板发出的，要检查是否该单板故障导致劣化。

2. 时钟单元劣化

时钟单元引起的误码，常常具有如下特征：

1）本站、下游站上报大量的指针调整。

2）本站的线路板报 B1、B2 误码。

3）相邻站与本站相连的线路板报 B1、B2 误码。

4）本站的支路板上报通道误码。

5）穿通本站，终结于下游站的支路板会报通道误码。

3. 交叉单元劣化

交叉单元劣化引起的误码，其特征与时钟单元一致。不过交叉单元产生的误码通常有个特点，即误码总是出现在某几个 VC4 或 VC12 中。

4. 支路板劣化

本站如果有低阶业务，当支路板发生故障时，通常会报低阶误码。所以如果全网仅仅有低阶误码上报，通常怀疑是交叉单元或支路板有问题。

在设备上报误码后，要分析误码产生的特点，逐步缩小定位范围，直达单站。然后通过环回法，将故障定位到某站的单板，再采用替换法，对怀疑有故障的单板进行复位或更换。

2.5.3 处理数据配置异常

时钟配置为数据配置的一方面，时钟配置错误也会导致误码和指针调整。在外部原因检查没有发现问题时，则要检查是否时钟配置错误。

2.6 任务实施 3——设备对接类故障分析与处理

设备对接故障的常见原因有两大类：外部原因和设备原因。

发生设备对接故障时，常见的故障现象有：对接的业务不通；开通的业务异常，如话音业务不清晰、上网经常掉线等。设备对接故障的常见原因见表 3-2-5。

定位设备对接故障原因的常用方法有：

■　告警性能分析法
■　仪表测试法
■　更改配置法
■　环回法

设备对接故障分析处理的过程包括检查并分析告警和误码及分离故障点两步。

表 3-2-5　设备对接故障的常见原因

故障类别	故障原因
外部原因	对接设备不共地或接地不良
	光纤或电缆连接错误
	光纤或电缆不匹配（如单模与多模光纤混用、120Ω 与 75Ω 线缆混用）
	对接信号衰耗过大或不符合标准要求
	对接设备的业务配置不正确
设备原因	对接设备 SDH 帧结构中开销字节的定义不一致（如 C2、J1、J0、H1、H2 的设置）
	对接设备的性能指标不合要求
	对接设备的时钟不同步
	对接的光、电接口板型号不匹配
	对接信号的制式不同
	单板故障

1. 检查并分析告警和误码

发生设备对接故障时，首先应检查上报的告警。通过告警可以初步分析、定位故障。与对接故障有关的告警及告警产生的可能原因见表 3-2-6。

表 3-2-6　与对接故障有关的告警及告警产生的可能原因

告警名称	可能原因
R_LOS，R_LOF	■ 光纤、电缆连接故障 ■ 光功率不正常 ■ 光接口板或光纤类型不匹配 ■ 单板故障 ■ 时钟丢失
AU_LOP	对接设备的信号类型或接口模式不一致，如开销、指针字节定义不一致
AU_AIS	■ 业务配置错误 ■ 光纤、电缆连接故障 ■ 单板故障
J0_MM	对接设备的 J0 字节不一致，如果不下插 AIS，则不会影响正常的业务
HP_TIM	对接设备的 J1 字节不一致，如果不下插 AIS，则不会影响正常的业务
HP_SLM	对接设备的 C2 字节不一致，如果不下插 AIS，则不会影响正常的业务
HP_RDI	对接设备的信号类型或接口模式不一致
T_ALOS	■ 电缆连接故障 ■ 阻抗不匹配 ■ 信号衰减过大

通过查询分析误码来定位故障点的过程如下：

1）用网管来查询各单板（通道）的性能事件，判断传输通道的性能质量。如果检测到误码，则通常是设备本身有问题。

2）如果没有检测到误码，但与 OptiX 对接的设备测试到有误码，或用仪表测试对接电路时有误码，则可能是对接电缆、接头或对接设备时钟不同步，对方设备存在故障等原因。

2. 分离故障点

发生对接问题时，首先应判断故障是否为 OptiX 设备自身故障，通常采用环回法。

SDH 线路侧的环回测试方法如图 3-2-1 所示。

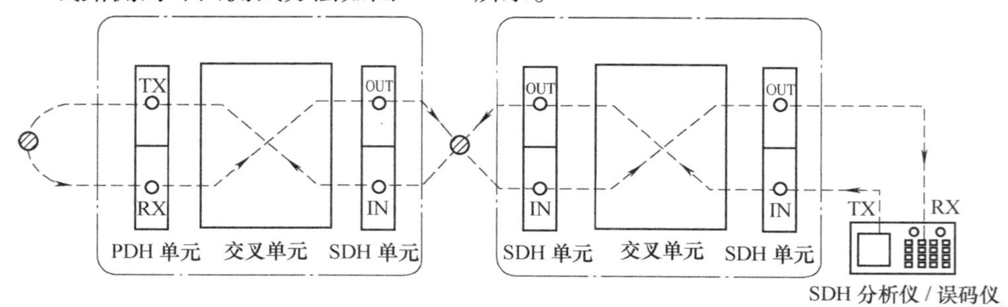

图 3-2-1　SDH 线路侧的环回测试方法

PDH 支路侧的环回测试方法如图 3-2-2 所示。

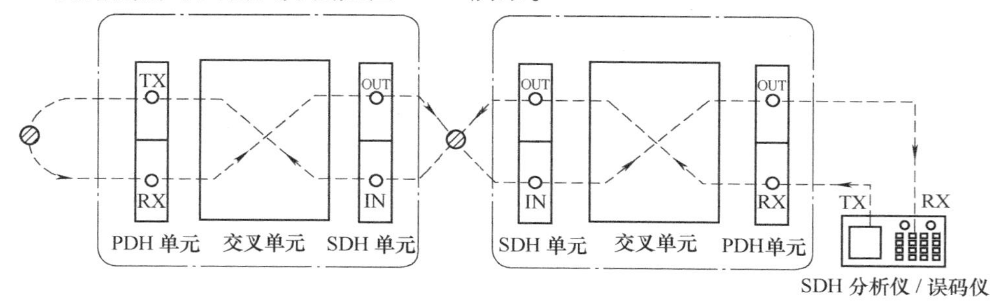

图 3-2-2　PDH 支路侧的环回测试方法

操作步骤：

1）选定一条业务通道，将误码仪的收发连接到此业务通道在本站的 PDH/SDH 接口上。

2）在对端站 PDH/SDH 接口设置内环回，设置好误码仪进行测试。

3）如果业务畅通且 24h 无误码，则可以排除 OptiX 设备有问题。

2.7　任务实施 4——复用段保护倒换类故障分析与处理

保护倒换故障是指：

- 在全网正常状态下突然发生不明原因的倒换。
- 在应该发生保护倒换时，全网未进入保护倒换状态或保护倒换状态错误。
- 进入保护倒换后，全网或部分业务发生中断的情况。

复用段保护倒换故障的常见原因见表 3-2-7，可分为外部原因、数据配置原因以及设备

故障原因三大类。复用段保护倒换故障可能是其中的某一故障引起的，也可能是由于其中某些故障共同引起的。所以要根据具体的情况，采用基本的故障定位方法逐个分析。

表 3-2-7　复用段保护倒换故障的常见原因

故障类别	故障原因
外部原因	光纤连接错误
	倒换协议异常
	人为插入了 R_LOS、MS_AIS 告警
数据配置原因	全网业务配置不正确
	复用段参数配置不正确
设备原因	线路板故障
	交叉板故障
	母板故障

各原因导致的复用段保护倒换故障分析处理方法如下所述。

1. 保护倒换协议正常启动，但保护倒换不成功

通过网管对各个网元的当前的状态进行查询，若整个网络中有多个相邻网元的状态为“倒换态”（S），而其他网元均为“穿通态”（P），则说明 APS 协议处理正常。

若各网元的状态正确，APS 正常启动，但业务仍然中断，首先可以考虑通过网管重新启动协议；如果重新启动全网协议后，业务仍然中断，则应考虑是否为单板存在问题，这时可以按一般的业务中断故障进行处理。

2. 保护倒换协议异常，保护倒换不成功

APS 协议异常通常有两种现象：

■　APS 协议不能正常启动/停止。

■　部分/全部网元的站点状态异常。

APS 协议异常，会引起 K 字节的收发、穿通和上报出现问题，从而导致保护倒换不成功。此时可以先检查各网元的复用段参数是否配置正确，是否有的网元的复用段参数丢失；如果参数设置没有异常，则可以检查光板和交叉板是否工作正常。

对于恢复式线性复用段，参数设置时建议将等待恢复时间设置为 600s。

对于复用段保护环，参数设置时需要注意：

■　逆时针方向为主环方向。将网元上相邻光板的左边板位称为西向，右边板位称为东向。逆时针组环要求环上各节点的东向板位光板与下游站西向板位的光板相连，西向板位的光板与上游站网元东向板位的光板相连。

■　复用段参数包括复用段节点号、等待恢复时间。复用段参数设置必须准确，否则可能导致复用段倒换失败。

■　复用段节点号：环上复用段节点号，节点号小于 16。建议从“0”开始，按主环方向逐站递增。

■　等待恢复时间：一般设置为 600s。

最常见的故障定位方法是采集网元的 K 字节事件记录，通过分析 K 字节事件来分析倒换失败的原因。

3. 人为停止协议、强制倒换、插入告警

检查是否人为停止了 APS 协议，错误设置了强制倒换，人为插入了 R_LOS、MS_AIS 告警，排除人为原因。

4. 设备重新启动后，倒换协议正常，但保护倒换不成功

请参考业务中断故障处理解决故障。

5. 设备电源异常

排除电源故障、蓄电池故障等。

6. 硬件故障

1）检查线路板工作状态，如异常，更换线路板。

2）检查母板工作状态，如异常，更换母板。

2.8 任务实施5——以太网类故障分析与处理

发生以太网业务故障时，通常会导致业务中断或业务劣化。

导致业务中断的主要原因见表3-2-8。

表3-2-8 导致业务中断的主要原因

编号	业务中断原因
1	端口TAG属性（TAG/UNTAG）设置不当
2	端口工作模式引起的故障
3	网线或者光纤出现故障
4	VC通道捆绑错误或不一致
5	端口默认VLAN ID设置错误
6	以太网配置的静态路由错误或者丢失
7	单板硬件故障
8	封装协议不匹配
9	GFP帧失步或GFP封装FCS_ERROR
10	大量丢包

导致业务中断的以太网故障处理方法如下：

1. 单板STAT指示灯显示异常

根据单板告警指示灯说明的相关说明，检查单板指示灯是否异常。如指示灯显示异常则处理单板故障。

2. 通过RMON性能分析，有异常性能事件

1）在T2000中查询RMON性能，在T2000的主视图的网元图标上单击鼠标右键，选择“网元管理器”。

2）选择相应的以太网单板，在功能树中选择“性能→RMON性能”。

3）选择“统计组”选项卡。

4）选择需要浏览性能事件的以太网端口，并设置“采样周期”和选择“显示方式”。

5）单击“开始”按钮，等待一段时间后，单击“停止”按钮，浏览这一段时间的以太网端口性能事件，确认收到的广播包、超短包、错误超长包、对齐错误帧、FCS错误帧等处于正常范围。

6）浏览并处理异常性能事件。

■ 如果有“RMON模块性能值高于上限”事件，在说明中有“FCS错误帧”，说明

CRC 校验错。

① 先检查端口工作模式是否匹配，不能一端为全双工，一端为半双工。

② 再检查网线质量是否较差。

③ 再定位为网口是否存在硬件故障。

■ 如果有"RMON 模块性能值高于上限"事件，在说明中有"DropEvent"，说明硬件异常导致丢包。

① 先硬复位单板。

② 如果丢包现象持续，则更换单板。

3. SDH 侧存在故障

1）在 T2000 中查询当前告警，查看是否有导致业务中断或劣化的告警。

2）判断告警类型，如果是 SDH 侧告警，进行 SDH 故障处理操作。

4. 存在危险操作、业务配置错误或测试帧不通

需要检查和重新配置业务。

5. 测试帧测试 VCTRUNK 间不通

可能引发该故障的原因和处理方法：

1）测试帧承载方式不一致。需设置对接两端的承载方式为一致。

2）使能测试帧的 VCTRUNK 端口未绑定时隙。需将对接两端的 VCTRUNK 端口绑定相应时隙。

3）VCTRUNK 端口绑定的时隙未建立相应的交叉连接。需将对接两端的 VCTRUNK 端口绑定的时隙建立交叉连接。

2.9　任务实施 6——ASON 链路类故障分析与处理

ASON 链路故障包括控制通道故障、成员链路故障和 TE 链路故障。

1. 控制通道故障

控制通道分为光纤内控制通道和光纤外控制通道。光纤内控制通道通过 D4 ~ D12 字节传送校验信息。光纤外控制通道很少用到。

控制通道故障的常见原因如下：

1）对端网元为传统网元。

2）光接口的 LMP 协议被手动关闭。

3）光接口没有分配到 DCC。

4）光接口存在误码导致 DCC 不通。

5）光接口有 R_LOS/R_LOF 等告警。

6）单板不在位。

控制通道故障处理方法如下：

1）检查对端网元的类型。如果对端网元类型是传统网元，将会导致本端控制通道不通。

2）检查光接口的 LMP 协议状态。如果光接口的协议状态是"禁止"，说明 LMP 协议被手动关闭，重新打开光接口的 LMP 协议。

3）检查光接口的DCC状态。如果光接口没有分配到DCC，关闭一些不需要ECC通信的光接口的DCC。

> 说明：
> 只能关闭不需要ECC通信的光接口的DCC，关闭之前请仔细确认该光接口不需要ECC通信。

4）检查光接口的误码情况。如果有误码，排除误码。

5）检查光接口的告警。如果有R_LOS或R_LOF等告警，排除这些告警。

6）检查物理单板的状态。

■ 如果物理单板不在位，重新拔插单板，并正确添加逻辑单板。

■ 如果物理单板故障，请更换物理单板。

7）如果还没有排除故障，先关闭链路两端光接口的LMP协议，再重新启动这两个光接口的LMP协议。

2. 成员链路故障

在ASON中，相邻节点之间存在可用的控制通道，才可以进行成员链路的校验。

成员链路故障的常见原因如下：

1）控制通道不通。

2）逻辑单板未配置，或者逻辑单板与实际物理单板类型不一致。

成员链路故障处理方法如下：

1）检查远端与本端的控制通道状态。如果控制通道不通，排除控制通道故障。

2）检查远端与本端的逻辑单板和物理单板类型是否一致。如果不一致，更换物理单板或重新添加逻辑单板。

3. TE链路不通故障

在ASON中，相邻节点之间存在可用的控制通道，才可以进行TE链路的校验。

TE链路不通故障的常见原因如下：

1）控制通道不通。

2）单板软件与主机软件不配套。

3）物理光纤错连。

TE链路不通故障处理方法如下：

1）检查远端与本端的控制通道状态。如果控制通道不通，排除控制通道故障。

2）检查主机软件和单板软件。根据配套关系表找到与主机软件匹配的单板软件，如果主机软件和单板软件不配套，则重新加载单板软件。

3）检查是否有物理光纤连错，如果有，需重新连纤。

4）如果是穿通节点升级为智能节点的情况，则先把原来经过该节点的所有业务优化到其他路径上，然后将业务的首末节点和该节点的LMP协议关闭再打开。

4. TE链路降级故障

TE链路降级说明TE链路的状态曾经是正常状态。

TE链路降级的常见原因如下：

1）控制通道不通。

2）主机软件和单板软件通信异常。

TE 链路降级故障处理方法如下：

1）排除控制通道故障。

2）如果在 TE 链路管理界面查询到降级，但是在网元管理器中查询 TE 链路却没有降级，软复位主控板可以解决问题。

2.10　任务评价

任务评价表				
任务名称	光传输网络常见故障分析与处理			
班　级		小组编号		
成员名单		时　间		
评价要点	要点说明	分　值	得分	备注
准备工作 （10分）	工作任务和要求是否明确	2		
	实验设备准备	2		
	相关知识的准备	6		
任务实施 （70分）	故障定位	4		
	故障判断与定位的常用方法	4		
	故障处理的过程示例与流程	4		
	业务中断故障处理	12		
	误码故障处理	12		
	设备对接故障处理	12		
	以太网故障处理	12		
	ASON 链路故障处理	10		
操作规范 （20分）	遵守机房工作和管理制度	4		
	各小组固定位置，按任务顺序展开工作	4		
	按规范操作，防止损坏仪器仪表	6		
	保持环境卫生，不乱扔废弃物	6		

任务3　光传输设备性能管理

3.1　任务描述

本任务主要完成 OptiX 155/622H 设备及 OSN 2500 设备的性能管理项目，包括对网管上当前性能事件和历史性能事件等的浏览、分析和备份，通过上机操作熟悉和掌握网络性能维护相关的工作。

传输设备硬件维护是网络运营的重要工作。光传输设备性能管理实验，可以帮助学生学习和掌握如下岗位工作环节所要求的安全知识和操作技能：

■ 现场维护工程师
■ 网络监控工程师
■ 系统维护工程师

3.2 任务单

<table>
<tr><td>工作任务</td><td colspan="3">光传输设备性能管理</td><td>学时</td><td>4</td></tr>
<tr><td>班级</td><td></td><td>小组编号</td><td></td><td>成员名单</td><td></td></tr>
<tr><td>任务描述</td><td colspan="5">学生分组，进行 SDH 设备网管上各性能事件的浏览、分析、处理</td></tr>
<tr><td>所需设备及工具</td><td colspan="5">iManager T2000 网管设备、ODF 架、信号电缆、光纤、T2000 网管软件、维护工具等</td></tr>
<tr><td>工作内容</td><td colspan="5">● 浏览当前性能事件
● 浏览历史性能事件</td></tr>
<tr><td>注意事项</td><td colspan="5">● 遵守机房工作和管理制度
● 注意用电安全，谨防触电
● 按规范操作，防止损坏仪器仪表
● 爱护工具仪器</td></tr>
</table>

3.3 知识准备——当前性能检查标准

OptiX 系列光传输设备的性能指标包含多个方面，对于不同端口，其关注的指标不同。对于 SDH 端口，主要关注误码和指针调整性能值，检查标准见表 3-3-1。

表 3-3-1 SDH 端口误码和指针调整的检查标准

性能类别		检查标准
误码	再生段背景误码块（RSBBE）	0
	复用段背景误码块（MSBBE）	0
	高阶通道背景误码块（HPBBE）	0
	低阶通道背景误码块（LPBBE）	0
指针调整	AU 指针正调整计数（AUPJCHIGH）	0
	AU 指针负调整计数（AUPJCLOW）	0
	TU 指针正调整计数（TUPJCHIGH）	0
	TU 指针负调整计数（TUPJCLOW）	0

对于以太网端口，需要关注 RMON 性能项目是否处于正常范围，观察 RMON 告警，RMON 告警项见表 3-3-2。

表 3-3-2　RMON 告警项

告警名称	中文描述
DropEvent	丢包事件的次数越界
UndersizePkts	超短包数量越界
OversizePkts	超长包数量越界
Fragments	碎片包数量越界
Jabbers	模糊包数量越界
FCSErrors	帧校验错误的包数量越界

对于 ATM 端口，需要检查 ATM 信元相关的性能指标以及 VPI&VCI 的性能事件，具体性能事件的检查标准见表 3-3-3 和表 3-3-4。

表 3-3-3　ATM 端口当前性能事件的检查标准

性能事件	检查标准
连接输入的信元总数 （ATM_INGCELL）	收到的信元计数与期望值一致
连接输出的信元总数 （ATM_EGCELL）	发送的信元计数与期望值一致
纠正的 HCS 错误个数 （ATM_CORRECTED_HCSERR）	收到的可纠正的 HCS 错误信元计数为 0
未纠正的 HCS 错误个数 （ATM_UNCORRECTED_HCSERR）	收到的不可纠正的 HCS 错误信元计数为 0
收到的信元总个数 （ATM_RECV_CELL）	收到的信元计数与期望值一致
收到的空闲信元总个数 （ATM_RECV_IDLECELL）	收到的空信元计数与期望值一致
发送的信元总个数 （ATM_TRAN_CELL）	发送的信元计数与期望值一致

表 3-3-4　ATM 端口 VPI&VCI 当前性能事件的检查标准

性能事件	检查标准
纠正的 HCS 错误个数 （ATM_CORRECTED_HCSERR）	收到的可纠正的 HCS 错误信元计数为 0
未纠正的 HCS 错误个数 （ATM_UNCORRECTED_HCSERR）	收到的不可纠正的 HCS 错误信元计数为 0
收到的信元总个数 （ATM_RECV_CELL）	收到的信元计数与期望值一致
收到的空闲信元总个数 （ATM_RECV_IDLECELL）	收到的空信元计数与期望值一致
发送的信元总个数 （ATM_TRAN_CELL）	发送的信元计数与期望值一致

3.4　任务实施——光传输设备性能管理

1. 浏览当前性能事件

通过浏览当前性能事件，判断当前设备的运行情况，及时排除隐患。

（1）浏览 SDH 当前性能事件　通过浏览 SDH 当前性能事件，判断当前设备的运行情况是否正常，及时排除隐患。查询到的性能事件包括单板的收/发光功率、当前工作温度等。在 T2000 网管系统上查询性能，主要关注误码和指针调整性能值，应符合表 3-3-1 的要求。

浏览 SDH 当前性能事件操作步骤如下：

1）在 T2000 的主菜单中选择“性能→SDH 性能浏览”，选择“当前性能数据”选项卡。

2）在“监视周期”中选择“15min”或“24h”。

3）在视图左面设备导航表框中选择一个或多个网元，单击 >> 。

4）选择“物理量”选项卡，选择“发光功率”、“收光功率”、“制冷电流”、“偏置电流”和“工作温度”等性能事件类型。

5）单击“查询”按钮，确认相应的功率、电流和温度处于正常范围。

6）选择“计数值”选项卡，选择误码类和指针调整类的性能事件，并选择“显示零数据”。

7）单击“查询”，检查误码和指针调整的性能值，应符合表 3-3-1 的要求。

8）如果不符合标准，应进行处理。

（2）浏览以太网端口当前性能事件　通过浏览性能事件，判断设备的以太网单板运行情况是否正常。操作步骤如下：

1）在 T2000 的主视图的网元图标上单击鼠标右键，选择“ 网元管理器”。

2）选择相应的以太网板，在功能树中选择“性能→RMON 性能”。

3）选择“统计组”选项卡。

4）选择需要查询性能事件的以太网端口，并设置“采样周期”和选择“显示方式”。

5）单击“开始”按钮，等待一段时间后，单击“停止”按钮，查询这一段时间的以太网端口性能事件，确认收到的广播包、超短包、错误超长包、对齐错误帧、FCS 错误帧等处于正常范围。

（3）浏览 ATM 端口当前性能事件　通过浏览性能事件，判断 ATM 端口运行情况是否正常，以便及时排除隐患。操作步骤如下：

1）在 T2000 的主视图的网元图标上单击鼠标右键，选择“网元管理器 ”。

2）选择相应的 ATM 单板，在功能树中选择“性能→ATM 性能事件监视状态”。

3）在列表中选择需要的端口，并选择使能或者禁止监视周期的模式。单击“应用”按钮，弹出“操作结果”对话框，单击“关闭”按钮。

4）在功能树中选择“性能→ATM 性能实时监视→端口性能数据”。

5）在“监视对象”中选择要查询的端口。

6）选择“监视周期”，“监视时间间隔（s）”和“显示数据列数”。

7）单击“复位 & 开始”，等待一段时间后单击“停止”按钮，查询这一段时间的 ATM 端口性能事件。

2. 浏览历史性能事件

通过浏览历史性能事件，判断设备的长期运行情况，及时排除隐患。

（1）浏览 SDH 历史性能事件　通过浏览 SDH 历史性能事件，判断设备的长期运行情况是否正常，及时排除隐患。操作步骤如下：

1）在 T2000 的主菜单中选择“性能→SDH 性能浏览”，选择“历史性能数据”选

项卡。

2）选择“监视周期”为15min或者24h。

3）在视图左面设备导航表框中选择一个或多个单板，单击 >> 。

4）选择时间范围。

5）选择“物理量”选项卡，选择性能事件类型。

6）选择数据源，单击“查询”。

7）选择“计数值”选项卡，选择性能事件类型。

8）选择数据源，单击“查询”。

（2）浏览以太网端口历史性能事件　通过浏览性能事件，判断设备的以太网单板长期运行情况是否正常，及时排除隐患。操作步骤如下：

1）在T2000的主视图的网元图标上单击鼠标右键，选择“网元管理器”。

2）选择相应的以太网板，在功能树中选择“性能→RMON性能”。

3）选择“历史组”选项卡。

4）选择需要查询性能事件的以太网端口、性能事件、历史表类型和显示方式，设置查询条件中的“开始项”和“结束项”。

5）单击“查询”，查询以太网端口的历史性能数据，确认收到的广播包、超短包、错误超长包、对齐错误帧、FCS错误帧等处于正常范围。

（3）浏览ATM端口历史性能事件　通过浏览性能事件，判断ATM端口的运行情况是否正常，及时排除隐患。操作步骤如下：

1）在T2000的主视图的网元图标上单击鼠标右键，选择“网元管理器”。

2）选择相应的单板，在功能树中选择“性能→ATM性能事件监视状态”。

3）在列表中选择需要的端口，并选择使能或者禁止监视周期的模式。单击“应用”按钮，弹出“操作结果”对话框，单击“关闭”按钮。

4）在功能树中选择“性能→ATM历史性能→端口性能数据”。

5）在“监视对象”中选择要查询的端口。

6）选择“查询周期”和“时间范围”。

7）单击“查询”，查询ATM端口历史性能事件。

3.5　任务评价

任务评价表				
任务名称	光传输设备性能管理			
班　级		小组编号		
成员名单		时　间		
评价要点	要点说明	分　值	得分	备注
准备工作（10分）	工作任务和要求是否明确	2		
	实验设备准备	2		
	相关知识的准备	6		

（续）

评价要点	要点说明	分 值	得分	备注
任务实施（70 分）	浏览 SDH 当前性能事件	10		
	浏览以太网端口当前性能事件	15		
	浏览 ATM 端口当前性能事件	15		
	浏览 SDH 历史性能事件	10		
	浏览以太网端口历史性能事件	10		
	浏览 ATM 端口历史性能事件	10		
操作规范（20 分）	遵守机房工作和管理制度	4		
	各小组固定位置，按任务顺序展开工作	4		
	按规范使用操作，防止损坏仪器仪表	6		
	保持环境卫生，不乱扔废弃物	6		

单元练习题

一、选择题

1. 光功率需要满足的条件为（　　）。

A. 小于该光接口过载光功率指标值 5dB

B. 大于该光接口接收灵敏度指标值 3dB

C. 小于该光接口过载光功率指标值 5dB 并且大于该光接口接收灵敏度指标值 3dB

D. 小于该光接口过载光功率指标值 3dB

2. 光功率的值与基准值的差大于（　　），显示为“严重预警”。

A. 3dB　　B. 4dB　　C. 5dB　　D. 6dB

3. 属于 OptiX OSN 设备信号流的是（　　）。

A. 业务信号流　　B. 告警信号流　　C. 时钟信号流　　D. 以上都是

4. 以下属于保护倒换故障的是（　　）。

A. 网络级保护倒换（复用段保护、SNCP 业务）故障和设备级保护倒换故障

B. 控制通道故障

C. 成员链路故障

D. 以上都不是

5. 误码问题应按照哪种顺序处理？（　　）

A. 先低速、后高速　　B. 先高速、后低速　　C. 仅高速　　D. 以上都可以

6. 下列各项不是与业务中断故障相关的信号流的是（　　）。

A. ECC 信号流　　B. 业务信号流　　C. 告警信号流　　D. 时钟信号流

7. 告警信号不包括（　　）。

A. 再生段告警　　B. 复用段告警　　C. 通道告警　　D. 以上都是

8. 光纤的弯曲度允许的范围为（　　）。

A. 50mm≤弯曲半径≤60mm　　B. 弯曲半径≤60mm

C. 弯曲半径≤50mm　　D. 弯曲半径≤40mm

9. 不属于光纤原因产生 R_LOS 告警的是（　　）。

A. 断纤

B. 本端单板光接口处未连接尾纤或者尾纤连接错误

C. 本端接收单板故障，线路接收失效

D. 线路衰耗过大，造成输入光功率过低

10. 定位设备对接故障原因的常用方法有（　　）。

A. 告警性能分析法　B. 仪表测试法　C. 更改配置法　D. 以上都是

二、填空题

1. 光功率的值与基准值的差大于（　　）小于（　　），显示为“一般预警”。

2. 传输故障定位的常用方法可简单地总结为（　　）。

3. 环回操作分为（　　）、（　　）两种。

4. 线路误码与（　　）、（　　）、（　　）有关。

5. 高阶通道开销的处理方式有两种：（　　）和（　　）。

6. ASON 的常见故障，包括（　　）、（　　）、（　　）和(　　)。

三、简答题

1. 故障定位的基本原则。

2. 列举三种复杂故障定位的常用手段并说明其操作特点。

3. 简述故障处理流程。

4. 简述电源故障处理思路。

5. 简述误码故障处理思路。

6. 简述设备对接故障处理的思路。

7. 简述复用段保护倒换故障主要原因。

8. 简述导致业务中断的以太网故障处理方法。

参 考 文 献

[1] 刘业辉，方水平．光传输系统（华为）组建、维护与管理实践指导［M］．北京：人民邮电出版社，2011.

[2] 陈海涛．光传输线路与设备维护（华为版）［M］．北京：人民邮电出版社，2011.

[3] 李方健．SDH 光传输设备开局与维护［M］．北京：科学出版社，2011.